一 般 物 理 学

―歩先に進みたい人へ

京都大学名誉教授　　甲南大学准教授
　理学博士　　　　　　理学博士

佐藤文隆　　須佐　元

共　著

裳 華 房

GENERAL PHYSICS

for ambitious students
who want to step up into advanced physics

by

Humitaka SATO, DR. SC.

Hajime SUSA, DR. SC.

SHOKABO

TOKYO

はじめに

一歩先に進みたい人へ

　大学の初学年で学ぶ初等物理学は専門の物理学につながる基礎であり，また近年では化学，環境科学，生物科学などの基礎にもなっている．一方，近代科学のなかでも長い歴史を有するこの専門化する手前の一般物理学の内容は多岐にわたっている．そのため，専門的な各分野の物理学にスムースにつなげていくには初学年の授業だけでカバーするのは難しい．この初等物理学と専門の間にある大きなギャップを埋めるのが本書の目的であり，初等物理学を学んだ上で，さらに一歩先に進みたいという意欲をもつ人を意識して執筆した．単純に「初等」の次の「高等」ではなく，専門化する前段階でぜひ理解しておいて欲しい物理学の一般的な内容を学ぶことを目指している．

数学で表現された「法則」と「現象」

　初めに，物理学を学ぶ心得と本書の構成について述べておく．現代につながる物理学の発祥はニュートンの「プリンキピア」(1687年出版)であったと言われる．この書物は「定義と公理」，「運動について」，「媒質中の運動」，「世界体系」の4つの部分から成るが，前の2つはいわゆる「ニュートン力学の3法則」を述べたものであり，後の2つはこの力学法則を「地上の諸現象」と「天体の運行」に応用する部分である．簡単にいうと，「法則」の提示と自然「現象」の「法則」による解析の部分から成り立っている．「プリンキピア」が現代の物理学の出発点であると言われるのは，この「法則」と「現象」がともに数学によって表現されているからである．「ニュートン力学の3法則」が数学の方程式で表現されていることはよく知られている．しかし，これは物理学の特徴の片面に過ぎない．

もう1つ,「現象」の数学（数値）による表現，すなわち実験や観測による定量的測定と一体になって物理学は大きな力を発揮するのである．ニュートンの時代に「定量的測定」があったのは「（物体の落下や気圧などの）地上の諸現象」と「天体の運行」だけであったが，19世紀の初めからは，「（音波などの）波動」,「光学」,「熱」,「電気・磁気」などが新たに数字によって表現された「現象」に追加された．これにより，一見したところ力と運動の「法則」には見えない現象にまでその「法則」が貫徹していることを示した．そして，このような自然の見方は「力学的自然観」とよばれるようになった．

古典力学・統計力学・量子力学

　19世紀末から20世紀初めにかけて，物理学は原子というミクロの世界に踏み込んでいった．「ミクロの世界」は人間の五感によっては認識できないが，実験や観測の測定機器によって切り拓かれた新たな世界である．また，測定機器の進歩は原子の世界だけでなく「マクロの世界」にも新たな「現象」を見出し，20世紀においては，物理学の対象は材料・エネルギー・情報通信技術，宇宙・地球の探求，生命・医療の科学，などにも飛躍的に拡大した．

　マクロな物体の弾性率，比熱，電気伝導などの物性を多数個の原子の集団的性質として扱う統計力学が新たに誕生した．ここでは厖大な数のミクロな要素（原子など）に関する情報をマクロな記述に有効な情報にどう縮減するかという，情報処理の技術の開発であったと言える．ミクロの情報の大半を捨てることで，初めてマクロな物性を描くことができるのである．

　ミクロの世界に踏み込んで明らかになったもう1つの重大なことは，1927年頃の量子力学の確立であった．これにより，ニュートン以来の力学法則は古典力学とよばれるようになった．そして，20世紀の後半，原子と量子力学を基礎にしたトランジスター，レーザー，CCD，発光ダイオードなどのハイテクが飛躍的に進歩して，社会のあらゆる場面に進出し，人類社会を大きく変えるまでになった．

想像をはるかに超えたこうした物理学の威力は,「法則」と「現象」をともに数学的(数値的)に扱うという手法に源がある．特に現代では，数学的(数値的)に表現された情報は容易にコンピュータで処理できるから，処理能力は抜群に向上する．物理学はナマの自然を数学の世界に写すための学問であると言っても過言ではない．とはいえ必ずしも高等な数学が必要だと言っているのではない．むしろ測定器の動作などにも興味をもって，数字のないナマの自然現象がなぜ方程式で扱える数字に化けるのかを考えてみることが大事である．

本書の構成について

　本書は，次のような3つの部から成る．
- I．粒子と連続体の力学
  - 第1章　力学と解析力学
  - 第2章　連続体の力学と波動
- II．電磁場の力学
  - 第3章　静電場
  - 第4章　静磁場
  - 第5章　変動する電磁場
  - 第6章　特殊相対性理論と電磁気学
- III．多体系の統計力学
  - 第7章　統計熱力学
  - 第8章　物性と原子の物理

　第I部第1章の力学では，いわゆるベクトル形式による力学ではなく，拘束運動を扱うのに便利な解析力学のラグランジュ形式について学ぶ．力学は高校の「物理」以来同じテーマを扱っているようだが，解析力学という新たな手法を学ぶことで，物理現象を見る新たな数理的視点に飛躍できる．第2章では連続体の内部に生じるひずみのエネルギーに触れ，場の考え方の導入

とした．また，場の典型的運動形態である「波動」も第2章に織り込んだ．

　第Ⅱ部は電磁気学（第3章，第4章，第5章）と特殊相対性理論（第6章）である．ここではベクトル場を扱う数学が必要だが，電磁気の物理を通して自然に学べるようにした．変動する電磁場（第5章）では，電気回路と電磁波にまで展開してある．相対性理論は物理学における「時空」概念の基礎であるが，物理量の4次元的表現の真価を古典物理で味わえるのは電磁気学であるから，この部に含めた．

　第Ⅲ部では，多数の要素の集団的振る舞いを扱う統計力学について学ぶ．第7章では，熱力学と統計力学の関係を理解する．そして，「状態の数」を持ち込む統計的手法やエントロピーの概念は情報の科学とも関係していることを見る．第8章では，マクロな物体のいくつかの物性と原子の物理を概観する．

　なお，章末問題の詳しい解答が裳華房のホームページ（http://www.shokabo.co.jp/）からダウンロードできるようになっているので，読者は必要に応じて参照して頂きたい．

謝　辞

　この本を出版するにあたって，裳華房の小野達也氏に注意深い校閲をして頂いたことに感謝致します．また，甲南大学の学生諸君（久保田 賢，末次 竜，柴田三四郎，土井健太郎）から様々な意見を出してもらったことにお礼を申し上げます．

目　次

I．粒子と連続体の力学

第 1 章　力学と解析力学

1.1　運動方程式・・・・・・・2
  1.1.1　座標・スカラー・ベクトル
    ・・・・・・・・・・・2
  1.1.2　ニュートン力学の 3 法則　4
  1.1.3　エネルギーとラグランジュ
    関数・・・・・・・5
1.2　多粒子系・・・・・・・・8
  1.2.1　重心・・・・・・8
  1.2.2　角運動量・・・・・11
1.3　慣性系と回転系・・・・・12
  1.3.1　回転座標系・・・・・12
  1.3.2　ガリレオの相対性原理・・14
1.4　力学変数と一般化座標・・・15
  1.4.1　拘束運動・衝突・剛体と弾性体
    ・・・・・・・・・・・15
  1.4.2　力学変数―一般化座標―　18
1.5　抗力と仮想仕事・・・・・21
  1.5.1　拘束条件と抗力・・・21
  1.5.2　仮想仕事とダランベールの
    原理・・・・・・23
1.6　ラグランジュ形式とハミルトン
  形式・・・・・・・25
  1.6.1　一般化座標によるラグラン
    ジュ形式の力学・・・25
  1.6.2　正準形式での力学・・・28
1.7　中心力問題・・・・・・・30
  1.7.1　2 体問題・・・・・・30
  1.7.2　自由運動 ($V(r) = 0$) の場合
    ・・・・・・・・・・・33
  1.7.3　$V(r) = -A/r$ の場合・・33
  1.7.4　太陽系・・・・・・37
  1.7.5　ルンゲ-レンツのベクトル
    ・・・・・・・・・・・38
1.8　摩擦・衝突・力積・・・・39
1.9　剛体・・・・・・・・・・42
  1.9.1　剛体の慣性能率・・・42
  1.9.2　剛体の運動方程式・・43
  1.9.3　オイラーの方程式・・45
  1.9.4　一般の支点・・・・・46
1.10　対称性と保存則・・・・・47
  1.10.1　空間対称性と運動量保存
    ・・・・・・・・・・・48
  1.10.2　時間対称性とエネルギー保存
    ・・・・・・・・・・・49
  1.10.3　循環座標と有効ポテンシャル
    ・・・・・・・・・・・49
章末問題・・・・・・・・・・50

第2章　連続体の力学と波動

2.1　弾性体・・・・・・・・・53
　2.1.1　伸びと縮み — 垂直応力 —　53
　2.1.2　梁の曲がり・・・・55
　2.1.3　体積弾性とずれ弾性・59
　2.1.4　連続体の中の波動・・62
　2.1.5　結合振動子と波動方程式
　　　　・・・・・・・・・64
2.2　振動と波動・・・・・・67
　2.2.1　単振動・・・・・・67
　2.2.2　減衰振動と強制振動・・68
　2.2.3　共鳴・・・・・・・68
　2.2.4　干渉 — うなり・モアレ・定在波 —
　　　　・・・・・・・・・70

　2.2.5　スペクトル・・・・・71
　2.2.6　波束・・・・・・・72
　2.2.7　回折・・・・・・・74
　2.2.8　二重スリット干渉・・77
2.3　流体・・・・・・・・・78
　2.3.1　ベルヌーイの定理・・80
　2.3.2　粘性・・・・・・・82
　2.3.3　雨粒の落下・・・・83
　2.3.4　音の伝播・・・・・84
　2.3.5　渦と乱流・・・・・85
　2.3.6　揚力・・・・・・・86
章末問題・・・・・・・・・87

II.　電磁場の力学

第3章　静　電　場

3.1　電荷・・・・・・・・・92
　3.1.1　物質と原子・原子核・電子
　　　　・・・・・・・・・92
　3.1.2　電荷の保存と電流・・93
　3.1.3　SI 単位系・・・・・96
3.2　電荷のつくる電場・・・97
　3.2.1　クーロン力と電場・・97
　3.2.2　スカラーポテンシャルの
　　　　概念と保存力・・・99
　3.2.3　遠くから見た複雑な電荷分
　　　　布のつくる電場の近似法
　　　　— 多重極展開 —・・・102

3.3　クーロン力から静電場の方程式へ
　　　　・・・・・・・・・107
　3.3.1　ガウスの法則・・・・107
　3.3.2　静電場の基礎方程式・・110
3.4　物質中の電場とエネルギー　111
　3.4.1　物質中の電場の取り扱い方
　　　　— 誘電体と導体 — ・・・111
　3.4.2　コンデンサーと電気容量
　　　　・・・・・・・・・114
　3.4.3　コンデンサーに蓄えられる
　　　　エネルギー・・・・118
　3.4.4　電場のエネルギー・・・119

- 3.5 静電場とポアソン方程式‥‥120
  - 3.5.1 ポアソン方程式と境界条件‥‥‥‥‥‥‥‥120
  - 3.5.2 静電場の解法1―変数分離―‥‥‥‥‥‥‥126
- 3.5.3 静電場の解法2―数値計算―‥‥‥‥‥‥‥130
- 章末問題‥‥‥‥‥‥134
- ポテンシャルを数値的に求めるプログラム‥‥‥‥‥‥‥136

第4章 静磁場

- 4.1 電流と磁場‥‥‥‥138
  - 4.1.1 磁場を生み出す電流‥138
  - 4.1.2 ローレンツ力‥‥143
  - 4.1.3 ラーモア運動（サイクロトロン運動）‥‥144
- 4.2 ビオ–サバールの法則から静磁場の方程式へ‥‥‥147
  - 4.2.1 アンペールの法則‥147
  - 4.2.2 ベクトルポテンシャルと静磁場の方程式‥‥152
- 4.3 磁気モーメントと多重極展開‥‥‥‥‥‥‥‥154
  - 4.3.1 磁場の多重極展開‥‥154
  - 4.3.2 一様磁場中の磁気双極子モーメントにはたらく力‥‥‥‥‥‥‥‥‥157
- 4.4 物質中の磁場‥‥‥‥160
  - 4.4.1 磁性体‥‥‥‥‥160
  - 4.4.2 物質中の磁場の取り扱い方‥‥‥‥‥‥‥161
  - 4.4.3 磁性体を含む領域での静磁場の解‥‥‥‥‥164
- 章末問題‥‥‥‥‥‥165

第5章 変動する電磁場

- 5.1 電磁誘導‥‥‥‥‥168
  - 5.1.1 ファラデーの法則‥168
  - 5.1.2 インダクタンス‥‥171
  - 5.1.3 磁場のエネルギー‥‥173
- 5.2 電気回路‥‥‥‥‥175
  - 5.2.1 電気抵抗とジュール熱‥175
  - 5.2.2 キルヒホッフの法則‥176
  - 5.2.3 過渡現象‥‥‥‥177
  - 5.2.4 交流回路‥‥‥‥178
- 5.3 電磁波‥‥‥‥‥‥182
  - 5.3.1 マクスウェル方程式‥182
  - 5.3.2 電磁波‥‥‥‥‥183
  - 5.3.3 電磁波の反射・透過‥186
  - 5.3.4 電磁波の屈折‥‥189
  - 5.3.5 プラズマ中の電磁波の伝播‥‥‥‥‥‥‥192
  - 5.3.6 ポテンシャルによる記述とゲージ自由度‥‥‥195
- 章末問題‥‥‥‥‥‥198

第6章 特殊相対性理論と電磁気学

6.1 時間と空間の概念・・・・・202
 6.1.1 時間という概念と観測者
  ・・・・・・・・・・202
 6.1.2 光の速さの普遍性と新たな
  座標変換・・・・・204
 6.1.3 絶対的同時性の破綻・・207
 6.1.4 ローレンツ変換・・・208
 6.1.5 速度の合成・・・・・212
 6.1.6 世界間隔と不変双曲線 215
 6.1.7 時間の伸びと長さの短縮
  ・・・・・・・・・・217
 6.1.8 パラドックス・・・・219
6.2 相対論的力学・・・・・・222
 6.2.1 相対性原理と数学的準備
  ・・・・・・・・・・222
 6.2.2 運動量保存則とエネルギー

  保存則・・・・・・225
 6.2.3 粒子の運動方程式と光の
  速さの壁・・・・・230
 6.2.4 光のドップラー効果と光行差
  ・・・・・・・・・・232
6.3 電磁気学とローレンツ変換 236
 6.3.1 スカラーポテンシャルとベク
  トルポテンシャルの変換性
  ・・・・・・・・・・236
 6.3.2 マクスウェル方程式のテン
  ソル形式での記述・・241
 6.3.3 観測者によって現れたり
  消えたりする電場・・243
 6.3.4 一般相対性理論への序章
  ・・・・・・・・・・245
章末問題・・・・・・・・・・246

III．多体系の統計力学

第7章　統計熱力学

7.1 理想気体・・・・・・・・250
 7.1.1 状態方程式・・・・・250
 7.1.2 分子の集団としての気体
  ・・・・・・・・・・252
7.2 アヴォガドロ数・・・・・254
 7.2.1 アヴォガドロ数の測定法
  ・・・・・・・・・・254
 7.2.2 ブラウン運動とボルツマン
  定数・・・・・・・256

7.3 熱的状態の変化・・・・・259
 7.3.1 熱力学の第1法則と第2法則
  ・・・・・・・・・・259
 7.3.2 等積過程と等圧過程・・261
 7.3.3 拡散とエントロピー・・262
 7.3.4 比熱・・・・・・・263
 7.3.5 カルノー・エンジン・・264
 7.3.6 さまざまな熱力学関数 266
7.4 統計力学・・・・・・・267

7.4.1 状態数とエントロピー　267
7.4.2 カノニカル分布と揺らぎ
　　　・・・・・・・・・・・269
7.4.3 理想気体の速度分布とエントロピー・・・・・271
7.4.4 等分配と比熱・・・・274
7.5 熱現象の法則と情報の科学　275
7.5.1 運動法則と情報の法則　275
7.5.2 情報と確率・・・・・278
章末問題・・・・・・・・・・281

第8章　物性と原子の物理

8.1 相平衡・・・・・・・284
8.2 反応平衡・・・・・・285
8.3 磁性・・・・・・・・286
8.4 ゴム弾性・・・・・・287
8.5 輸送現象 ― 拡散・粘性・熱伝導 ―
　　　・・・・・・・・・・289
8.6 原子と原子核・・・・・291
8.7 原子と光子の量子論・・・294
8.8 原子模型・・・・・・・297
8.9 電気伝導と固体中の電子・・301
8.10 レーザー・・・・・・・307
8.11 ミクロのサイズ ― SI単位系・ナノテクノロジー ― ・・・311
章末問題・・・・・・・・・・313

章末問題解答・・・・・・・・・・・・・・・・・314
索　引・・・・・・・・・・・・・・・・・・・・320

I
粒子と連続体の力学

第1章　力学と解析力学

　物体は力を受けると，速さや方向が変わり，その運動状態を変化させる．このことは直観的にすぐイメージできるから，力学において訓練すべきことは，この直観的イメージを数式でどう表現するかである．物理学の特徴は自然現象を数学の言葉に置き換えて問題を解決することであり，力学はこの訓練に適したテーマである．多くの演習問題を解いて，物理現象を数学の言葉に読み直す訓練をすることが大切である．

1.1　運動方程式

1.1.1　座標・スカラー・ベクトル

　力学に登場する物理量を表す数学用語には座標，スカラー，ベクトルがある．物理量はもともと数字で書かれているものではない．ある物理量を数字（または数字の組）で表現するため，基準となる物差しが導入される．例えば，緯度と経度は地球表面の位置情報を数字で表すために導入された座標系である．3次元空間の座標系では空間のある点に原点をとり，互いに直交する3つの座標軸の方向を適当に決める．この座標系 (x_1, x_2, x_3) を**デカルト座標系**という．すると，ある点の位置は座標 $x_1 = a, x_2 = b, x_3 = c$ という3つの数字の組 (a, b, c) で表される．座標系のとり方は一義的に決まっているわけではないから，別の座標系 (x_1', x_2', x_3') によって同じ点を表すこともできる．そして，(x_1, x_2, x_3) と (x_1', x_2', x_3') 間の関係は**座標変換**とよばれる．

　また，例えば，重さの測り方（秤）を決めれば物体の質量のような物理量も1つの数字で表せる．重さのような座標系に依存しない量は**スカラー**とよばれる．ところが，速度，加速度，力という量は方向と大きさを指定して初めて決まる量であり，1つの数字では表せない．このような量は**ベクトル**と

1.1 運動方程式

よばれる．

ベクトルを表現するために，各座標軸の方向を向いた単位長さの**基底ベクトル** e_i の組を「方向をもつ物指し」として導入する．すると，ベクトル A は次のように成分 A_i に分解して表すことができる．

$$A = A_1 e_1 + A_2 e_2 + A_3 e_3 = \sum_{i=1}^{3} A_i e_i \tag{1.1}$$

ここでは座標軸の区別に添字 1, 2, 3 を用いているが，しばしば $x_1 = x$, $x_2 = y$, $x_3 = z$ の対応で，次のように x, y, z を座標の添字に用いることもある．

$$A = A_x e_x + A_y e_y + A_z e_z \tag{1.2}$$

回転の座標変換で結び付いている 2 つの基底ベクトルの組，e_i と e_j' の関係は $e_i = \sum_{j=1}^{3} a_{ij} e_j'$ と表せる．ここで a_{ij} は座標の回転変換の係数である．基底ベクトルが変わってもベクトル自体は同じものであるから

$$A = \sum_{i=1}^{3} A_i e_i = \sum_{j=1}^{3} A_j' e_j' \tag{1.3}$$

となり，基底ベクトル e_j' での成分は

$$A_j' = \sum_{i=1}^{3} a_{ij} A_i \tag{1.4}$$

のように変換されることがわかる．

次に，2 つのベクトル A と B の掛け算として，次の**内積**と**外積**を定義する．

$$\text{内積 } A \cdot B = AB \cos \alpha, \quad \text{外積 } A \times B = (AB \sin \alpha) n \tag{1.5}$$

ここで α は A と B の成す角度であり，n は A と B の両方に垂直なベクトルである．直交するベクトルでは $\alpha = \pi/2$ だから，内積はゼロとなる．

基底ベクトル e_j は大きさ 1 で，互いに直交する．内積とクロネッカーのデルタ δ_{ij} を使えば，この性質は次のように書ける．

$$e_i \cdot e_j = \delta_{ij} \quad (i = j \text{ なら } \delta_{ii} = \delta_{jj} = 1,\ i \neq j \text{ なら } \delta_{ij} = 0) \tag{1.6}$$

また，$\sum_{i=1}^{3} \bm{e}_i \cdot \bm{e}_i = \sum_{j=1}^{3} \bm{e}_j' \cdot \bm{e}_j'$ だから，

$$\sum_{i=1}^{3}\left(\sum_{j=1}^{3} a_{ij}\bm{e}_j'\right) \cdot \left(\sum_{k=1}^{3} a_{ik}\bm{e}_k'\right) = \sum_{j=1}^{3}\sum_{k=1}^{3}\left(\sum_{i=1}^{3} a_{ij}a_{ik}\right)\bm{e}_j' \cdot \bm{e}_k' = \sum_{j=1}^{3} \bm{e}_j' \cdot \bm{e}_j'$$

より，$\sum_{i=1}^{3} a_{ij}a_{ik} = \delta_{jk}$ であることがわかる．

1.1.2 ニュートン力学の3法則

ニュートン力学の3法則は
1. 力がはたらかなければ運動状態は持続する．
2. 運動状態の変化は力の大きさに比例し，その方向に起こる．
3. 力の作用と反作用は等しい．

である．ここで運動状態は運動量で表され，［運動量］は［質量］×［速度］で与えられる．［質量］はスカラー量であり，［速度］と［力］はベクトル量である．

十分小さい物体を考えると，［位置］は一点の座標で表せる．このような理想物体を**質点**という．いま，質点の位置をデカルト座標系を用いて表す．ある時刻 t の座標 $(x(t), y(t), z(t))$ とその少し後の時刻 $t + \Delta t$ の座標 $(x(t+\Delta t), y(t+\Delta t), z(t+\Delta t))$ から，$\Delta t \to 0$ の極限で，次のように各成分の速度が決まる．

$$\left. \begin{aligned} v_x(t) &\simeq \frac{x(t+\Delta t) - x(t)}{\Delta t} \\ v_y(t) &\simeq \frac{y(t+\Delta t) - y(t)}{\Delta t} \\ v_z(t) &\simeq \frac{z(t+\Delta t) - z(t)}{\Delta t} \end{aligned} \right\} \qquad (1.7)$$

速度ベクトルは，座標軸の方向を向いた基底ベクトルの組 $\bm{e}_x, \bm{e}_y, \bm{e}_z$ を用いて

$$\bm{v} = v_x\bm{e}_x + v_y\bm{e}_y + v_z\bm{e}_z \qquad (1.8)$$

と書ける．ここで (v_x, v_y, v_z) は速度ベクトルの成分である．

1.1 運動方程式

速度ベクトルから，運動量ベクトル $\boldsymbol{p} = m\boldsymbol{v}$ が定義される．ニュートンの第2法則によれば，運動量は力 $\boldsymbol{f}$ によって $\boldsymbol{p}(t + \Delta t) \simeq \boldsymbol{p}(t) + \boldsymbol{f}(t)\Delta t$ のように変化する．したがって，

$$\lim_{\Delta t \to 0} \frac{\boldsymbol{p}(t + \Delta t) - \boldsymbol{p}(t)}{\Delta t} = \frac{d\boldsymbol{p}}{dt} \equiv \dot{\boldsymbol{p}}$$

であるから，運動方程式は次のように与えられる．

$$\dot{\boldsymbol{p}} = \boldsymbol{f} \tag{1.9}$$

質量 m が時間的に一定であれば，運動量の変化は加速度ベクトル $\boldsymbol{a}$ により $\dot{\boldsymbol{p}} = m\boldsymbol{a}$ と書ける．$\boldsymbol{a}$ は速度ベクトルの微分を用いて次のように書ける．

$$\boldsymbol{a} = \frac{d\boldsymbol{v}}{dt} = \frac{dv_x}{dt}\boldsymbol{e}_x + \frac{dv_y}{dt}\boldsymbol{e}_y + \frac{dv_z}{dt}\boldsymbol{e}_z \tag{1.10}$$

ここで基底ベクトル $\boldsymbol{e}_i (i = x, y, z)$ は時間的に変化しないとしている．

さらに，力ベクトルを $\boldsymbol{f} = f_x \boldsymbol{e}_x + f_y \boldsymbol{e}_y + f_z \boldsymbol{e}_z$ と書けば，運動方程式 $m\boldsymbol{a} = \boldsymbol{f}$ は各成分ごとに独立した等式となり，

$$m\frac{dv_x}{dt} = f_x, \qquad m\frac{dv_y}{dt} = f_y, \qquad m\frac{dv_z}{dt} = f_z \tag{1.11}$$

と3つの微分方程式で書ける．この方程式を積分して速度成分が求まると，位置 (x, y, z) は次の方程式を積分して求められる．

$$\frac{dx}{dt} = v_x, \qquad \frac{dy}{dt} = v_y, \qquad \frac{dz}{dt} = v_z \tag{1.12}$$

積分の度に解は1個の積分定数を含むことになるから，積分解 $x(t), y(t), z(t)$ は各々2個の任意定数，合計6個の任意定数を含んで決まる．

1.1.3 エネルギーとラグランジュ関数

運動方程式 (1.11) の両辺に速度の各成分を掛けて和をとると

$$m\left(v_x \frac{dv_x}{dt} + v_y \frac{dv_y}{dt} + v_z \frac{dv_z}{dt}\right) = v_x f_x + v_y f_y + v_z f_z \tag{1.13}$$

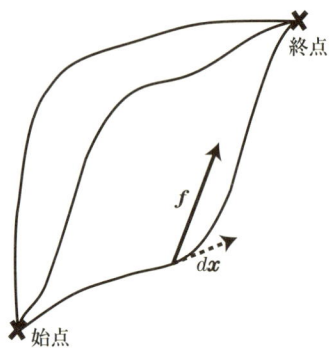

図 1.1 様々な経路に沿った力の積分

となる．次に，経路に沿った力のする仕事の積分によって**ポテンシャルエネルギー** V を定義する．

$$V = -\int \boldsymbol{f} \cdot d\boldsymbol{x} = -\int (f_x\,dx + f_y\,dy + f_z\,dz) \tag{1.14}$$

(1.14) の右辺の積分が，図 1.1 のような様々な経路について，両端の位置だけで決まっている場合には力のベクトルの各成分は，

$$f_x = -\frac{\partial V}{\partial x}, \quad f_y = -\frac{\partial V}{\partial y}, \quad f_z = -\frac{\partial V}{\partial z} \tag{1.15}$$

のように，1 つの関数 $V(x,y,z)$ の微分で書ける．この場合，$\boldsymbol{f}$ は微分演算子 ∇（「ナブラ」とよぶ）を用いて次のように書ける．

$$\boldsymbol{f} = -\left(\boldsymbol{e}_x \cdot \frac{\partial}{\partial x} + \boldsymbol{e}_y \cdot \frac{\partial}{\partial y} + \boldsymbol{e}_z \cdot \frac{\partial}{\partial z}\right) V \equiv -\nabla V \tag{1.16}$$

このようにポテンシャルエネルギーの微分で表される力は**保存力**とよばれる．保存力では

$$\frac{\partial f_x}{\partial y} = \frac{\partial f_y}{\partial x}, \quad \frac{\partial f_y}{\partial z} = \frac{\partial f_z}{\partial y}, \quad \frac{\partial f_z}{\partial x} = \frac{\partial f_x}{\partial z} \tag{1.17}$$

の関係が成り立つ．

この場合，$V(x,y,z)$ は位置の関数だから，質点の運動に沿っての微分は

$$-\frac{d}{dt}V(x(t), y(t), z(t)) = -\left(\frac{\partial V}{\partial x}\frac{dx}{dt} + \frac{\partial V}{\partial y}\frac{dy}{dt} + \frac{\partial V}{\partial z}\frac{dz}{dt}\right)$$

ここで運動エネルギー T を

$$T = \frac{1}{2}m(v_x^2 + v_y^2 + v_z^2) \tag{1.18}$$

のように定義すると，(1.13) は

$$\frac{d}{dt}(T + V) = 0 \tag{1.19}$$

と書き表される．これは全エネルギー $T+V$ の保存則を表す．

いま，T を v_i で微分すると $\partial T/\partial v_i = mv_i$ だから，(1.11) は

$$\frac{d}{dt}\left(\frac{\partial T}{\partial v_i}\right) + \frac{\partial V}{\partial x_i} = 0 \tag{1.20}$$

と書ける．ここで $L = T - V$ で定義された**ラグランジュ関数** $L(x_i, v_i)$ を導入すると，この式は

$$\frac{d}{dt}\left(\frac{\partial L}{\partial v_i}\right) - \frac{\partial L}{\partial x_i} = 0 \tag{1.21}$$

と表せる．これを**オイラー－ラグランジュ方程式**という．

後の 1.6.1 項で見るように，これが運動方程式の一般的な形であることがわかる．ラグランジュ関数では位置座標 x_i と速度 v_i は独立変数として扱う．速度は $v_i = \dot{x}_i$ とも書けるから，独立変数としては x_i と $\dot{x}_i$ と書いてもよい．ただ，この表現だと $\dot{x}_i$ が x_i から微分して導かれるものと錯覚にとらわれて，独立変数として扱うことに抵抗を感じるのである．しかし，こういう視覚的な錯覚にとらわれてはならない．

1.2 多粒子系

1.2.1 重 心

N 個の質点から成る多粒子系を考える．p 番目の粒子のデカルト座標 (x_p, y_p, z_p) から，位置ベクトル $\bm{r}_p = x_p \bm{e}_x + y_p \bm{e}_y + z_p \bm{e}_z$ を構成する．このベクトルの大きさは座標系の原点から粒子 p までの距離を表す．

各粒子の質量を m_p として，重心の位置ベクトル $\bm{R}_c$ を

$$\bm{R}_c = \frac{1}{M} \sum_{p=1}^{N} m_p \bm{r}_p \qquad (M \equiv \sum_{p=1}^{N} m_p) \tag{1.22}$$

と定義する．すると，この重心からの各粒子の相対位置は $\bm{x}_p = \bm{r}_p - \bm{R}_c$ であり，$\bm{x}_p$ は

$$\sum_{p=1}^{N} m_p \bm{x}_p = 0 \tag{1.23}$$

という関係を満たす．

いま，各粒子は外力 $\bm{F}_p$ と粒子相互の力を受けているとする．粒子 p が粒子 i から受ける力を $\bm{f}_{pi}$ と書けば

$$m_p \ddot{\bm{r}}_p = m_p (\ddot{\bm{R}}_c + \ddot{\bm{x}}_p) = \bm{F}_p + \sum_{i=1, i \neq p}^{N} \bm{f}_{pi} \tag{1.24}$$

全粒子について上式の和をとり，作用・反作用の法則 $\bm{f}_{pi} = -\bm{f}_{ip}$ を用いれば，

$$M \ddot{\bm{R}}_c = \sum_{p=1}^{N} \bm{F}_p = \bm{F}_c \tag{1.25}$$

が導かれる．したがって，(1.24) は

$$m_p \ddot{\bm{x}}_p = \sum_{i=1, i \neq p}^{n} \bm{f}_{pi} + \left(\bm{F}_p - \frac{m_p}{M} \bm{F}_c \right) \tag{1.26}$$

となる．もし $\bm{F}_c$ が重心座標のみに依存し，また $\bm{F}_p - (m_p/M)\bm{F}_c$ が相対座標のみに依存する場合は，重心運動と重心に相対的な運動は分離できる．

(1.23) を用いると，全運動エネルギーは次のように重心運動と相対運動の

和に分離される.

$$T = \frac{1}{2}\sum_{p=1}^{N} m_p (\dot{\boldsymbol{R}}_c + \dot{\boldsymbol{x}}_p)^2 = \frac{1}{2}MV_c^2 + \sum_{i=p}^{N}\frac{1}{2}m_p \boldsymbol{v}_p^2 \qquad (1.27)$$

一方,ポテンシャルエネルギー V は一般には分離できないが,もし粒子間力が相互の位置ベクトル $\boldsymbol{x}_{pi} = \boldsymbol{x}_p - \boldsymbol{x}_i$ のみに依存するなら,V は外力と粒子間力のポテンシャルエネルギーの和として

$$\sum_p V(\boldsymbol{r}_p) = V'(\boldsymbol{R}_c) + V''(\boldsymbol{x}_1, \cdots, \boldsymbol{x}_N) \qquad (1.28)$$

のように分離される.この場合には,重心運動と相対運動について運動方程式は分離され,エネルギー保存則も別々に成り立つ.

例 1-1 落下するバネの振動

図 1.2 のようにバネで結ばれた m_1 と m_2 の 2 つの質点系が重力のもとで落下するとする.各々の高さ座標を r_1 と r_2 とする.このとき,重心座標 R_c と 2 質点間の相対距離 x を次のように導入する.

$$R_c = \frac{m_1 r_1 + m_2 r_2}{m_1 + m_2}, \qquad x = r_1 - r_2 \qquad (1.29)$$

これを逆に解けば

$$r_1 = R_c + \frac{m_2}{M}x, \qquad r_2 = R_c - \frac{m_1}{M}x \qquad (1.30)$$

図 1.2 バネで結ばれた 2 つの質点系の落下

これら新座標でエネルギーを書き換えると，まず運動エネルギーは

$$T = \frac{1}{2}m_1\dot{r}_1^2 + \frac{1}{2}m_2\dot{r}_2^2 = \frac{1}{2}M\dot{R}_c^2 + \frac{1}{2}\mu\dot{x}^2 \qquad (1.31)$$

となる．ここで $M = m_1 + m_2$ は全質量，$\mu = m_1 m_2/(m_1 + m_2)$ は**換算質量**とよばれる．次にポテンシャルエネルギーは外力としての重力 g とバネによる質点間力の和として

$$\begin{aligned}V &= m_1 g r_1 + m_2 g r_2 + \frac{1}{2}\kappa(r_1 - r_2 - l)^2 \\ &= MgR_c + \frac{1}{2}\kappa(x - l)^2 \end{aligned} \qquad (1.32)$$

と書ける．ここで κ はバネ定数，l はバネの自然長である．

また，ラグランジュ関数は

$$L = T - V = \left(\frac{1}{2}M\dot{R}_c^2 - MgR_c\right) + \left[\frac{1}{2}\mu\dot{x}^2 - \frac{1}{2}\kappa(x-l)^2\right] \qquad (1.33)$$

となり，運動方程式は，(1.21) において変数を $x_1 = R_c$, $x_2 = x$ ととって，次のようになる．

$$M\ddot{R}_c = -Mg, \qquad \mu\ddot{x} = -\kappa(x - l) \qquad (1.34)$$

運動は R_c に対する自由落下と x に対する単振動とに完全に分離している．

いま初期条件として，上の m_1 を手で支えて，バネが伸びた状態で手を離して落下させるとする．このとき，初期の伸び Δl は $m_2 g = \kappa \Delta l$ で決まり，(1.34) の積分解は容易に書き下せて

$$R_c = -\frac{1}{2}gt^2 + R_0, \qquad x = l + \Delta l \cos \omega t \qquad (1.35)$$

となる．ここで $\omega = \sqrt{\kappa/\mu}$ である．これらを (1.30) に代入して，書き換えれば

$$r_1 = h - \frac{1}{2}gt^2 - \frac{m_2 \Delta l}{M}(1 - \cos \omega t) \qquad (1.36)$$

$$r_2 = h - \frac{1}{2}gt^2 - l - \frac{m_1}{M}\frac{\Delta l}{}\left(\frac{m_2}{m_1} + \cos\omega t\right) \tag{1.37}$$

と書ける．ここで $h = R_0 + (m_2/M)(l+\Delta l)$ は初期の m_1 の位置である．

1.2.2 角運動量

デカルト座標系の原点 O に対する 1 粒子の角運動量を

$$J = r \times p \tag{1.38}$$

と定義する．線形運動量 $p = m\dot{r}$ の時間変化は $\dot{p} = F$ だから，角運動量の時間変化は

$$\dot{J} = r \times \dot{p} + \dot{r} \times p = r \times F \equiv N \tag{1.39}$$

となる．ここで N は**力のモーメント**とよばれる．

多粒子系での全角運動量 J_t を重心と相対の位置ベクトルで書けば

$$J_t = \sum_{p=1}^{n} r_p \times p_p = \sum_{p=1}^{n} m_p(R_c + x_p) \times (\dot{R}_c + \dot{x}_p) = J_c + J_r \tag{1.40}$$

$$J_c \equiv MR_c \times \dot{R}_c, \quad J_r \equiv \sum_{p=1}^{n} m_p x_p \times \dot{x}_p \tag{1.41}$$

J_t は原点 O に対する重心の角運動量 J_c と重心に対する相対角運動量 J_r に分離できる．その時間変化は，(1.26) の運動方程式を用いて，

$$\dot{J}_t = \dot{J}_c + \dot{J}_r = MR_c \times \ddot{R}_c + \sum_{p=1}^{n} m_p x_p \times \ddot{x}_p$$

$$= R_c \times F_c + \sum_{p=1}^{n}\sum_{\substack{i=1\\i\neq p}}^{n} x_p \times f_{pi} \tag{1.42}$$

右辺の第 2 項 $\dot{J}_r$ は，$f_{pi} = -f_{ip}$ だから，$\sum_{p<i}(x_p - x_i) \times f_{pi}$ となる．一方，f_{pi} が粒子 p と粒子 i を結ぶ方向 $(x_p - x_i)$ と平行なら $\dot{J}_r = 0$ となり，全角運動量の変化は

$$\dot{J}_t = \dot{J}_c = R_c \times F_c = N \tag{1.43}$$

のように，外力 F_c によるモーメント N で決まることになる．このことは剛体の力学の基礎となる．

1.3 慣性系と回転系

1.3.1 回転座標系

1.1.1 項で述べたように，物理量をどのような値で表現するかはそれを計量する物差しに依存して決まる．運動方程式に登場する速度や力のベクトルの成分を決めているのは，座標系の座標軸の方向を向いた基底ベクトルの組であった．同じ運動でも様々な座標系で表現することができるが，運動方程式が (1.11) の形で表せるような座標系は**慣性座標系**，あるいは**慣性系**とよばれる．力学の3法則も，この慣性系に対する運動を前提にしている．

慣性系に対して回転している座標系は慣性系ではなく，非慣性系の一種である．したがって，回転座標系で表現した運動方程式はもはや (1.9) や (1.11) の形ではなくなる．

回転座標系の座標系のある軸に沿った1つの基底ベクトルを $e(t)$ とすると，$e(t)$ は回転によって方向は変えるが，大きさ $e \cdot e = 1$ は変化しない．したがって，

$$\frac{de \cdot e}{dt} = \dot{e} \cdot e + e \cdot \dot{e} = 0 \quad (1.44)$$

である．この関係は $\dot{e}$ と e が互いに直交していることを示している．

いま，e を e_1，$\dot{e} = Ae_2$ と書く．ここで e_2 は $\dot{e}$ の方向を向く単位ベクトル ($e_2 \cdot e_2 = 1$) であり，A はベクトルの大きさ ($\dot{e} \cdot \dot{e} = A^2$) である．3次元空間では，直交する e_1 と e_2 の双方に直交する第3の方向の単位ベクトルは $e_3 = e_1 \times e_2$ と書ける．そこ

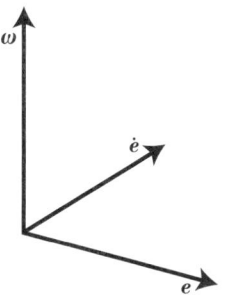

図 1.3 e, $\dot{e}$, ω の関係

1.3 慣性系と回転系

で e_3 方向の大きさ W のベクトル $\boldsymbol{\omega} = W\boldsymbol{e}_3$ を導入すると，ベクトルの外積の公式から

$$\boldsymbol{\omega} \times \boldsymbol{e}_1 = W(\boldsymbol{e}_1 \times \boldsymbol{e}_2) \times \boldsymbol{e}_1 = W\boldsymbol{e}_2$$

したがって，W を A の大きさに選べば

$$\dot{\boldsymbol{e}}(t) = \boldsymbol{\omega} \times \boldsymbol{e}(t) \tag{1.45}$$

となる．$\dot{\boldsymbol{e}}, \boldsymbol{\omega}, \boldsymbol{e}$ は互いに直交するベクトルであり，上の式から短時間 Δt での変化分は $\Delta \boldsymbol{e} = \dot{\boldsymbol{e}} \Delta t = \Delta \boldsymbol{\varphi} \times \boldsymbol{e}$，ただし $\Delta \boldsymbol{\varphi} = \boldsymbol{\omega} \Delta t$ とする．この $|\boldsymbol{\omega}| = \omega$ は**角速度**とよばれる．

いま，ベクトルを回転系での基底ベクトル $\boldsymbol{e}_i(t)$ で展開すれば $\boldsymbol{r} = \sum_{i=1}^{3} x_i(t) \boldsymbol{e}_i(t)$ である．$x_i(t)$ は回転系に対する座標である．したがって，

$$\dot{\boldsymbol{r}} = \sum_{i=1}^{3} \dot{x}_i \boldsymbol{e}_i + \sum_{i=1}^{3} x_i \dot{\boldsymbol{e}}_i = \boldsymbol{v} + \sum_{i=1}^{3} x_i (\boldsymbol{\omega} \times \boldsymbol{e}_i) = \boldsymbol{v} + \boldsymbol{\omega} \times \boldsymbol{r} \tag{1.46}$$

$$\ddot{\boldsymbol{r}} = \sum_{i=1}^{3} \ddot{x}_i \boldsymbol{e}_i + 2\sum_{i=1}^{3} \dot{x}_i \dot{\boldsymbol{e}}_i + \sum_{i=1}^{3} x_i (\dot{\boldsymbol{\omega}} \times \boldsymbol{e}_i + \boldsymbol{\omega} \times \dot{\boldsymbol{e}}_i)$$
$$= \boldsymbol{a} + 2\boldsymbol{\omega} \times \boldsymbol{r} + \dot{\boldsymbol{\omega}} \times \boldsymbol{r} + \boldsymbol{\omega} \times (\boldsymbol{\omega} \times \boldsymbol{r}) \tag{1.47}$$

ここで $\boldsymbol{v} = \sum_{i=1}^{3} \dot{x}_i \boldsymbol{e}_i, \boldsymbol{a} = \sum_{i=1}^{3} \ddot{x}_i \boldsymbol{e}_i$ は回転系に対する速度，加速度である．慣性系での運動方程式（1.9）に代入すれば

$$m\boldsymbol{a} = \boldsymbol{f} + m[-2\boldsymbol{\omega} \times \boldsymbol{v} - \boldsymbol{\omega} \times (\boldsymbol{\omega} \times \boldsymbol{r}) - \dot{\boldsymbol{\omega}} \times \boldsymbol{r}] \tag{1.48}$$

ここで $\boldsymbol{f}$ 以外の右辺の項は**慣性力**とよばれる．特に第2項は**コリオリ力**，第3項は，$\boldsymbol{\omega} \times (\boldsymbol{\omega} \times \boldsymbol{r}) = -\omega^2 \boldsymbol{r}$ だから $\boldsymbol{r}$ 方向を向いた力であり，**遠心力**とよばれる．

例 1-2 コリオリ力

地球は自転しているから，地球に固定した座標系は回転系である．地面に沿った運動の際にはたらくコリオリ力の方向は，北半球では，運動方向に向かって右手にはたらく．台風の目に周囲から空気が流れ込む運動を考えると，コリオリ力は流れを左回り（上から見て反時計回り）に回し，渦巻きが

緯度 ϕ で，地面に平行に例えば南から北に向かう運動 v を考えると，ω と v の成す角度は ϕ であるから，$-2\omega \times v$ の大きさは $2\omega v \sin\phi$ で方向は東向きになる．また，例えば西から東に向く運動では ω と v の成す角度は直角であるからコリオリ力の大きさは $2\omega v$ で，鉛直方向が $2\omega v \cos\phi$，地面に沿った南方向に $2\omega v \sin\phi$ である．鉛直方向は重力に比して無視でき，コリオリ力は南向きに新たに加わる力として効果をもつ．何れの場合でも，コリオリ力は"運動方向に向かって右手にはたらく"．

1.3.2 ガリレオの相対性原理

ある慣性系での運動方程式 $m\, d^2 x_i/dt^2 = f_i$ を

$$x_i = \sum_j a_{ij} x_j' + b_i + V_i t \tag{1.49}$$

という座標変換（a_{ij}, V_i, b_i は定数）で結び付いた新しい x_i' で書いてみる．ここで，座標変換 (1.49) の第 2 項 b_i は座標原点の移動を意味するもので，**並進（ブースト）変換**とよばれる．また，第 3 項は元の慣性座標系に対して一定速度 V_i で運動している別の慣性座標系への変換であり，**ガリレオ（ガリレイ）変換**とよばれる．まず，(1.49) を運動方程式に代入すると $\sum_j a_{ij} \ddot{x}_j' = f_i$ であるが，両辺に a_{ki} を掛けて i について和をとって

$$\sum_i a_{ki} \left(\sum_j a_{ij} \ddot{x}_j' \right) = \sum_i a_{ki} f_i$$

ここで，a_{ij} が座標系の回転変換の係数であるから $\sum_i a_{ki} a_{ij} = \delta_{kj}$ であり，$f_k' = \sum_j a_{ki} f_i$ と書けば，$m\, d^2 x_k'/dt^2 = f_k'$ という同じ形の運動方程式が成り立つ．

[質量]×[加速度]＝[力] という形の運動方程式は慣性座標系においてのみ成り立つものである．実際，回転座標系から見た加速度 a に対しては (1.48) に見られるように，[質量]×[加速度]＝[力]＋[慣性力] の形にな

り，単純な［質量］×［加速度］＝［力］ではなくなる．この性質を使えば，回転系のような非慣性系と慣性系を見分けることができる．しかし，慣性系は唯一に決まる絶対系ではなく，(1.49)の3つの座標変換（回転，並進，「ガリレオ」）で関係付けられているすべての座標系が対等の資格をもっている．すなわち，慣性系は相対的にしか決まらない．このことは**ガリレオ-ポアンカレの相対性原理**とよばれる．

ガリレオは船が海面に静止していても，等速運動していても，船内の様子に差がないことを指摘して，地動説の傍証としたのであった．海面に対して固定した座標系も，海面に対して一定速度で動いている船に固定した座標系も，ともに慣性系なのである．だから同じ落下の法則が成立し，地動説が可能になるのである．

1.4　力学変数と一般化座標

1.4.1　拘束運動・衝突・剛体と弾性体

ニュートンの運動方程式は惑星運行という天文学の課題を契機に確立した．17世紀当時，これが最も精密な観測データが蓄積していた現象で，理論の検証を厳密に行うことができたからである．太陽重力のもとで惑星という質点の運動を解くことで，当時の天文学で知られていた惑星運行の多くのデータが説明され，この方程式の価値が定まった．また同時に，質量 M と m の物体の間には大きさが GMm/r^2 の引力がはたらくことも検証された．ここで r は2つの物体間の距離，G は重力定数である．

拘束運動

惑星運動はニュートン力学の誕生を飾った問題であるが，我々が日常的に目にする運動の多くはこの範疇に属していない．多くは空中を飛ぶ運動ではなく，電車やジェットコースターの運動，カーリングで錘が氷の上を滑る運動などのように，接触しているレールや床面などの支持体からも力を受けて

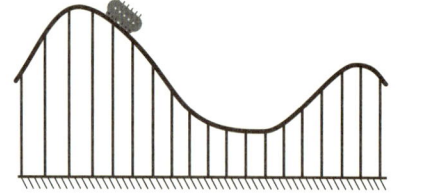

図 1.4 ジェットコースターや床を転がるボールはすべて拘束運動である．

いる運動である．

また，重力のもとでも物体が静止しているのは，支持体や地面から重力とつり合う力を受けているからである．すなわち，ジェットコースターのようにレールで導かれる物体や床面に接触している物体の運動は，重力と支持体からの拘束力（抗力ともいう）を受けている．作用・反作用の法則によれば，支持体は運動物体から拘束力の反作用を受ける．しかし，地面に固定された場合のように，巨大な質量の支持体（例えば地球）が反作用を受けるのだから支持体の運動は無視できるのである．このような軌道の形に沿って拘束条件を付けた運動は**拘束運動**とよばれる．

拘束運動でも空中を飛ぶ場合でも，地上での運動ではたえず空気と接触している．航空機の飛行，木の葉の落下，野球ボールがカーブする運動は，すべて空気との作用が本質的な役割を果たしている．これら気体や流体の運動の性質やそうした媒質中での物体の運動も，ニュートンの基本法則の範疇に属するものであることが知られている．しかし，本書での力学による運動の考察では，こうした媒質の作用は無視している．身近に見る運動の多くが，一見したところ，力学の原理と反しているように見えるのはこのことに理由がある．

衝　突

継続的に他の物体（支持体）と接触して抗力を受ける場合と違って，他の物体と瞬間的に接触する現象に衝突がある．衝突では，力学の原則に反して

いるようなことが起こる．例えば，落下物体と床の衝突が弾性衝突であれば，エネルギーは保存しているので落下した物体は元の高さまで戻ってくる．ところが，運動量は，衝突の前後で逆転しているから，保存していないように見える．後に述べるように，この矛盾は衝突で接触している短い時間の間にだけ重力以外の力が床との間にはたらいたのだと考えることで説明できる．

多くの場合，衝突は完全な弾性衝突からはほど遠く，落下物体のエネルギーは失われていく．しかし，床が動き出すわけではない．落下のエネルギーは落下物体や床の内部エネルギーに転化したのである．ここで内部エネルギーとは物体を構成する原子の熱運動であり，固体では後に 2.1.5 項で述べるように平衡点近傍の振動である．他の物体に接触しながら運動する場合に受ける摩擦力によるエネルギーの減少も，このようなものである．

剛体と弾性体

身近に見る多くの場合，運動する物体は質点ではなく拡がった物体である．質点と拡がった物体の間に位置するものとして多粒子系がある．実際，物体は多くの原子の集合体であって，固体は原子が硬く結合した系である．有限の大きさの物体が全体としてどう運動するかを考える際には，粒子間の位置関係が完全に固定されている**剛体**として扱うことができる．剛体はコマのように自転運動ができるので，質点にはない新しい性質をもっている．

実際の物体は完全な剛体ではなく，各粒子は力の平衡点の近傍で振動している．多くの質点がバネで互いに結び付いた結合振動子という問題（2.1.5 項）が，この現象の 1 つのイメージを与える．振動数は粒子間の力で決まるが，振幅は物体の温度と関係している．また物体に大きな外力を加えると曲がったり，伸縮したり，捩れたりして変形する．変形すると復元力が生じるので，外力をなくせば変形の振動が生ずる．こうした現象は弾性体の問題として第 2 章で扱う．

1.4.2 力学変数 ―― 一般化座標 ――

前項で見たように力学が対象とする運動は多様であり，与えられたポテンシャルエネルギー V の中での質点の運動を解くタイプの問題だけではない．こういう多様な問題を扱うには $m\ddot{\boldsymbol{r}} = \boldsymbol{f}$ というニュートン形式の運動方程式は使いにくく，これを拡張した形式が求められる．

その1つは，力学変数を質点のデカルト座標のみに限定していた枠から出ることである．座標系の拡大は同じ物理法則を表現する数学的手法の拡大に過ぎないが，この単なる手法によって数理的な表現は大きく違って見える．そのために，「単なる手法」による違いと問題自体の差とを混同することがしばしば発生する．手法に習熟しないと物理の内容も判然とは理解に至らないのである．次に，この座標系の拡大の問題に進もう．

曲線座標

デカルト座標系の特徴は，ベクトルの変化率が成分の変化率だけで表せることである．あるベクトル $\boldsymbol{A}$ の時間変化率 $\dot{\boldsymbol{A}}$ の成分は，$\boldsymbol{A}$ の成分を (A_x, A_y, A_z) として，$(\dot{A}_x, \dot{A}_y, \dot{A}_z)$ となる．しかし，曲線座標ではこうなっていない．例えば，デカルト座標 (x, y) と $x = r\cos\phi$, $y = r\sin\phi$ の関係にある2次元の曲線座標である**円座標** (r, ϕ) を考えると，円座標の基底ベクトルは r の増加方向を向いた $\boldsymbol{e}_r$ と ϕ の増加方向を向いた $\boldsymbol{e}_\phi$ である．それらはデカルト座標系での基底ベクトルと次の関係にある．

$$\boldsymbol{e}_r = \cos\phi\, \boldsymbol{e}_x + \sin\phi\, \boldsymbol{e}_y, \qquad \boldsymbol{e}_\phi = -\sin\phi\, \boldsymbol{e}_x + \cos\phi\, \boldsymbol{e}_y \quad (1.50)$$

したがって，ϕ が異なる位置では異なった方向を向いている．このために $\boldsymbol{A} = A_r \boldsymbol{e}_r + A_\phi \boldsymbol{e}_\phi$ なるベクトルの時間変化は，$\dot{\boldsymbol{e}}_r = \dot{\phi}\boldsymbol{e}_\phi$, $\dot{\boldsymbol{e}}_\phi = -\dot{\phi}\boldsymbol{e}_r$ だから，

$$\dot{\boldsymbol{A}} = (\dot{A}_r - \dot{\phi}A_\phi)\boldsymbol{e}_r + (\dot{A}_\phi + \dot{\phi}A_r)\boldsymbol{e}_\phi \quad (1.51)$$

となり，$\dot{\boldsymbol{A}}$ の成分は $\boldsymbol{A}$ の成分の時間微分ではなくなる．また，2階微分は

$$\ddot{\boldsymbol{A}} = (\ddot{A}_r - \ddot{\phi}A_\phi - 2\dot{\phi}\dot{A}_\phi - \dot{\phi}^2 A_r)\boldsymbol{e}_r + (\ddot{A}_\phi + \ddot{\phi}A_r + 2\dot{\phi}\dot{A}_r - \dot{\phi}^2 A_\phi)\boldsymbol{e}_\phi$$
$$(1.52)$$

となり，基底ベクトルが定方向を向いているデカルト座標と曲線座標との差は明白である．

一方，拘束条件や力の対称性から曲線座標を使う方がより簡単になる場合がある．例えば，円周に拘束されて運動する物体が受ける抗力を考えてみる．抗力は $\boldsymbol{R} = R_r \boldsymbol{e}_r + R_\phi \boldsymbol{e}_\phi$，物体の位置ベクトル $\boldsymbol{r}$ の成分は $(d, 0)$ である．ここで定数 d は円周の半径である．したがって，運動方程式 $m\ddot{\boldsymbol{r}} = \boldsymbol{R}$ を (1.52) を用いて成分ごとに書けば

$$R_r = -m\dot{\phi}^2 d, \qquad R_\phi = m\ddot{\phi}d \tag{1.53}$$

となる．

この問題をデカルト座標で解こうとすれば，拘束条件は $x^2 + y^2 = $ 一定 $= d^2$ の時間微分をとって $\dot{x}x + \dot{y}y = 0$, $\ddot{x}x + \ddot{y}y + \dot{x}^2 + \dot{y}^2 = 0$. 運動方程式 $m\ddot{x} = R_x, m\ddot{y} = R_y$ を用いて拘束条件の加速度を消去すれば $R_x x + R_y y = -m(\dot{x}^2 + \dot{y}^2) = -m\dot{\phi}^2 d^2$. $R_x x + R_y y = \boldsymbol{R} \cdot \boldsymbol{r} = R_r d$ だから，これは (1.53) の R_r の式と同じになることがわかる．しかし，抗力の意味は明らかに円座標での表現の方が明快である．

また，重力や電気力のように力の源からの距離だけでポテンシャルエネルギー V が決まっている中心力の場合は，源を原点とする球座標 (r, θ, ϕ) を用いれば $V(r)$ となり，デカルト座標での $V(\sqrt{x^2 + y^2 + z^2})$ の形よりは簡単になる．これは，この力が球対称である性質に理由がある．このように，問題に応じて曲線座標系を用いる利点が理解できる．

集団座標

まず，図 1.5 のようなバネで結び付いた質量 m の 2 つの質点の系を考える．バネの自然長での位置からのずれを各々 x_1, x_2 と書けば，バネ定数を κ として運動方程式は

$$m\ddot{x}_1 = -\kappa x_1 - \kappa(x_1 - x_2), \qquad m\ddot{x}_2 = -\kappa x_2 + \kappa(x_1 - x_2) \tag{1.54}$$

この 2 つの式を加減すれば，次の単振動の式が得られる．

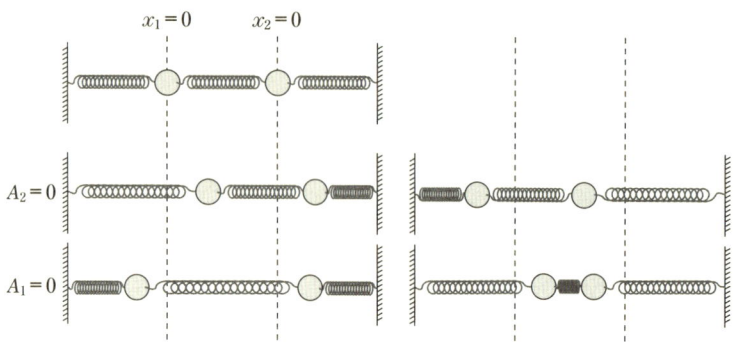

図 1.5 結合振動子の集団座標のモード

$$m\frac{d^2}{dt^2}(x_1+x_2) = -\kappa(x_1+x_2), \quad m\frac{d^2}{dt^2}(x_1-x_2) = -3\kappa(x_1-x_2)$$
(1.55)

$\omega_1 = \sqrt{\kappa/m}$, $\omega_2 = \sqrt{3\kappa/m}$ として,単位となる振幅の基準振動を $f_1(t) = \sin(\omega_1 t + \phi_1)$, $f_2(t) = \sin(\omega_2 t + \phi_2)$ と書けば,一般解は $Q_1 \equiv x_1 + x_2 = A_1 f_1(t)$, $Q_2 \equiv x_1 - x_2 = A_2 f_2(t)$ と書ける.元の変数で書けば

$$x_1 = \frac{1}{2}(A_1 f_1 + A_2 f_2), \quad x_2 = \frac{1}{2}(A_1 f_1 - A_2 f_2) \quad (1.56)$$

のように,振動数の異なる基準振動の重ね合わせになる.重ね合わせの係数 A_i と位相 ϕ_i は初期条件で決まる.ω_1 の基準振動 ($A_2 = 0$) では x_1 も x_2 も同じに動くが,ω_2 の振動では x_1 と x_2 は反対向きに動くことが (1.56) からわかる.すなわち,集団的な動きのモードごとに基準的な振動が対応している.こうした性質をもつ Q_i のような変数は**集団座標**とよばれる.

ここでの教訓は,異なる粒子の位置座標を混ぜて構成した変数を導入すると力学の性質を上手に取り出すことができるということである.重心座標もこのような座標の1つである.

力学変数と座標系

運動を記述するために必要な物理量にはいろいろあるが，変動する量は**力学変数**あるいは**変数**とよばれる．以下，単に変数とよんでおく．質点の運動では，変数は位置と速度である．例えば，N 個の粒子が 3 次元空間を運動していれば，位置の変数は $3N$ 個必要である．これらの変数をまとめて q_i ($i = 1, \cdots, 3N$) と書く．いま，この変数をデカルト座標系によって表現すれば，例えば第 1 粒子については $q_1 = x_1$, $q_2 = y_1$, $q_3 = z_1$ などと第 1 粒子の位置の座標 (x_1, y_1, z_1) と変数を対応させればよい．このルールだと，第 N 粒子については $q_{3N-2} = x_N$, $q_{3N-1} = y_N$, $q_{3N} = z_N$ のようになる．しかし，問題によっては，ある変数は曲線座標で表現した方がよい場合もある．こうした場合は位置を表現する変数 q_i は $(x_1, y_1, z_1, \rho_2, \phi_2, z_2, r_3, \theta_3, \phi_3, \cdots)$ のようにデカルト座標と曲線座標が入り混じったものになる．

さらに，集団座標や重心座標のように，異なった粒子の座標を混ぜて構成される新しい変数が問題の解法に適している場合もある．そこで考えやすいように，すべての変数をデカルト座標系で表現した場合を x_i ($i = 1, \cdots, 3N$) と書き，曲線座標や集団座標などでの表現も含めた新たな変数を q_i として，両者の間の変換ルールが $x_i = x_i(q_1, \cdots)$, $q_k = q_k(x_1, \cdots)$ のように与えられているとする．このような変数の変換は，変数全体のセットが座標値となるような人工的な空間を構成して考えれば，この変換ルールはこの人工的な空間での座標変換と見なすことができる．このような力学変数の空間は**配位空間**，座標は**一般化座標**とよばれる．

1.5 抗力と仮想仕事

1.5.1 拘束条件と抗力

拘束条件のある運動においては力学変数の数，すなわちその系の運動の自由度の数は，粒子の座標の数よりも少なくなる．先に，「半径 d の円周上に

拘束された運動」を扱う際には円座標 (r, ϕ) という「曲線座標」を用いると簡潔になることを見た．この場合の拘束条件は $G(x, y) = x^2 + y^2 - d^2 = 0$ である．

一般に拘束条件 $G(x, y, z) = 0$ が課せられているとは，この式で決まる1つの2次元曲面上に運動が拘束されているということである．この曲面上の点 $\boldsymbol{x}_0$ から曲面に沿った変位 $\delta\boldsymbol{x}$ に対しては

$$G(\boldsymbol{x}_0 + \delta\boldsymbol{x}) \approx G(\boldsymbol{x}_0) + \nabla G \cdot \delta\boldsymbol{x} = \nabla G \cdot \delta\boldsymbol{x} = 0 \qquad (1.57)$$

となる．すなわち，∇G と $\delta\boldsymbol{x}$ の2つのベクトルは直交している．一方，抗力 $\boldsymbol{R}$ は拘束される曲面に垂直の方向にはたらくものだから ∇G に比例しており，λ を比例定数として，

$$\boldsymbol{R} = \lambda \nabla G \qquad (1.58)$$

と一般に書き表せる．

こうした考察を今度は n 体の多体系に拡張する．いま，変数 $x_a (a = 1, 2, \cdots, n)$ に対する m 個の拘束条件があるとする．

$$G_1(\boldsymbol{x}_1, \cdots, \boldsymbol{x}_n) = 0, \quad G_2(\boldsymbol{x}_1, \cdots, \boldsymbol{x}_n) = 0, \quad \cdots, G_m(\boldsymbol{x}_1, \cdots, \boldsymbol{x}_n) = 0 \qquad (1.59)$$

$3n$ 個のデカルト座標の間に上のように m 個の拘束条件が課せられていれば，自由度は $f = 3n - m$ と減る．このような条件は**ホロノミックな拘束条件**とよばれる．この場合は抗力は，各々の拘束条件からの抗力の合力として，

$$\boldsymbol{R}_a = \sum_{p=1}^{m} \lambda_p \nabla_a G_p \qquad (1.60)$$

と書ける．λ_p のような係数は**未定乗数**とよばれる．

拘束条件は自由度の数を減らすのであるが，$(\boldsymbol{x}_1, \boldsymbol{x}_2, \cdots, \boldsymbol{x}_n)$ の内のどれかを単純に省けるわけではなく，適当に選ばれた座標系に変換するとその内のいくつかが省ける．例えば，円周上の拘束運動では，(x, y) でなく (r, ϕ) を用いると，変数を ϕ 1つに減らせた．この場合の拘束条件 $R_r + m\dot\phi^2 d = 0$ は遠心力という「**慣性力**」と拘束条件に起因する「**抗力**」とのつり合いの条

1.5.2 仮想仕事とダランベールの原理

拘束条件のある運動においては，前述のように「力」には「外力」に加えて「慣性力」と「抗力」があり，それらのつり合いと見なすことができる．すなわち，「外力」+「慣性力」+「抗力」= 0，あるいはすべての粒子 a に対して

$$F_a - m\ddot{x}_a + R_a = 0 \tag{1.61}$$

が成り立つ．

つり合いの地点が安定であるとは，そこから仮想的にずらしたとき（変位したとき）に引き戻す「力」W_a がはたらくことである．「戻す力」に抗して動かせば，変位 δx_a と力 W_a は反対向きだから，仮想的な変位にともなう仕事は $\sum_a W_a \cdot \delta x_a \leq 0$ である．"すべての変位に対して"とは δx_a で成り立つなら $-\delta x_a$ でも成り立つということだから，安定性の条件は $\sum_a W_a \cdot \delta x_a = 0$ となる．すなわち，

$$\sum_a W_a \cdot \delta x_a = \sum_a (F_a - m_a \ddot{x}_a + R_a) \cdot \delta x_a = 0 \tag{1.62}$$

この仮想仕事に対する安定性の条件を力学の原理とする考え方を**ダランベールの原理**という．もし，変位が拘束条件に沿ったものなら，$\sum_a R_a \cdot \delta x_a = 0$ である．

例 1-3

2つの質点 m_1，m_2 が長さ l の棒の両端に固定されており，棒は鉛直方向の半径 R の円周上を滑る．棒に重さはないとして平衡の位置を求

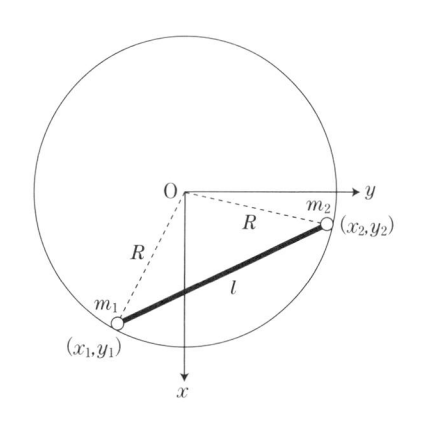

図 1.6 円環に拘束された棒

める．

図のように円の中心を原点にとり，下向きに x 軸，水平方向に y 軸をとる．2 質点の 4 座標には $x_1^2 + y_1^2 = R^2$, $x_2^2 + y_2^2 = R^2$, $(x_1 - x_2)^2 + (y_1 - y_2)^2 = l^2$ の 3 個の拘束条件が課せられている．したがって，自由度は $2 \times 2 - 3 = 1$ であるから，未定乗数を適当に選んで，そこまで独立変数の数を減らしてもよい．

(1.62) で，$m_a \ddot{\boldsymbol{x}}_a = 0$, $\boldsymbol{F}_a$ は重力であるから

$$\sum_a \boldsymbol{W}_a \cdot \delta \boldsymbol{x}_a = m_1 g \delta x_1 + m_2 g \delta x_2 + \lambda_a(x_1 \delta x_1 + y_1 \delta y_1) + \lambda_b(x_2 \delta x_2 + y_2 \delta y_2)$$
$$+ \lambda_c [(x_1 - x_2)(\delta x_1 - \delta x_2) + (y_1 - y_2)(\delta y_1 - \delta y_2)]$$
$$= 0$$

$$[m_1 g + \lambda_a x_1 + \lambda_c(x_1 - x_2)]\delta x_1 + [m_2 g + \lambda_a x_2 - \lambda_c(x_1 - x_2)]\delta x_2$$
$$+ [\lambda_a y_1 + \lambda_c(y_1 - y_2)]\delta y_1 + [\lambda_b y_2 - \lambda_c(y_1 - y_2)]\delta y_2 = 0$$

δy_i の係数はゼロとなる要請から λ_a, λ_b を λ_c で書いて，上式を書き直すと

$$\left[m_1 g - \lambda_c \frac{y_1 - y_2}{y_1} x_1 + \lambda_c(x_1 - x_2)\right]\delta x_1$$
$$+ \left[m_2 g + \lambda_c \frac{y_1 - y_2}{y_2} x_2 - \lambda_c(x_1 - x_2)\right]\delta x_2 = 0$$

これを整理して

$$\left(m_1 g + \lambda_c \frac{x_1 y_2 - x_2 y_1}{y_1}\right)\delta x_1 - \left(m_2 g - \lambda_c \frac{x_1 y_2 - x_2 y_1}{y_2}\right)\delta x_2 = 0$$

ここで，例えば δx_2 の係数がゼロになるように λ_c をとって前項に代入すると

$$\left(m_1 g + m_2 g \frac{y_2}{y_1}\right)\delta x_1 = 0$$

となる．したがって，平衡条件は $m_1 y_1 + m_2 y_2 = 0$. これは重心の y 座標 $y_\mathrm{G} = (m_1 y_1 + m_2 y_2)/(m_1 + m_2) = 0$ が x 軸上にあることを意味する．

1.6 ラグランジュ形式とハミルトン形式

1.6.1 一般化座標によるラグランジュ形式の力学

先に,デカルト座標で表した変数に対する運動方程式がオイラー-ラグランジュ方程式(1.21)から導かれることをみた.これを「多体」,「一般化座標」,「拘束条件あり」の場合に拡張するとともに,オイラー-ラグランジュ方程式が仮想仕事に関するダランベールの原理から導かれることをみる.このために,仮想仕事(1.62)を一般化座標 q_k で書き換える.

まず,加速度の部分 $\sum_a m_a \ddot{\boldsymbol{x}}_a \cdot \delta \boldsymbol{x}_a$ に着目する.デカルト座標 x_i が q_k で $x_i = x_i(q_k, t)$ のように与えられているとし,ガリレオ変換のような時間依存の変換も含めておく.このとき時間微分は

$$\dot{x}_i = \sum_k \frac{\partial x_i}{\partial q_k} \dot{q}_k + \frac{\partial x_i}{\partial t} \tag{1.63}$$

であるから,両辺を $\dot{q}_i$ で偏微分すれば次の関係を得る.

$$\frac{\partial \dot{x}_i}{\partial \dot{q}_k} = \frac{\partial x_i}{\partial q_k} \tag{1.64}$$

目的とするのは

$$\ddot{x}_i \, \delta x_i = \ddot{x}_i \sum_k \frac{\partial x_i}{\partial q_k} \delta q_k = \sum_k \left(\ddot{x}_i \frac{\partial x_i}{\partial q_k} \right) \delta q_k$$

の計算であり,( )内の項は,(1.64)も用いて次のように書き換えられる.

$$\begin{aligned}
\ddot{x}_i \frac{\partial x_i}{\partial q_k} &= \frac{d}{dt}\left(\dot{x}_i \frac{\partial x_i}{\partial q_k}\right) - \dot{x}_i \frac{d}{dt}\frac{\partial x_i}{\partial q_k} \\
&= \frac{d}{dt}\left(\dot{x}_i \frac{\partial \dot{x}_i}{\partial \dot{q}_k}\right) - \dot{x}_i \frac{\partial \dot{x}_i}{\partial q_k} \\
&= \frac{d}{dt}\left(\frac{1}{2} \frac{\partial \dot{x}_i^2}{\partial \dot{q}_k}\right) - \frac{1}{2} \frac{\partial \dot{x}_i^2}{\partial q_k}
\end{aligned} \tag{1.65}$$

また,

$$\sum_a \boldsymbol{F}_a \cdot \delta \boldsymbol{x}_a = -\sum_\alpha \Bigl[\sum_a \Bigl(\frac{\partial V}{\partial x_a}\cdot\frac{\partial x_a}{\partial q_\alpha}+\frac{\partial V}{\partial y_a}\cdot\frac{\partial y_a}{\partial q_\alpha}+\frac{\partial V}{\partial z_a}\cdot\frac{\partial z_a}{\partial q_\alpha}\Bigr)\cdot\delta q_\alpha\Bigr]$$
$$= -\sum_\alpha \frac{\partial V}{\partial q_\alpha}\cdot\delta q_\alpha \tag{1.66}$$

同様に，

$$\sum_a \boldsymbol{R}_a \cdot \delta \boldsymbol{x}_a = \sum_\alpha \tilde{R}_\alpha \cdot \delta q_\alpha, \qquad \tilde{R}_\alpha = \frac{\partial}{\partial q_\alpha}\Bigl(\sum_{p=0}^m \lambda_p G_p\Bigr) \tag{1.67}$$

が得られる．

これらを総合して仮想仕事を書き表すと

$$\sum_a \boldsymbol{W}_a \cdot \delta \boldsymbol{x}_a = \sum_\alpha \Bigl[-\frac{\partial V}{\partial q_\alpha}-\Bigl\{\frac{d}{dt}\Bigl(\frac{\partial T}{\partial \dot{q}_\alpha}\Bigr)-\frac{\partial T}{\partial q_\alpha}\Bigr\}+\tilde{R}_\alpha\Bigr]\cdot\delta q_\alpha \tag{1.68}$$

ここで

$$T = \frac{1}{2}\sum_a m_a \dot{\boldsymbol{x}}_a^2$$

である．いかなる δq_α に対しても $\sum_a \boldsymbol{W}_a \cdot \delta \boldsymbol{x}_a = 0$ というダランベールの原理によれば，すべての α に対して

$$\frac{d}{dt}\Bigl(\frac{\partial L}{\partial \dot{q}_\alpha}\Bigr)-\frac{\partial L}{\partial q_\alpha} = \tilde{R}_\alpha \tag{1.69}$$

となる．ここで $L = T - V$ は前に導入したラグランジュ関数である．

運動エネルギー T にある q_α の時間微分の項が含まれていなければ $\partial L/\partial \dot{q}_\alpha = 0$ だから，上の式は

$$\tilde{R}_\alpha = -\frac{\partial L}{\partial q_\alpha} \tag{1.70}$$

という抗力を与える式になる．例えば，円周上への拘束では $\dot{r}$ は T に含まれない．前に求めた r 方向の抗力は，$T = (1/2)md^2\dot{\phi}^2$ として，これから求められる．

また，q_α が $(3n-m)$ 次元の曲面上にとった $(3n-m)$ 個の座標であれば，

1.6 ラグランジュ形式とハミルトン形式

$\sum_{\alpha=1}^{3n-m} \tilde{R}_\alpha \cdot \delta q_\alpha = 0$ だから

$$\frac{d}{dt}\left(\frac{\partial L}{\partial \dot{q}_\alpha}\right) - \frac{\partial L}{\partial q_\alpha} = 0 \tag{1.71}$$

となる．これは一般化座標についてのオイラー–ラグランジュ方程式とよばれる．

この方程式からすぐわかることだが，もしある変数 q_α が L に含まれないなら $\partial L/\partial q_\alpha = 0$ だから，

$$\frac{\partial L}{\partial \dot{q}_\alpha} = \text{時間的に一定} \tag{1.72}$$

という保存則が導かれる．こうした q_α 座標は**循環座標**とよばれる．保存則があると，変数の自由度を減らすことができて問題解法に役立つ．

例 1-4

質量 M の斜面台が水平な床を摩擦なく滑るとし，斜面台を質点 m が滑り落ちるとする．このときの斜面台と質点の運動を求めてみよう．

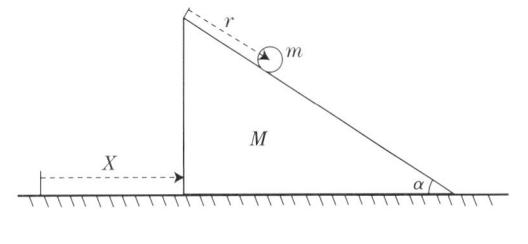

図 1.7 斜面台と質点の運動

この問題は傾斜台と質点の 2 体系であり，実空間では各々 1 次元の運動をする．そこで各々の変数，X と r を図のようにとる．（傾斜台の変数には重心の座標 R_c をとるべきと思われるが，$R_c = X + \text{定数}$ で $\dot{R}_c = \dot{X}$ だから，式が簡潔になる X にとる方が賢明である．）この座標でラグランジュ関数を書くと

$$L = \frac{1}{2}M\dot{X}^2 + \frac{1}{2}m[(\dot{X} + \cos\alpha\, \dot{r})^2 + (\sin\alpha\, \dot{r})^2] + mgr\sin\alpha$$

となる．斜面台は加速度運動をするから，それに固定した座標系 r は慣性系の座標ではないことに注意する必要がある．

オイラー‐ラグランジュ方程式は r と X に対して各々
$$M\ddot{X} + m(\ddot{X} + \cos\alpha\,\ddot{r}) = 0$$
$$m\cos\alpha(\ddot{X} + \cos\alpha\,\ddot{r}) + m\sin^2\alpha\,\ddot{r} + mg\sin\alpha = 0$$
これを $\ddot{X}$ と $\ddot{r}$ について解けば
$$\ddot{X} = -\frac{m\cos\alpha\sin\alpha}{M + m\sin^2\alpha}g, \qquad \ddot{r} = \frac{(M+m)\sin\alpha}{M + m\sin^2\alpha}g$$
これらは何れも等加速度運動である．

このラグランジュ形式での解法では力を顕に考えることなく，エネルギー計算だけで運動方程式が出せる．数式の意味はいくつかの極限をとってチェックするのがよい．例えば $M \gg m$ なら，$\ddot{X} \approx 0$, $\ddot{r} \approx \sin\alpha\,g$ という斜面台が動かない場合の方程式になる．また，逆に $m \gg M$ の極限では $\ddot{X} \approx -\cot\alpha\,g$, $\ddot{r} \approx g/\sin\alpha$ だから $\cos\alpha\,\ddot{r} \approx -\ddot{X}$ となり，積分すれば $X + r\cos\alpha \approx 0$ である．これは床に対して m は横に動かずに，垂直に落下することを意味するが，$M = 0$ なら斜面台は単に座標を (X, r) にとるための枠に過ぎないことからも理解できる．こうした極限の考察は，上記の運動方程式が正しいことを示している．

1.6.2 正準形式での力学

統計力学や量子力学の学習には，ラグランジュ形式の解析力学と並んで，**正準形式（ハミルトン形式**ともいう**）** の力学が必要になる．正準形式では，まず q_i に正準共役な運動量 p_i を次のように定義する．

$$q_i \text{ に正準共役な運動量：} \quad p_i = \frac{\partial L(q, \dot{q})}{\partial \dot{q}_i} \qquad (1.73)$$

そして，変数を q_i, $\dot{q}_i$ から q_i, p_i にとり直す．その上で，$L(q, \dot{q})$ の代わりに次のように定義されたハミルトン関数 $H(p, q)$ を導入する．

$$L(q, \dot{q}) + H(p, q) = \sum_{i=1} p_i \dot{q}_i \qquad (1.74)$$

このような関係で結ばれる変数 $\dot{q}$ と p の変換は**ルジャンドル変換**とよばれ

1.6 ラグランジュ形式とハミルトン形式

る．このルジャンドル変換の式を 3 つの変数 $q_i, \dot{q}_i, p_i$ で偏微分すれば，各々次の関係式が得られる．

$$\frac{\partial L}{\partial q_i} + \frac{\partial H}{\partial q_i} = 0, \qquad \frac{\partial L(q, \dot{q})}{\partial \dot{q}_i} = p_i, \qquad \frac{\partial H}{\partial p_i} = \dot{q}_i \qquad (1.75)$$

(1.75) をオイラー-ラグランジュ方程式を用いて書き直すと

$$\dot{q}_i = \frac{\partial H}{\partial p_i}, \qquad \dot{p}_i = -\frac{\partial H}{\partial q_i} \qquad (1.76)$$

という**ハミルトンの正準運動方程式**が得られる．

ラグランジュ形式と比較したこの正準形式の特徴は，変数の数が 2 倍になったこと，運動方程式が時間の 1 階の微分方程式で書かれていることである．そして，正準形式では変数 (p_i, q_i) を座標とする位相空間を導入する．この人工的な空間の次元は配位空間の次元の 2 倍である．3 次元実空間で運動する 2 個の質点系では，配位空間は 6 次元，位相空間は 12 次元である．

位相空間では，その空間の 1 点がある 1 つの運動状態に対応している．そして，運動状態の時間的推移はこの空間で曲線を描く．運動方程式 (1.76) は，位相空間上で定義されたハミルトン関数の「勾配」が「速度」を決めている，という関係になっている．ここでは (p_i, q_i) をともに位相空間の「空間座標」という見方をしているから，$\partial H/\partial p_i$ も「勾配」だし，$\dot{p}_i$ は「速度」である．

各点での「速度」$(\dot{p}_i, \dot{q}_i)$ は H で一義的に定まっている．座標が q_i だけの空間ではその点を通る様々な速度の運動があるのと対照的である．位相空間では，運動状態の時間的推移を表す曲線は交わらない．交わっていたら，H が 2 つの勾配（微分）をもつことになり矛盾する．このような「速度」ベクトルの場を**相流**という．

位相空間の各点が 1 つの運動状態に対応し，かつ異なった点は別の運動状態に対応する．したがって，位相空間の体積は運動状態の数に比例すると考えられる．2 倍の体積には 2 倍多くの運動状態が含まれている．さらに時間

的変化を考えると，体積を囲む表面を通過して相流の出入りはなく，また位相空間の体積は時間的に保存すること（**リウヴィルの定理**）を示せるから，位相空間の体積を運動状態の数の測度として採用できる（章末の問題4を参照）．

例 1-5

中心力の場合のハミルトン関数を球座標を使って書いてみる．球座標 (r, θ, ϕ) とデカルト座標との関係 $x = r\sin\theta\cos\phi$, $y = r\sin\theta\sin\phi$, $z = r\cos\theta$ を使って

$$\dot{x}^2 + \dot{y}^2 + \dot{z}^2 = \dot{r}^2 + r^2\dot{\theta}^2 + \sin^2\theta\, r^2\dot{\phi}^2 \tag{1.77}$$

$L = T - V(r)$ から r, θ 及び ϕ に共役な運動量は各々

$$p_r = m\dot{r}, \qquad p_\theta = mr^2\dot{\theta}, \qquad p_\phi = m\sin^2\theta\, r^2\dot{\phi} \tag{1.78}$$

$H = p_r\dot{r} + p_\theta\dot{\theta} + p_\phi\dot{\phi} - L$ を計算するとハミルトン関数は次のようになる．

$$H = \frac{1}{2m}p_r^2 + \frac{1}{2mr^2}\left(p_\theta^2 + \frac{1}{\sin^2\theta}p_\phi^2\right) + V(r) \tag{1.79}$$

1.7 中心力問題

1.7.1 2体問題

質量 m_1, m_2 の孤立した2つの物体の間にはたらく力のポテンシャルエネルギーがお互いの距離にだけ依存する問題を考える．天体の間の重力や，原子核やイオンと電子の間の電気力がこれに当たり，数多くの問題に関連している．

次のように重心座標 $\boldsymbol{X}_c$ と相対座標 $\boldsymbol{r}$ を導入できる．

$$(m_1 + m_2)\boldsymbol{X}_c = m_1\boldsymbol{r}_1 + m_2\boldsymbol{r}_2, \qquad \boldsymbol{r} = \boldsymbol{r}_1 - \boldsymbol{r}_2 \tag{1.80}$$

これから逆に各々の位置ベクトル $\boldsymbol{r}_1$, $\boldsymbol{r}_2$ を解いて運動エネルギー T を計算すると

1.7 中心力問題

$$T = \frac{1}{2}M\dot{X}_c^2 + \frac{1}{2}\mu\dot{\boldsymbol{r}}^2 \tag{1.81}$$

となる．ここで M は全質量，μ は換算質量である．

中心力のポテンシャルエネルギーは $\boldsymbol{r}$ の大きさ r にのみ依存した $V(r)$ の形で与えられる．これを考慮すれば，オイラー‐ラグランジュ方程式は

$$M\ddot{X}_c = 0, \quad \mu\ddot{\boldsymbol{r}} = -\frac{dV(r)}{dr}\frac{\boldsymbol{r}}{r} \tag{1.82}$$

となる．したがって，加速度 $\ddot{\boldsymbol{r}}$ と $\boldsymbol{r}$ は平行である．

原点に対する角運動量 $\boldsymbol{J}$ を計算すると

$$\boldsymbol{J} = m_1\boldsymbol{r}_1 \times \dot{\boldsymbol{r}}_1 + m_2\boldsymbol{r}_2 \times \dot{\boldsymbol{r}}_2 = M\boldsymbol{X}_c \times \dot{\boldsymbol{X}}_c + \mu\boldsymbol{r} \times \dot{\boldsymbol{r}} \tag{1.83}$$

そして，角運動量の変化は

$$\frac{d\boldsymbol{J}}{dt} = M\boldsymbol{X}_c \times \ddot{\boldsymbol{X}}_c + \mu\boldsymbol{r} \times \ddot{\boldsymbol{r}} \tag{1.84}$$

となる．

一方，運動方程式から $\ddot{\boldsymbol{X}}_c = 0$，また中心力の性質から $\ddot{\boldsymbol{r}}$ と $\boldsymbol{r}$ は平行なので $d\boldsymbol{J}/dt = 0$ となり，角運動量は保存する．重心が静止している慣性系をとれば，$\boldsymbol{J} = \mu\boldsymbol{r} \times \dot{\boldsymbol{r}}$ が空間のある決まった方向を向いている．したがって，運動はこの方向に対して垂直な平面内で起こる．この方向を z 軸にとれば，運動は xy 面内で起こる．そこで，この運動の軌道を表す相対座標を円座標 (r, ϕ) で表現する．

こうして，中心力系のラグランジアン関数は次のように書ける．

$$L = \frac{1}{2}\mu(\dot{r}^2 + r^2\dot{\phi}^2) - V(r) \tag{1.85}$$

ここで ϕ は循環座標（(1.72) を参照）だから，それに共役な運動量 p_ϕ は

$$p_\phi = \frac{\partial L}{\partial \dot{\phi}} = \mu r^2 \dot{\phi} = \mu h \tag{1.86}$$

となり，時間的に一定である．

一方，微小時間 dt の間に中心に対して質点の運動が掃く扇形の面積の増加は

$$dS = \frac{1}{2}r^2\dot{\phi}\,dt = \frac{1}{2}h\,dt \tag{1.87}$$

となる．そこで $dS/dt = h/2$ は**面積速度**ともよばれる．また，エネルギー保存の式 $T + V = E$ は

$$\frac{1}{2}\mu\left(\dot{r}^2 + \frac{h^2}{r^2}\right) + V(r) = E \tag{1.88}$$

と書ける．

r についてのオイラー‐ラグランジュ方程式は

$$\mu\ddot{r} - \mu r\dot{\phi}^2 + \frac{\partial V}{\partial r} = 0 \tag{1.89}$$

(1.86) から $\dot{\phi}$ を消去して

$$\mu\ddot{r} - \mu\frac{h^2}{r^3} + \frac{\partial V}{\partial r} = 0 \tag{1.90}$$

また，軌道に沿う $dr/d\phi = \dot{r}/\dot{\phi}$ の関係を用いて (1.88) を書き換えると

$$\left(\frac{1}{r^2}\frac{dr}{d\phi}\right)^2 + \frac{1}{r^2} = \frac{2}{\mu h^2}[E - V(r)] \tag{1.91}$$

ここで $u = 1/r$ なる変数を用いると

$$\left(\frac{du}{d\phi}\right)^2 + u^2 = \frac{2}{\mu h^2}[E - V(u)] \tag{1.92}$$

これを再び軌道に沿って ϕ で微分した後に全体を $du/d\phi$ で割れば

$$\frac{d^2u}{d\phi^2} + u = -\frac{1}{\mu h^2}\frac{\partial V}{\partial u} \tag{1.93}$$

が得られる．

1.7.2 自由運動（$V(r) = 0$）の場合

まず，ポテンシャルエネルギー $V = 0$ で力のはたらかない自由運動を円座標の方程式を使って解いてみる．このとき（1.93）は

$$\frac{d^2u}{d\phi^2} + u = 0 \tag{1.94}$$

となり，この方程式の解は $u = a\cos(\phi + \phi_0)$ と表せる．また，(1.92) に代入すれば $a^2 = 2E/\mu h^2$，定数 E と h を $E = \mu v_0^2/2$，$h = v_0 d$ のように v_0 と d で書けば，$a = 1/d$ となる．これらを総合して

$$r\cos(\phi + \phi_0) = d \tag{1.95}$$

という軌道の方程式が得られる．これは $\phi = -\phi_0$ のときに原点から最短距離 d となる直線である．(x, y) 座標で書けば $y = x\cot\phi_0 - d/\sin\phi_0$ であり，直線運動であることがより明確になる．

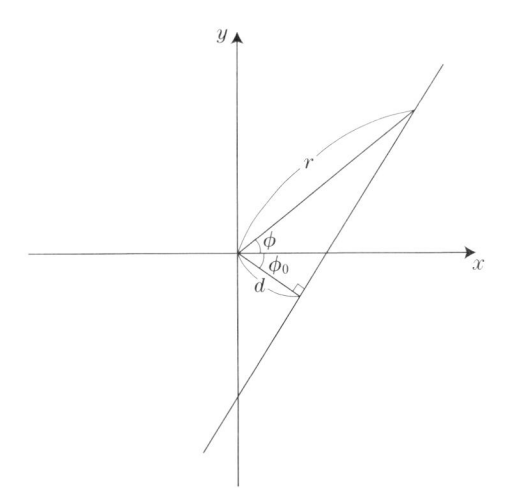

図 1.8 円座標での運動の記述

1.7.3 $V(r) = -A/r$ の場合

2 体の間にはたらく力が引力なら $A > 0$，斥力なら $A < 0$ である．この V を (1.88) に代入すれば

$$\frac{1}{2}\mu\dot{r}^2 + V_{\text{eff}}(r) = E, \qquad V_{\text{eff}}(r) \equiv \frac{\mu h^2}{r^2} - \frac{A}{r} \qquad (1.96)$$

ここで $V_{\text{eff}}(r)$ は**有効ポテンシャル関数**とよばれる．上式は運動エネルギーと有効ポテンシャルエネルギーの和が一定という式になっている．そこで，実際は2次元平面上の運動であるが，角運動量が一定という保存則を使って遠心力の効果をあたかもポテンシャルエネルギーから導かれるように $V_{\text{eff}}(r)$ に繰り込んで自由度を減らし，変数 r だけの1次元運動と見なすことができる．

引力（$A > 0$）の場合は $V_{\text{eff}}(r)$ はおおよそ図 1.9 のように変化し，

$$r_0 = \frac{\mu h^2}{A} \text{ のとき，最低値 } V_{\text{eff}}(r_0) = -\frac{A}{r_0} \qquad (1.97)$$

したがって，$E = -A/2r_0$ の場合は $\dot{r} = 0$ であり，円運動であることがわかる．また，$r_0^2 \dot{\phi} = h$ だから円運動の速度 $v_0 = h/r_0$ は

$$\mu \frac{v_0^2}{r_0} = \frac{A}{r_0^2} \qquad (1.98)$$

と書き直せる．これは左辺の遠心力と右辺の引力がつり合う式である．

次に，r が変動する一般の場合を考える．$V = -A/r$ を (1.93) に代入

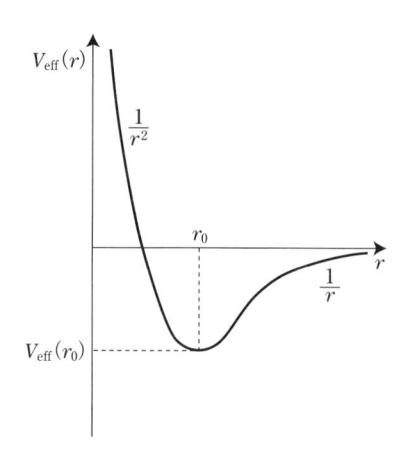

図 1.9 有効ポテンシャル

1.7 中心力問題

すれば

$$\frac{d^2u}{d\phi^2} + u = \frac{A}{\mu h^2} \tag{1.99}$$

この方程式の解は $u - A/\mu h^2 = a\cos(\phi + \phi_0)$ (ϕ_0 は初期位相) と書けるから

$$r = \frac{l}{1 + e\cos(\phi + \phi_0)} \tag{1.100}$$

と表せる．ここで

$$l = \frac{\mu h^2}{A}, \quad e = \frac{\mu h^2}{A}a = la \tag{1.101}$$

とおいた．e は**離心率**とよばれる．

軌道の形を考察するには $\phi_0 = 0$ としてよい．この定数の意味については，後のルンゲ–レンツのベクトルの項で述べる．$e < 1$ であれば

$$\frac{l}{1+e} \leq r \leq \frac{l}{1-e} \tag{1.102}$$

であるから，座標原点 O の周りに閉じた曲線を描く．他方 $e > 1$ なら，$e\cos\phi_\infty = 1$ なる ϕ_∞ で r は無限大になるから，閉じた曲線ではない．

$e < 1$ の場合を考える．x 軸上の $\phi = 0$ と $\phi = \pi$ の間の長さは最大値と最小値を加えた $2l/(1-e^2)$ である．この中点に (x, y) 座標の原点 M を

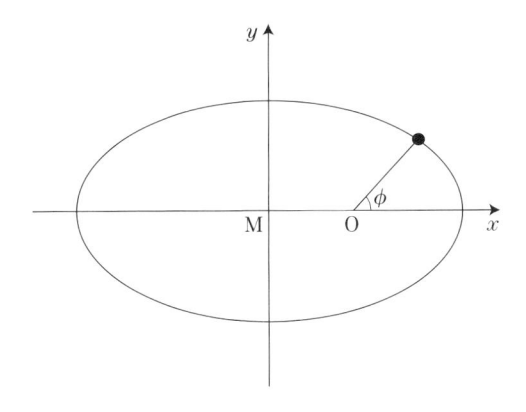

図 1.10 楕円軌道

とると，距離 MO は

$$\mathrm{MO} = \frac{l}{1-e^2} - \frac{l}{1+e} = \frac{el}{1-e^2} \qquad (1.103)$$

したがって，(x,y) 座標と (r,ϕ) 座標の関係は

$$x = r\cos\phi + \frac{el}{1-e^2}, \qquad y = r\sin\phi \qquad (1.104)$$

これから

$$\left(x - \frac{el}{1-e^2}\right)^2 + y^2 = r^2 \qquad (1.105)$$

となり，(1.104) と $r + er\cos\phi = l$ から $r\cos\phi$ を消去すれば $r = l - e[x - el/(1-e^2)]$ が得られる．これを上式に代入して整理すれば，次のような楕円曲線の標準形になる．

$$\frac{x^2}{\left(\dfrac{l}{1-e^2}\right)^2} + \frac{y^2}{\left(\dfrac{l}{\sqrt{1-e^2}}\right)^2} = 1 \qquad (1.106)$$

なお，軌道パラメータ l, e とエネルギー E の関係は次のように与えられる．

$$l = r_0, \qquad e = \sqrt{1 + \frac{2r_0 E}{A}} \qquad (1.107)$$

$e = 1$ の場合も同じように，(r,ϕ) 座標の原点 O と別に (x,y) 座標の原点 M を次のようにとる．

$$x = l + r\cos\phi, \qquad y = r\sin\phi \qquad (1.108)$$

$\phi_0 = 0$ とした軌道方程式 (1.100), $r + (x-l) = l$ を用いて ϕ を消却すれば

$$2lx - y^2 - 3l^2 = 0 \qquad (1.109)$$

の放物線の軌道方程式となる．

$e > 1$ の場合も同じようにして

1.7 中心力問題

$$\frac{x^2}{\left(\dfrac{l}{e^2-1}\right)^2} - \frac{y^2}{\left(\dfrac{l}{\sqrt{e^2-1}}\right)^2} = 1 \qquad (1.110)$$

なる双曲線の軌道方程式を得る.

1.7.4 太陽系

ニュートンはポテンシャル $V(r) = -A/r$ での運動を解いて，天文学で知られていた太陽系の惑星運行を説明した．こうして運動方程式（[質量]×[加速度]＝[力]）と重力の法則（$V = -GMm/r$）の2つが発見されたといえる.

ここでは太陽系の惑星運行に応用する場合の具体的な数値を少し挙げておく．太陽質量 $M = 1.98 \times 10^{30}$[kg]，地球質量 $m = 5.97 \times 10^{24}$[kg] であり，太陽は他の惑星に比べても圧倒的に重い．このため換算質量は惑星の質量とほぼ等しくなり，m は運動方程式から姿を消してしまう．地球軌道の離心率は $e = 0.0167$ と小さいことが観測で知られており，ほぼ円軌道である．その半径は $r_0 = 1.4910^{11}$ m $\equiv 1$[AU] であり，AUは**天文単位**とよばれる．これより軌道で囲まれる領域の面積 S は

$$S = \pi \frac{l^2}{(1-e^2)^{3/2}} = 4.67 \times 10^{22}\,[\text{m}^2] \qquad (1.111)$$

一方，面積速度 $h/2$ は

$$h = \sqrt{GMr_0} = 4.43 \times 10^{15}\,[\text{m}^2/\text{s}] \qquad (1.112)$$

より求まり，周期 T は

$$T = \frac{2S}{h} = 2\pi\sqrt{\frac{r_0^3}{GM}}\frac{1}{(1-e^2)^{3/2}} = 3.155 \times 10^7\,[\text{s}]\,\frac{1}{(1-e^2)^{3/2}} \qquad (1.113)$$

となる．ここで重力定数 $G = 6.67 \times 10^{-11}$[m^2/kg$\cdot$s^2] を用いた．この秒数は次のように1年間の秒数とほぼ一致する.

$$365.25\,\text{日} \times 24\,\text{時間} \times 60\,\text{分} \times 60\,\text{秒} = 3.155 \times 10^7 [\text{s}] \quad (1.114)$$

(1.113) は次のようにも書ける.

$$T^2 = \frac{4\pi^2}{GM}\left(\frac{r_0}{1-e^2}\right)^3 \quad (1.115)$$

これより,周期の 2 乗が長半径の 3 乗に比例することがわかる.したがって,他の惑星の周期を年で測り,長半径を 1 AU で表せば

$$\left(\frac{\text{周期}}{1\,\text{年}}\right)^2 = \left(\frac{\text{長半径}}{1\text{AU}}\right)^3 \quad (1.116)$$

これは**ケプラーの法則**とよばれ,天文学の観測からケプラーが見出していた.ニュートンが,この関係を理論的に導き出したことが大きな実験的検証となった.

1.7.5 ルンゲ‐レンツのベクトル

(1.82) に $V(r) = -A/r$ を代入すると,相対座標の運動方程式は $\mu\ddot{\boldsymbol{r}} = -A\boldsymbol{r}/r^3$ となる.相対座標の角運動量 $\boldsymbol{J}$ を両辺に掛けて変形すると

$$\ddot{\boldsymbol{r}} \times \boldsymbol{J} = -\frac{A}{r^3}\boldsymbol{r} \times (\boldsymbol{r} \times \dot{\boldsymbol{r}}) = \frac{A}{r^3}[r^2\dot{\boldsymbol{r}} - (\boldsymbol{r}\cdot\dot{\boldsymbol{r}})\boldsymbol{r}]$$

$$= A\left(\frac{\dot{\boldsymbol{r}}}{r} - \frac{\boldsymbol{r}\cdot\dot{\boldsymbol{r}}}{r^3}\boldsymbol{r}\right) = A\frac{d}{dt}\frac{\boldsymbol{r}}{r} \quad (1.117)$$

さらに,$\boldsymbol{J}$ は保存量だから,この関係式は,

$$\frac{d}{dt}\left(\dot{\boldsymbol{r}} \times \boldsymbol{J} - A\frac{\boldsymbol{r}}{r}\right) = \frac{d\boldsymbol{R}}{dt} = 0 \quad \left(\boldsymbol{R} \equiv \dot{\boldsymbol{r}} \times \boldsymbol{J} - A\frac{\boldsymbol{r}}{r}\right) \quad (1.118)$$

と書き直せる.ここで保存量であることがわかった $\boldsymbol{R}$ は,**ルンゲ‐レンツのベクトル**とよばれる.このベクトルは,$\boldsymbol{R}\cdot\boldsymbol{J} = 0$ だから,図 1.11 のように運動平面上に存在する.

この平面上に (r, ϕ) 座標を導入する際には,角度 $\phi = 0$ の方向(x 軸

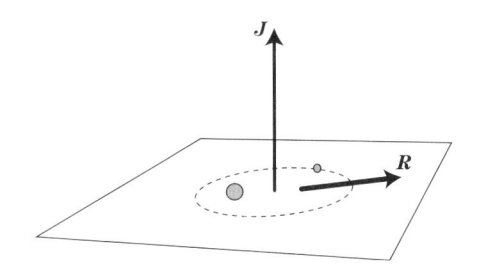

図 1.11 ルンゲ-レンツベクトル

方向）を定める必要がある．いま，$\phi = 0$ の方向を R から測って ϕ_0 の方向にとったとすれば，$r \cdot R = Rr \cos(\phi + \phi_0)$ である．また，$r \cdot R$ は

$$r \cdot R = r \cdot (\dot{r} \times J) - Ar = J \cdot (r \times \dot{r}) - Ar = \mu h^2 - Ar \tag{1.119}$$

と計算できる．そして，2つを合わせて

$$r = \frac{\dfrac{\mu h^2}{A}}{1 + \dfrac{R}{A}\cos(\phi + \phi_0)} \tag{1.120}$$

という関係式が得られる．

これと（1.100）を比べると，ϕ_0 の意味が明らかになる．一般に軌道は楕円だから，円対称ではなく，空間の中で楕円の軸がどの方向を向いているかを決める自由度がある．ϕ_0 はこの自由度に関係している．

1.8 摩擦・衝突・力積

摩擦係数

重力や電磁力のように物体が離れていても作用する遠達力ではなく，物体同士が接触した際にのみはたらく摩擦力もマクロの物体の力学では重要な役割を果たしている．これは分子を固体にまとめ上げている分子間の近接力の効果であり，表面を擦って動こうとするときに抵抗する力として現れる．摩擦力 T は接触面からの垂直抗力 R に比例し，**摩擦係数**を μ として，$T = \mu R$

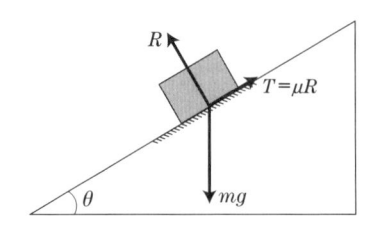

図 1.12 斜面の物体にはたらく摩擦力

で与えられる．

例えば，図1.12のように斜面に置かれた物体は傾斜角度 θ が小さければ重力がはたらいていても擦り落ちないが，傾斜角度が大きいと擦り落ちる．擦り落ちる条件は，

$$T = \mu R = \mu mg \cos\theta \leq mg \sin\theta \qquad (1.121)$$

より，$\tan\theta \geq \mu$ となる．静止している場合に比べて，いったん動き出してからの摩擦力は小さく，その場合の摩擦係数は**動摩擦係数**とよばれる．

衝突の反発係数

1.4.1項で述べたように，衝突においても接触の際にだけ力がはたらく．一般に衝突時には，作用・反作用の法則で，力は反対方向にはたらくから，衝突する物体 m と M の衝突時の運動方程式は

$$m\frac{dv_m}{dt} = f, \qquad M\frac{dv_M}{dt} = -f \qquad (1.122)$$

となる．これらを衝突前 t と衝突後 t' の間で積分すると

$$m[v_m(t') - v_m(t)] = \int_t^{t'} f\,dt = P \qquad (1.123)$$

$$M[v_M(t') - v_M(t)] = \int_t^{t'} f\,dt = -P \qquad (1.124)$$

ここで P は**力積**とよばれる．落下物体 m と床 M の衝突では，力 f には衝突の際に瞬間的にはたらく力以外に重力や床を支えている地面からの抗力も含

まれているが，短時間の極限 $t' \to t$ ではこれらは無視でき，力積に寄与するのは瞬間的な圧縮に抗する弾性力だけである．

両式の和をとると
$$m[v_m(t') - v_m(t)] = -M[v_M(t') - v_M(t)] \qquad (1.125)$$
であるから，これは運動量保存を表している．また，運動方程式 (1.122) に v_m 及び v_M を各々掛ければ
$$\frac{dE_m}{dt} = fv_m, \qquad \frac{dE_M}{dt} = -fv_M \qquad (1.126)$$
両式の和をとり，積分した式は
$$[E_m(t') + E_M(t')] - [E_m(t) + E_M(t)] = \int_t^{t'} f(v_m - v_M)\, dt \qquad (1.127)$$
となる．運動量の場合と違って，右辺がゼロの保証がないから，全運動エネルギー $E_m + E_M$ は必ずしも保存しない．

まず，物体 m が床 M と弾性衝突，すなわち $v_m(t') = -v_m(t)$ となる場合を考えてみる．衝突前は $v_M(t) = 0$ であるから，(1.125) より $v_M(t') = 2(m/M)v_m(t)$ であり，エネルギーは $E_M(t') = Mv_M^2(t')/2 = 2m^2 v_m^2(t)/M$ となる．ここで床が落下物体よりも質量が大きいという極限，すなわち $m/M \to 0$ の極限をとれば，$v_M(t') \to 0$，$E_M(t') \to 0$ となる．この極限では"床が静止したまま"となり，エネルギー保存則も成り立つ．

非弾性衝突の前後では，運動量は保存するが，エネルギーは保存しない．こうした非弾性衝突を記述するために，次のような**ニュートンの反発係数** e が使われる．
$$v_m(t') - v_M(t') = -e\,[v_m(t) - v_M(t)] \qquad (1.128)$$
この e を用いると，衝突前後でのエネルギーの変化は次のようになる．

$$E_m(t') + E_M(t') = E_m(t) + E_M(t) - \frac{(1-e^2)}{2}\frac{mM}{m+M}(v_m - v_M)^2 \tag{1.129}$$

弾性衝突とは $e=1$ の場合であり，$e=0$ の場合には衝突後に 2 物体は一緒に動く．

1.9 剛 体

1.9.1 剛体の慣性能率

粒子相互の位置関係が変化しない多粒子系は**剛体**とよばれる．剛体重心の位置ベクトルを $\boldsymbol{R}_c$ として，一般の粒子の位置ベクトルを $\boldsymbol{r}_p = \boldsymbol{R}_c + \boldsymbol{x}_p$ と書けば，剛体だからベクトル $\boldsymbol{x}_p$ は方向は変えるが，大きさは一定である．すなわち，$\boldsymbol{x}_p$ 方向の単位ベクトルを $\boldsymbol{e}_p$ と書けば，$\boldsymbol{x}_p = x_p \boldsymbol{e}_p$ で $x_p = $ 一定 である．したがって，(1.45) を用いれば

$$\dot{\boldsymbol{x}}_p = x_p \dot{\boldsymbol{e}}_p = x_p(\boldsymbol{\omega} \times \boldsymbol{e}_p) = \boldsymbol{\omega} \times \boldsymbol{x}_p$$

ここで剛体を構成するすべての粒子に対して角速度 $\boldsymbol{\omega}$ は同じである．したがって，空間に固定した座標系に対する速度は，

$$\dot{\boldsymbol{r}}_p = \dot{\boldsymbol{R}}_c + \boldsymbol{\omega} \times \boldsymbol{x}_p \tag{1.130}$$

これから運動エネルギーは，(1.23) に注意して，

$$T = \frac{1}{2}M\dot{\boldsymbol{R}}_c^2 + \frac{1}{2}\sum_p m_p (\boldsymbol{\omega} \times \boldsymbol{x}_p) \cdot (\boldsymbol{\omega} \times \boldsymbol{x}_p) \tag{1.131}$$

となり，右辺の第 2 項が剛体の回転のエネルギーである．

この項を書き直す．まず，$\boldsymbol{\omega}$ と $\boldsymbol{x}$ の成す角度を α，$\boldsymbol{x}$ の大きさを x と書けば，

$$\begin{aligned}(\boldsymbol{\omega} \times \boldsymbol{x}) \cdot (\boldsymbol{\omega} \times \boldsymbol{x}) &= (\omega x \sin\alpha)^2 = \omega^2 x^2 \sin^2\alpha \\ &= \omega^2 x^2 (1-\cos^2\alpha) = \omega^2 x^2 - (\boldsymbol{\omega} \cdot \boldsymbol{x})^2\end{aligned} \tag{1.132}$$

1.9 剛体

ここで剛体に固定した座標系の基底ベクトル e_i を用いて, $x = \sum_{i=1}^{3} x_i e_i$, $\omega = \sum_{i=1}^{3} \omega_i e_i$ と書けば, $\omega^2 = \sum_{i=1}^{3} \omega_i^2 = \sum_{i=1}^{3}\sum_{j=1}^{3} \omega_i \delta_{ij} \omega_j$, $\omega \cdot x = \sum_{i=1}^{3} \omega_i x_i$ となる. これらを (1.132) に代入すれば

$$x^2 \sum_{i=1}^{3}\sum_{j=1}^{3} \omega_i \delta_{ij}\omega_j - (\sum_{i=1}^{3} \omega_i x_i)(\sum_{j=1}^{3} \omega_j x_j) = \sum_{i=1}^{3}\sum_{j=1}^{3} \omega_i (x^2 \delta_{ij} - x_i x_j)\omega_j \tag{1.133}$$

となる. 運動エネルギー (1.131) を書き下すために, ここで**慣性能率テンソル**

$$I_{ij} = \sum_{p=1}^{N} m_p [x_p^2 \delta_{ij} - (x_i)_p (x_j)_p] \tag{1.134}$$

を導入する. この慣性能率テンソルを用いると運動エネルギー (1.131) は

$$T = \frac{1}{2} M \dot{R}_c^2 + \sum_{i=1}^{3}\sum_{j=1}^{3} \frac{1}{2} \omega_i I_{ij} \omega_j \tag{1.135}$$

と書ける. このテンソルは $I_{ij} = I_{ji}$ だから対称テンソルであり, また物体が連続体の場合は, 質量についての和は, 密度の体積積分になる.

1.9.2 剛体の運動方程式

ラグランジュ関数から運動方程式を導くために, 剛体運動を記述する変数を整理しておく. (1.135) の T の第1項が示しているように, まず重心の自由度 R_c の3個がある. 第2項のうち I_{ij} は, 質点の運動でいえば質量に当たるものであり, 剛体に固有なものであるから運動の変数ではない. 一方, 運動エネルギーが ω_i の2次式で書かれていることからわかるように, ω_i は"速度"に相当する. したがって運動の変数は, $\omega_i = \dot{\phi}_i$ となるような, 3つの角度変数 ϕ_i である. 剛体固定の座標系に対しては各質点は固定しているから, それに相対的な運動は存在しない. しかし, 空間中での剛体の姿勢の変化で各座標軸の方向が変わるので, それを表す3つの角度変数が必要なのである.

回転角速度ベクトル ω の3つの自由度は, 各瞬間における回転軸の方向を決める2つの角度と角速度の大きさである. このような角度変数をどうと

るかは一義的に決まるわけではないが，オイラー角というのがよく採用される．

このように，剛体運動の変数は R_c と ϕ_i の6個である．これら変数の微小変化にともなうポテンシャルエネルギーの変動を見てみる．まず，剛体が姿勢を変えずに各質点が平行移動する変動 $\delta r_p = \delta R_c$ については

$$\delta U = \sum_p \frac{\partial U}{\partial r_p} \cdot \delta r_p = \delta R_c \cdot \sum_p \frac{\partial U}{\partial r_p} = -\delta R_c \cdot F \qquad (1.136)$$

となる．ここで F は外力である．質点 p が受ける力 $\partial U/\partial r_p$ には外力と質点間の相互力があるが，作用・反作用の法則により相互力の総和はゼロになることを用いた．したがって，R_c に対するオイラー－ラグランジュ方程式から，運動方程式は

$$\frac{d}{dt}\left(\frac{\partial L}{\partial \dot{R}_c}\right) = \frac{\partial L}{\partial R_c}, \quad \text{すなわち} \quad M\ddot{R} = F \qquad (1.137)$$

となる．

残りの3つの変数は角度変数であり，T はその"速度"ω_i で書かれている．T の速度についての微分が運動量であるように，角速度についての微分は角運動量 J_i を表す．

$$\frac{\partial T}{\partial \omega_i} = \sum_{j=1}^{3} I_{ij}\omega_j = J_i \qquad (1.138)$$

一方，剛体の微小な姿勢変化 $\delta\phi$ においては $\delta r_p = \delta\phi \times r_p$ であるから，

$$\delta U = \sum_p \frac{\partial U}{\partial r_p} \cdot \delta r_p = -\sum_p f_p \cdot (\delta\phi \times r_p) = \delta\phi \cdot N \qquad (1.139)$$

$N = \sum_p f_p \times r_p$ は力のモーメントである．したがって，重心周りの回転を表す運動方程式は

$$\frac{d}{dt}\left(\frac{\partial L}{\partial \dot{\phi}}\right) = \frac{\partial L}{\partial \phi}, \quad \text{すなわち} \quad \frac{dJ}{dt} = N \qquad (1.140)$$

となる．

1.9.3 オイラーの方程式

I_{ij} は対称テンソルなので，座標軸を適当に選べば，このテンソルは対角化できる．そのような座標系を**主軸座標**という．この 3 つの成分を I_1, I_2, I_3 と書くことにする．

いま，外力のない運動を考える．外力がなければ力のモーメントはゼロだから，角運動量は一定であり，空間の固定した方向を向いている．ところが，慣性能率を計算する際の座標系は剛体固定の座標系である．このために，運動方程式を成分ごとに書くには剛体固定の座標系に対して角運動量を表示しておく必要がある．剛体に固定した座標系の基底ベクトルを用いて $\bm{J} = \sum_{i=1}^{3} J_i \bm{e}_i$ と書けば，$\dot{\bm{J}} = \sum_{i=1}^{3} \dot{J}_i \bm{e}_i + \sum_{i=1}^{3} J_i \dot{\bm{e}}_i$. ここで第 1 項は剛体固定の座標系から見た $\bm{J}$ の変化である．第 2 項は (1.45) を用いて $\sum_{i=1}^{3} J_i (\bm{\omega} \times \bm{e}_i) = \bm{\omega} \times \bm{J}$ となる．したがって，剛体の運動方程式は

$$\left(\frac{d\bm{J}}{dt}\right)_{\text{空間固定}} = \left(\frac{d\bm{J}}{dt}\right)_{\text{剛体固定}} + \bm{\omega} \times \bm{J} = 0 \tag{1.141}$$

で与えられる．また，剛体固定の主軸座標の成分は $J_i(t) = I_i \omega_i$ だから，この式は

$$\left.\begin{array}{l} I_1 \dot{\omega}_1 + (I_2 - I_3) \omega_2 \omega_3 = 0 \\ I_2 \dot{\omega}_2 + (I_3 - I_1) \omega_3 \omega_1 = 0 \\ I_3 \dot{\omega}_3 + (I_1 - I_2) \omega_1 \omega_2 = 0 \end{array}\right\} \tag{1.142}$$

と表すことができ，この角速度の変化の式は**オイラーの式**とよばれる．

例 1-6

角速度ベクトルがほぼ 1 軸に平行とする（すなわち，$|\omega_1| \gg |\omega_i|$, $i = 2, 3$）．この場合，ω_1 はほぼ一定であるから，

$$\ddot{\omega}_i = \frac{\omega_1^2 (I_1 - I_3)(I_2 - I_1)}{I_2 I_3} \omega_i \qquad (i = 2, 3) \tag{1.143}$$

もし I_1 が最大あるいは最小なら右辺は負であるから，ω_i はゼロの周りで振

動する．それに対し，もし I_1 が中間の大きさなら右辺は正となるから，ω_i には指数関数的に増加する解があるので，1軸周りの回転は不安定となる．

1.9.4 一般の支点

重心以外の一般の支点についても運動方程式は同じであるが，そこに現れる慣性能率は重心周りの慣性能率とは異なる．支点を原点にして重心の位置を $\boldsymbol{R}_c$ とすると，運動エネルギーは

$$T = \sum_{i=1}^{N} m_p [\boldsymbol{\omega} \times (\boldsymbol{R}_c + \boldsymbol{x}_p)]^2$$
$$= M(\boldsymbol{\omega} \times \boldsymbol{R}_c)^2 + \sum_{i=1}^{N} m_p (\boldsymbol{\omega} \times \boldsymbol{x}_p)^2$$
$$= \sum_{i=1}^{3} \sum_{j=1}^{3} \omega_i (I_{ij}^c + I_{ij}) \omega_j \qquad (1.144)$$

ここで

$$I_{ij}^c = M(R^2 \delta_{ij} - R_i R_j) \qquad (1.145)$$

は重心周りの慣性能率であり，支点周りの慣性能率は $I_{ij}^c + I_{ij}$ となる．

例 1-7

剛体の重心でない点を支点とする（1次元）振り子の微小振動の振動数が

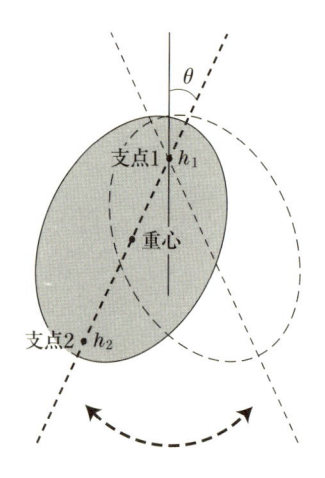

図 1.13 複振り子

同じになる，別の支点が存在することを示す．

重心から h だけずれた点を支点にした剛体の振り子の運動方程式は支点に対する慣性能率を I' として

$$I'\ddot{\theta} = -Mgh\sin\theta \qquad (1.146)$$

だから，小さい振幅での振動数は $\omega = \sqrt{Mgh/I'}$ となる．一方，$I' = I + Mh^2$ である．いま，剛体の重心に対する慣性能率を $I \equiv Mk_c^2$ と書けば，振動数は，$l = (k_c^2 + h^2)/h$ とおいて，$\omega = \sqrt{gh/(k_c^2 + h^2)} = \sqrt{g/l}$ となる．したがって，l が同じなら振動数は同じになる．

ところが，同じ l に対して h の2次方程式 $h^2 - lh + k_c^2 = 0$ は2つの解をもつ．この解を h_1, h_2 とすれば，重心を通る直線上の，重心の両側の h_1, h_2 の点を支点にした振り子は同じ振動数をもつ．この性質を**複振り子**という．

1.10 対称性と保存則

「左右対称」とは「"右と左を入れ換える"変換をしても，元のものと変わらない」という意味である．ここで"変わらない"のは図形だが，いま，これを一般化して「ある変換をしても，作用積分 I が元のものと変わらない場合，その変換に対する対称性をもつ」ということにする．"元のものと変わらない"ということを"不変である"と以下では表現する．ここで作用積分 I はラグランジュ関数 L を用いて次のように定義される．

$$I = \int_{t_1}^{t_2} L\,dt \qquad (1.147)$$

物理的に重要なのは，この対称性に対応して保存則が導かれることである．これを**ネーターの定理**という．

変数を $q \to q + \delta q$ のように変換しても I が不変とは，

$$\delta I = \int_{t_1}^{t_2} L(q+\delta q, \dot{q}+\delta \dot{q})\, dt - \int_{t_1}^{t_2} L(q, \dot{q})\, dt = \int_{t_1}^{t_2} \delta L\, dt = 0 \tag{1.148}$$

が満たされることである．δq を微小量として，δL は次のようになる．

$$\begin{aligned}
\delta L &= L(q+\delta q, \dot{q}+\delta \dot{q}) - L(q, \dot{q}) \approx \frac{\partial L}{\partial q}\delta q + \frac{\partial L}{\partial \dot{q}}\delta \dot{q} \\
&= \frac{\partial L}{\partial q}\delta q + \frac{d}{dt}\left(\frac{\partial L}{\partial \dot{q}}\delta q\right) - \delta q \frac{d}{dt}\left(\frac{\partial L}{\partial \dot{q}}\right) \\
&= \frac{d}{dt}\left(\frac{\partial L}{\partial \dot{q}}\delta q\right) + \left[\frac{\partial L}{\partial q} - \frac{d}{dt}\left(\frac{\partial L}{\partial \dot{q}}\right)\right]\delta q
\end{aligned} \tag{1.149}$$

最後の列の第2項 $[\cdots]$ の部分は $[\cdots]=0$ がオイラー‐ラグランジュの運動方程式である．したがって，"対称性（$\delta I=0$）があれば，運動に沿って"

$$\left(\frac{\partial L}{\partial \dot{q}}\delta q\right)_{t_1} = \left(\frac{\partial L}{\partial \dot{q}}\delta q\right)_{t_2} \tag{1.150}$$

t_1, t_2 は任意だから $(\partial L/\partial \dot{q})\delta q$ は保存することがわかる．抽象的になるので，以下では具体例を見ることにする．

1.10.1　空間対称性と運動量保存

座標原点をずらす並進変換 $\boldsymbol{x}_a \to \boldsymbol{x}_a + \boldsymbol{\varepsilon}$ を考える．この変換で運動エネルギーは変化しないから $\delta T = 0$ である．さらに $\delta \boldsymbol{x}_a = \boldsymbol{\varepsilon}$ であり，変化分は粒子に依存しない．ポテンシャルエネルギー V が相対距離にだけ依存するような場合を考えると，この変換では $\delta V = 0$ となる．したがって，この変換では $\delta L = 0$ であり，$\delta I = 0$ だから対称である．したがって，

$$\frac{\partial L}{\partial \dot{q}}\delta q \;\to\; \sum_a m_a \dot{\boldsymbol{x}} \cdot \delta \boldsymbol{x}_a = \left(\sum_a m_a \dot{x}_a\right)\varepsilon_x + \left(\sum_a m_a \dot{y}_a\right)\varepsilon_y + \left(\sum_a m_a \dot{z}_a\right)\varepsilon_z \tag{1.151}$$

となり，全運動量の各成分の保存則が導かれる．

1.10 対称性と保存則

次に，回転変換を考える．この変換では $\delta T = 0$ であり，$\delta V = 0$ なら，回転変換に対する対称性がある．簡単のために z 軸の周りに微小角 ε だけ回転した座標系をとれば，$\delta x_a \approx \varepsilon y_a$, $\delta y_a \approx -\varepsilon x_a$ であるから，

$$\frac{\partial L}{\partial \dot{q}} \delta q \quad \to \quad \sum_a m_a (\dot{x}_a y_a - \dot{y}_a x_a) \varepsilon \tag{1.152}$$

であり，全角運動量の z 成分 $J_z = \sum_a m_a (\dot{x}_a y_a - \dot{y}_a x_a)$ が保存量になる．他の軸の周りの回転変換に対しても同様になる．

1.10.2 時間対称性とエネルギー保存

空間座標の変換では $\delta I = 0$ と $\delta L = 0$ の差がなかったが，時間の原点の並進変換 $t \to t + \varepsilon$ の場合には $\delta I = 0$ に戻って考えなければならない．すなわち，

$$0 = \delta I = \int_{t_1+\varepsilon}^{t_2+\varepsilon} L(q + \delta q, \dot{q} + \delta \dot{q}) \, dt - \int_{t_1}^{t_2} L \, dt$$

$$\approx (L|_{t_2} - L|_{t_1}) \varepsilon + \frac{\partial L}{\partial \dot{q}} \delta q \Big|_{t_2} - \frac{\partial L}{\partial \dot{q}} \delta q \Big|_{t_1} \tag{1.153}$$

ここで $\delta q = q(t - \varepsilon) - q(t) \approx -\dot{q}\varepsilon$ に注意すると

$$\left(L - \frac{\partial L}{\partial \dot{q}} \dot{q} \right)\Big|_{t_2} = \left(L - \frac{\partial L}{\partial \dot{q}} \dot{q} \right)\Big|_{t_1} \tag{1.154}$$

という保存則が導かれる．通常

$$E = \frac{\partial L}{\partial \dot{q}} \dot{q} - L = T + V \tag{1.155}$$

となるから，これはエネルギー保存則を表す．

1.10.3 循環座標と有効ポテンシャル

(1.72) のような循環座標があれば変数の数を減らすことができる．循環座標を ξ と書けば，$L(q, \dot{q}, \dot{\xi})$ であるから δL は (1.149) のように

$$\delta L = \frac{\partial L}{\partial q}\delta q + \frac{\partial L}{\partial \dot{q}}\delta \dot{q} + p_\xi\,\delta\dot{\xi}$$

となるから，$\bar{L} = L - p_\xi\dot{\xi}$ なる修正ラグランジュ関数を定義すると，q と $\dot{q}$ のみを変数とする $\bar{L}$ で運動は決まる．

(1.85) の中心力の L では ϕ は循環座標であり，それに共役な運動量 $p_\phi = mr^2\dot{\phi}$ は保存量である．修正ラグランジュ関数は

$$\bar{L} = L - p_\phi\dot{\phi} = \frac{m}{2}\dot{r}^2 + \frac{p_\phi^2}{2mr^2} - V - \frac{p_\phi^2}{mr^2} = \frac{m}{2}\dot{r}^2 - V_{\text{eff}}(r\,;p_\phi)$$
(1.156)

で与えられる．ここで有効ポテンシャル V_{eff} は

$$V_{\text{eff}}(r\,;p_\phi) = V(r) + \frac{p_\phi^2}{2mr^2} \tag{1.157}$$

である．このように，変数は (r, ϕ) から r 1 つに減らされている．

■ 章末問題

問題 1 放物運動で，着地点を水平距離 W で高さ H となるようにする．出発点での速さ v を最小にするには仰角（地面となす角度）ϕ をどうとればよいか．

問題 2 電車の車体は線路上の台車の上にバネで支えられて載った状態にある．車体が単振動するときに線路にかかる抗力を求めよ．

次に，車体が 13 t（トン），台車が 2 t とし，車体が振動周期 0.5 秒で，振幅 2 cm で振動したする．このとき，抗力の最大，最小値を求めよ．

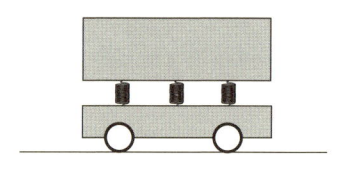

問題 3 図のような複斜面上を紐で結ばれた 2 つの質点 m_1 と m_2 が滑る運動をする．質点の運動と紐にかかる張力を求めよ．次に，質点 m_2 が紐に対して速度 $v(t)$ で動いて，質点 m_1 に近づくとする．張力はどう変化するか．

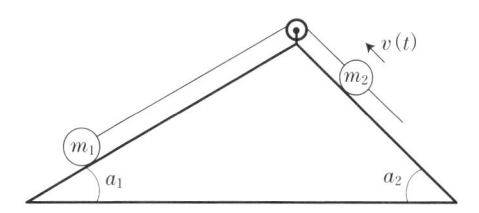

問題 4 ハミルトン形式で 1 次元の自由運動 $H = p^2/2m$ を考える．位相空間の座標を縦軸を p，横軸を q にとり，$t = 0$ で点 $(0,0)$, $(b,0)$, $(0,c)$, (b,c) で囲まれた四辺形の領域を考える．この領域は $t = t_0$ でどのように変化しているか．また，体積に変化がないことを示せ．

問題 5 図のように振り子の支点に付いている質点が水平な線上を滑るとする．支点と質点の運動を論ぜよ．振り子の棒は質量なしとする．

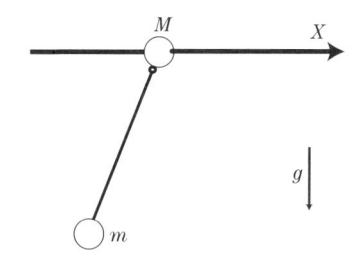

問題 6 $n > 2$ として中心力が $V(r) = -A/r^n$ で与えられる場合，中心に粒子が到達する有効断面積を求めよ．

問題 7 2 つの質点 P(m_1) と Q(m_2) が，滑らかな釘にかけた長さ l の糸で結ばれている．Q は自由に上下する．P は鉛直面内のある滑らかな曲線に沿って動くように拘束されている．この曲線上のどの位置にいても平衡が保たれているとして，この曲線の形を求めよ．

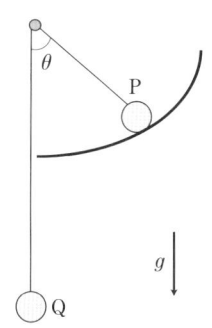

問題 8 端に質量 M の質点が付いた紐が半径 R のシリンダーに巻かれている．完全に巻かれた状態で，質点に動径方向の衝撃を与えると，紐がほどけて質点は回り出す．ほどけた紐の長さ $l(t)$ を時間 t の関数として求めよ．また，シリンダーの中心に対する角運動量を求めよ．紐は伸びないとし，また重力は無視する．

問題 9 図のような骨組み構造の B 点に質量 M が吊るしてある．部材である AB と BC は B 点でピン接合され，A と C の端は壁に固定されている．部材 AB の長さが l，部材 BC となす角度を θ，重量が各々 $W_\mathrm{A}, W_\mathrm{B}$ とする．A 点と C 点にかかる力を求めよ．

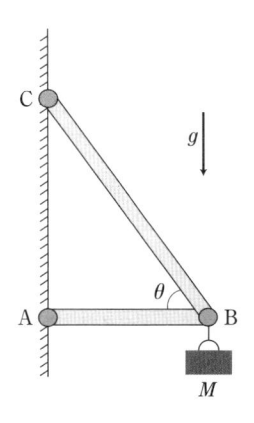

問題 10 慣性能率が $I_\mu (I_1 > I_2 > I_3)$ の剛体を考える．トルクがはたらかず角運動量 J もエネルギー T も保存するとする．与えられた T のもとでは J は次の範囲に制限されることを示せ．
$$\sqrt{2TI_1} > |J| > \sqrt{2TI_3}$$

第 2 章　連続体の力学と波動

　固体の振動や流体の流れを扱うのが連続体の力学である．質点系と違って連続体では，微小な体積要素がその表面を通じた応力として力学的な作用を受ける．また物理量は空間的に拡がって分布しており，場として扱うことになる．波動は場の基本的な振る舞いの1つである．

2.1　弾　性　体

　固体は完全な剛体ではなく，大きな力を加えると，伸びやたわみというひずみ（歪み）が起こる．小さい変形の場合には，ひずみはその大きさに比例した復元力を生ずる．

2.1.1　伸びと縮み ― 垂直応力 ―

　図2.1のような長さ l，断面積 A の均質な棒を考える．棒の軸方向に力 P が作用して λ だけ伸びたとする．ここで，単位長さ当たりの伸びは**ひずみ**（strain），単位面積当たりの力は**応力**（stress），とよばれる．すなわち，

$$\text{軸方向の応力}\quad \sigma = \frac{P}{A}, \qquad \text{軸方向のひずみ}\quad \varepsilon = \frac{\lambda}{l}$$

で与えられる．

　ひずみが小さい場合には，応力 σ とひずみ ε の間にフックの法則が成立している．すなわち，

$$\sigma = E\varepsilon \tag{2.1}$$

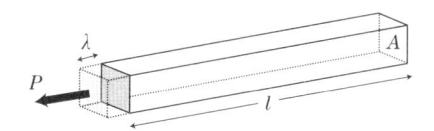

図 2.1　棒にかかる力と伸び

ここで比例係数 E は，棒の方向に沿った伸び（あるいは縮み）なので，**"縦"弾性係数**とよばれる．また，この場合（軸方向）のひずみは縦ひずみともよばれる．「縦」に対する「横」は棒の直径方向の伸縮である．縦に伸びれば横に縮み，縦に縮めれば横に膨らむ．直径 d が d' になったなら横ひずみは $\varepsilon' = (d' - d)/d$ で，縦ひずみとの比をポアソン比といい，

$$\nu = \frac{\varepsilon}{\varepsilon'} \tag{2.2}$$

で与えられる．

例 2-1 棒の伸び

断面が半径 $d = 1\,[\mathrm{cm}]$ の円形で長さが $l = 50\,[\mathrm{cm}]$ の棒を $\lambda = 0.1\,[\mathrm{mm}]$ だけ伸ばすのに必要な荷重 P を求める．棒は鋼鉄で $E = 206\,[\mathrm{GPa}]$ である．

まず，軸方向の応力とひずみはそれぞれ $\sigma = P/A$, $\varepsilon = \lambda/l$ なので，(2.1) から

$$P = A\sigma = \frac{AE}{l}\lambda = -\frac{\pi d^2 E}{l}\lambda \tag{2.3}$$

ここで応力の単位はパスカル Pa で $1\,[\mathrm{Pa}] = 1\,[\mathrm{N/m^2}]$ である．N は力の単位「ニュートン」で，1 N とは 1 kg の物体に $1\,\mathrm{m/s^2}$ の加速度を及ぼす力である（$1\,[\mathrm{GPa}] = 10^9\,[\mathrm{Pa}]$，G（ギガ）は 10^9 のこと）．上式に与えられた数値を代入すると，求める荷重 $P = 3.24\,[\mathrm{kN}]$ となる．

地上の重力で 1 kg の物体の荷重は 9.8 N だから，上の力は約 330 kg の荷重に相当する．1 t（トン）の荷重での鋼鉄のひずみは $\varepsilon \sim 3 \times 10^{-4}$ と小さいのである．

内力と外力

例 2-1 で「棒の伸び」は外力を加えた部分で起こったわけではなく，棒のどの部分でも同じように起こっているのである．どの切断面でもひずみと応力が生じている．いま，仮想的に棒のある位置を切断して2つの部分に分け

て考えると，2つになった棒の1つの部分は元の端 A にかかっている外力 P_A と仮想切断面に内力 N_1 を新たに受ける．そして，

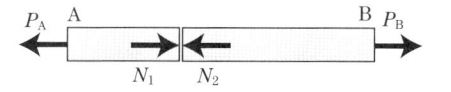

図 2.2 内力と外力

もう一方の部分は元の端 B にかかっている外力 P_B と仮想切断面に内力 N_2 を受けていると考える．棒の各部分にかかる力はつり合っているから，

$$P_A + N_1 = 0, \qquad N_2 + P_B = 0 \tag{2.4}$$

ここで内力の作用・反作用から $N_1 + N_2 = 0$，外力のつり合いから $P_A + P_B = 0$ である．右方向を正の方向にとって，$-P_A = N_1 = -N_2 = P_B = P(>0)$ となる．フックの法則 (2.1) は，棒の内部の各仮想切断面で縦方向のひずみと応力の間で成り立っている．

伸びを元に戻す復元力に抗して棒を伸ばすにはエネルギーを要し，これは**ひずみのエネルギー** U として棒の内部に一様に蓄えられる．このエネルギーは A 点を $x = 0$，B 点を $x = l$ とする座標を用いて考えると，一様な伸びだから，x 点での伸びとひずみは各々 $\lambda(x) = \lambda x$ と $\varepsilon(x) = (\lambda/l)\,x$ である．したがって，棒に蓄えられているひずみのエネルギーは

$$U = A \int \sigma(x)\,d\lambda(x) = AE\lambda \int_0^1 \varepsilon(x)\,dx = \frac{1}{2}\frac{AE}{l}\lambda^2 = \frac{1}{2}P\lambda \tag{2.5}$$

という積分で与えられる．

2.1.2 梁の曲がり

図 2.3 のように両端を支持してある均質な梁を用意し，ある位置に垂直に外力 P を加える場合を考える．まず，P が加わったことで2つの支点からも梁は外力を受けることになる．上方を力の正の方向にとると力のつり合いの条件は $R_A - P + R_B = 0$，また A 端を支点とする力のモーメントのつり合い条件は $Pa - R_B l = 0$ となる．モーメントのつり合いは棒が回転しない

ために必要である．この2つの条件から，$R_A = (b/l)P$，$R_B = (a/l)P$ となる．

次に，A端からの距離 x に仮想断面を考え，せん断力（仮想断面にはたらく内力）とそのモーメントを求める．$x < a$ の場合には，せん断力は $F = R_A$，切断の左面で下向き，右面で上向きとなる．モーメントを M とすると，つり合いの条件から $M(x) = R_A x = (b/l)Px$．$x > a$ では $F = -R_B$，$M(x) = -R_B x + Pa = (a/l)(l-x)P$ なのでモーメントは $x = a$ で最大となり，$M_{\max} = [a(l-a)/l]P$ である．したがって，同じ荷重 P でも $a = l/2$ だと曲げモーメントが最大になる．モーメントによる曲がりを少なくしたいなら，支点近くに荷重をかけた方がよい．これは実感できることである．

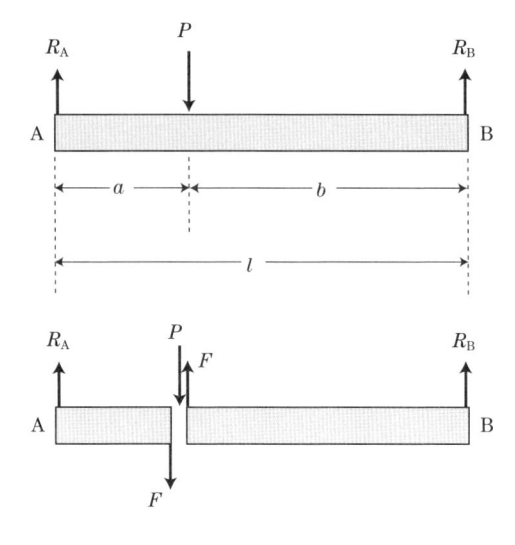

図 2.3 梁

次に，曲げのモーメント M による変形，たわみを考える．

図 2.4 のような曲げのモーメントが梁に加えられたときに断面にはたらく応力を求める．いま局所的に変形を円弧の形で近似し，曲率の中心から断面の中立面（変位が起こらない面）までの距離（曲率半径）を ρ とする．中立面から下に y 座標，その垂直方向に x 座標をとる．微小角 θ に対して $x \simeq \rho\theta$ より，点 (x, y) での伸びは $\delta x = (\rho + y)\theta - \rho\theta = y\theta$ だから，ひずみ $\delta x/x$ と応力は

$$\text{ひずみ}\quad \varepsilon_x = \frac{y}{\rho}, \qquad \text{応力}\quad \sigma_x = E\varepsilon_x = E\frac{y}{\rho} \qquad (2.6)$$

2.1 弾性体

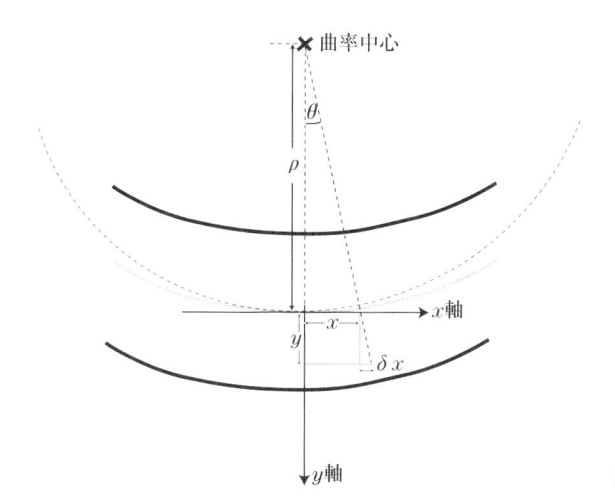

図 2.4 たわみ

となる．変位は中立面の上では縮み，下では引っ張りとなるので，断面（y方向とz方向のなす面）で積分すれば合力はゼロである．

$$F = \int_A \sigma_x \, dA = 0$$

しかし，モーメント

$$M = \int_A \sigma_x y \, dA = \frac{E}{\rho} \int_A y^2 \, dA \quad (2.7)$$

はゼロではない．いま，(2.7) の面積積分を I と書けば，(2.7) は

$$M = E \frac{I}{\rho} \quad (2.8)$$

となる．次に曲がりの形状を考察するために，ρ と変形曲線 $y = y(x)$ の関係を求めておく．曲率中心を通る垂直線からの角度を θ とすれば $x = \rho \sin\theta$, $y = -\rho\cos\theta$ だから $\tan\theta = dy/dx$．ここで $\theta \ll 1$ とすれば，

$$x = \rho \sin\theta \simeq \rho\theta \simeq \rho \frac{dy}{dx}, \quad 両辺を\ x\ で微分し\ \frac{d^2 y}{dx^2} \simeq \frac{1}{\rho} \quad (2.9)$$

となる．

例 2-2

梁の一端が支持され，他の端に P の荷重を加えたときのたわみの曲線を求めてみる．支持端からの長さ x の位置にかかる曲げのモーメントは $M(x) = P(l-x)$ で与えられる．これを (2.9) に代入すれば

$$\frac{1}{\rho} = \frac{d^2 y}{dx^2} = \frac{M(x)}{EI} = \frac{P}{EI}(l-x) \tag{2.10}$$

積分して

$$y = \frac{P}{EI}\left(\frac{l}{2}x^2 - \frac{1}{6}x^3 + C_1 x + C_2\right) \tag{2.11}$$

積分定数は $x=0$ で $y=0$, $dy/dx=0$ だから，$C_1=0$, $C_2=0$ となる．

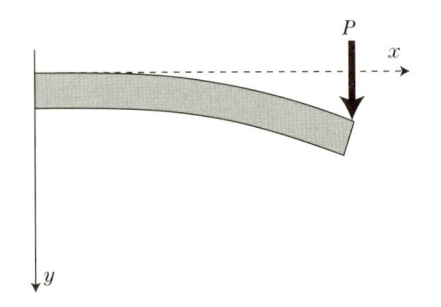

図 2.5 一端を固定した長さ l の梁のたわみ

したがって，最大となる $x=l$ でのたわみと角度 ($\theta = dy/dx$) は

$$r_{\max} = \frac{Pl^3}{3EI}, \qquad \theta_{\max} = \frac{Pl^2}{2EI} \tag{2.12}$$

と求まる．

(2.8) の I は断面の形状で決まる．幅 b, 高さ h の角状の梁の場合には

$$I = b \int_{-h/2}^{h/2} y^2\, dy = \frac{bh^3}{12} \tag{2.13}$$

となり，定規のような薄い板状の梁の場合，これをどの向きで置くかによって I の値は違ってくる．例えば幅 3 cm, 厚さ 3 mm の定規を横置きなら $I = 3[\text{cm}] \times (3[\text{mm}])^3/12$ だが，縦置きなら $I = 3[\text{mm}] \times (3[\text{cm}])^3/12$

であり,同じ荷重に対しても曲がりは100分の1と小さくなる.

2.1.3 体積弾性とずれ弾性

物体内のひずみは場所によって異なるから位置の関数である.さらに,ひずみは方向性をもつからベクトルで表せる.いま,位置 x_i でのひずみによる変位をベクトル場 $\xi(x)$ で表す.近傍の位置の変位ベクトル $\xi(x+\Delta x)$ を Δx が小さいとしてテイラー展開すると,

$$\xi_i(x+\Delta x) \simeq \xi_i(x) + \sum_{j=1}^{3}\frac{\partial \xi_i}{\partial x_j}\Delta x_j + \cdots \tag{2.14}$$

したがって,この2点間での伸びは変位の差 $\xi_i(x+\Delta x) - \xi_i(x)$ であり,Δx_j 方向のひずみは

$$\frac{\Delta \xi_i}{\Delta x_j} = \frac{\xi_i(x_j+\Delta x_j)-\xi_i(x_j)}{\Delta x_j} \simeq \frac{\partial \xi_i}{\partial x_j} \tag{2.15}$$

で与えられる.

ところが一般の変位のうちには,弾性力を生じさせない,平行移動や剛体回転のような変位も含まれる.まず,空間的に一定の変位ベクトルは平行移動である.また,剛体回転の変位を取り除くために,

$$\frac{\partial \xi_i}{\partial x_j} = \frac{1}{2}\left(\frac{\partial \xi_i}{\partial x_j}-\frac{\partial \xi_j}{\partial x_i}\right) + \frac{1}{2}\left(\frac{\partial \xi_i}{\partial x_j}+\frac{\partial \xi_j}{\partial x_i}\right) \tag{2.16}$$

と書き換えると,次の例2-3で見るように,右辺第1項は剛体回転変位を表すことが示せる.したがって弾性力は,この部分を除いた

$$\varepsilon_{ij} = \frac{1}{2}\left(\frac{\partial \xi_i}{\partial x_j}+\frac{\partial \xi_j}{\partial x_i}\right) \tag{2.17}$$

なる**ひずみテンソル**で記述される.

例 2-3

(2.16) の右辺第1項は剛体回転変位であることを示す.$\varepsilon_{ij}=0$ となる変位ベクトルを $\Delta \xi' = \sum_{i=1}^{3}\sum_{j=1}^{3}(\partial \xi_i/\partial x_j)\Delta x_j \boldsymbol{e}_i$ と表し,このベクトルと位置ベク

トル $\Delta \boldsymbol{x} = \sum_i \Delta x_i \boldsymbol{e}_i$ のスカラー積を求めると

$$\Delta \boldsymbol{\xi}' \cdot \Delta \boldsymbol{x} = \sum_{i=1}^{3} \sum_{j=1}^{3} \frac{1}{2} \left(\frac{\partial \xi_i'}{\partial x_j} + \frac{\partial \xi_j'}{\partial x_i} \right) \Delta x_j \Delta x_i = 0 \tag{2.18}$$

であるから，この 2 つのベクトルは直交している．(1.45) を導いたのと同様の議論により，

$$\Delta \boldsymbol{\xi}' = \overline{\boldsymbol{\omega}} \times \Delta \boldsymbol{x} \tag{2.19}$$

と書くことができ，この変位は $\overline{\boldsymbol{\omega}}$ 方向を軸とする剛体回転であることがわかる．ここで $\overline{\boldsymbol{\omega}} = \sum_i \overline{\omega}_i \boldsymbol{e}_i$ の成分 $\overline{\omega}_i$ は

$$\overline{\omega}_1 = \frac{1}{2}\left(\frac{\partial \xi_3'}{\partial x_2} - \frac{\partial \xi_2'}{\partial x_3}\right), \quad \overline{\omega}_2 = \frac{1}{2}\left(\frac{\partial \xi_1'}{\partial x_3} - \frac{\partial \xi_3'}{\partial x_1}\right), \quad \overline{\omega}_3 = \frac{1}{2}\left(\frac{\partial \xi_2'}{\partial x_1} - \frac{\partial \xi_1'}{\partial x_2}\right) \tag{2.20}$$

のようにひずみから作られるベクトルである．

ひずみテンソルの分類

(2.17) のひずみテンソルによる変位は，さらに体積が変化するものと，体積が変化しない**ずれ** (shear) とに分類される．弾性力とひずみの関係を決めるフックの法則での比例係数がこの 2 種類の変位で違うので，この分類が必要なのである．この観点から全体は次のように 2 つの部分に分けられる．

体積要素 $\Delta V = \Delta x \Delta y \Delta z$ の変化にともなう変化は

$$\delta \Delta V = (1+\varepsilon_{11})\Delta x (1+\varepsilon_{22})\Delta y (1+\varepsilon_{33})\Delta z - \Delta x \Delta y \Delta z$$
$$\simeq (\varepsilon_{11} + \varepsilon_{22} + \varepsilon_{33})\Delta V \tag{2.21}$$

ここで

$$\theta = \varepsilon_{11} + \varepsilon_{22} + \varepsilon_{33} \tag{2.22}$$

と書けば，体積要素の変化は $\delta \Delta V / \Delta V = \theta$ と表すことができ，体積の変化しないひずみの条件は $\theta = 0$ となる．いま，ひずみを次のように 2 つの部分に分ける．

$$\varepsilon_{ij} = \varepsilon_{ij}^{\mathrm{v}} + \varepsilon_{ij}^{\mathrm{s}} \quad \left(\varepsilon_{ij}^{\mathrm{v}} = \frac{\theta}{3}\delta_{ij}, \; \varepsilon_{ij}^{\mathrm{s}} = \varepsilon_{ij} - \frac{\theta}{3}\delta_{ij}\right) \tag{2.23}$$

すると $\varepsilon_{11}^s + \varepsilon_{22}^s + \varepsilon_{33}^s = 0$ であるから,ε_{ij}^s は体積変化のないひずみであることがわかる.こうして一般のひずみは,体積変化のあるひずみ ε_{ij}^v と体積変化のないずれのひずみ ε_{ij}^s とに分けられる.

このひずみの分類に応じて,応力は次のように与えられる.

$$\sigma_{ij} = 3K\varepsilon_{ij}^v + 2\mu\varepsilon_{ij}^s \tag{2.24}$$

ここで K は**体積弾性率**,μ は**ずれ弾性率**とよばれる.

K や μ と先の弾性係数 E やポアソン比 ν との対応は次のようにつけることができる.例 2-1 で棒の軸方向を x 軸方向にとり,外力 P が加わったとすると,(2.24) から

$$\frac{P}{A} = \sigma_{11} = \left(K - \frac{2}{3}\mu\right)\theta + 2\mu\sigma_{11} = (2\mu + \lambda)\frac{\partial \xi_1}{\partial x_1} + \lambda\frac{\partial \xi_2}{\partial x_2} + \lambda\frac{\partial \xi_3}{\partial x_3} \tag{2.25}$$

ただし,$\lambda = K - 2\mu/3$.また棒の側面には応力は生じていないから,$\sigma_{22} = 0$,$\sigma_{33} = 0$ であり,

$$\lambda\frac{\partial \xi_1}{\partial x_1} + (2\mu + \lambda)\frac{\partial \xi_2}{\partial x_2} + \lambda\frac{\partial \xi_3}{\partial x_3} = 0, \quad \lambda\frac{\partial \xi_1}{\partial x_1} + \lambda\frac{\partial \xi_2}{\partial x_2} + (2\mu + \lambda)\frac{\partial \xi_3}{\partial x_3} = 0 \tag{2.26}$$

この 2 つの式を引き算した $\partial \xi_2/\partial x_2 = \partial \xi_3/\partial x_3$ を最初の式に代入すると $\lambda\,\partial \xi_1/\partial x_1 + 2(\mu + \lambda)\,\partial \xi_2/\partial x_2 = 0$.一方,$\lambda\,\partial \xi_2/\partial x_2 = -\nu\,\partial \xi_1/\partial x_1$,$\sigma_{11} = E\,\partial \xi_1/\partial x_1$ だから

$$\nu = \frac{\lambda}{2(\mu + \lambda)}, \quad E = 2\mu - \lambda(1 + 2\nu), \quad K = \frac{E}{3(1 - 2\nu)} \tag{2.27}$$

などの関係を導ける.棒や梁といった構造物の伸びやたわみを記述するヤング率やポアソン比などに対して,K,μ は弾性体の中での波動を記述するために必要になる.

2.1.4 連続体の中の波動

これまでは，弾性力は静的な外力とつり合うように生ずる力として考えてきた．しかし一般には，力はつり合いになく，弾性力で運動が起こっている．ここでは運動がフックの法則で記述される振幅の小さい振動を扱う．この振動は波動となって空間的に伝わる．

いま，x と $x+\Delta x$, y と $y+\Delta y$, z と $z+\Delta z$ で囲まれた立方体を考える．密度を ρ とすると，ここに含まれる質量は $\rho \Delta x \Delta y \Delta z$ と表せる．それにはたらく力は，外力がないとすれば，表面を通じて作用する弾性力の内力である．例えば，x 軸に垂直な位置 x の $\Delta y \Delta z$ 面と位置 $x+\Delta x$ の $\Delta y \Delta z$ 面にはたらく x 軸方向の力は，

$$[\sigma_{11}(x+\Delta x) - \sigma_{11}(x)] \Delta y \Delta z \simeq \frac{\partial \sigma_{11}}{\partial x} \Delta x \Delta y \Delta z \qquad (2.28)$$

で与えられる．

x 軸方向の力は，y 軸に垂直な面と，z 軸に垂直な面を通じても及ぼされている．上と同様の考察で，それらは各々

$$[\sigma_{12}(y+\Delta y) - \sigma_{12}(y)] \Delta x \Delta z \simeq \frac{\partial \sigma_{12}}{\partial y} \Delta x \Delta y \Delta z \qquad (2.29)$$

$$[\sigma_{13}(z+\Delta z) - \sigma_{13}(z)] \Delta x \Delta y \simeq \frac{\partial \sigma_{13}}{\partial z} \Delta x \Delta y \Delta z \qquad (2.30)$$

x 軸方向の変位はこれらの3つの合力で運動している．こうして，一般に i 軸方向の運動方程式は

$$\rho \frac{d^2 \xi_i}{dt^2} = \frac{\partial \sigma_{i1}}{\partial x} + \frac{\partial \sigma_{i2}}{\partial y} + \frac{\partial \sigma_{i3}}{\partial z} \qquad (2.31)$$

となり，これらを用いると次の小節で見るように，波動方程式が得られる．

横波と縦波

弾性体を伝播する波の種類として，横波と縦波がある．**横波**は波の進行方向に垂直に変位がある場合であり，縦波は変位が進行方向に起こっている場

合である．進行方向を x 軸とし，変位が ξ_2 の横波を考えると $\varepsilon_{21} = (1/2) \partial \xi_2/\partial x$, $\varepsilon_{22} = \varepsilon_{23} = 0$ で，$\sigma_{21} = \mu \, \partial \xi_2/\partial x$ だから，波動方程式は

$$\rho \frac{\partial^2 \xi_2}{\partial t^2} = \frac{\partial}{\partial x}\left(\mu \frac{\partial \xi_2}{\partial x}\right) \tag{2.32}$$

となる．ρ や μ が空間的に一様なら伝播速度を $c = \sqrt{\mu/\rho}$ として，

$$\frac{\partial^2 \xi_2}{\partial t^2} - c^2 \frac{\partial^2 \xi_2}{\partial x^2} = 0 \tag{2.33}$$

という波動方程式が得られる．

波動方程式は必ず $f(x \pm ct)$ の型の解をもつ．いま $\phi = x - ct$ として，$\partial f/\partial t = (df/d\phi)(\partial \phi/\partial t) = c(df/d\phi)$．さらに $\partial^2 f/\partial t^2 = (d^2 f/d\phi^2)(\partial \phi/\partial t) = c^2(d^2 f/d\phi^2)$．同様に $\partial^2 f/\partial x^2 = d^2 f/d\phi^2$ であるから，$f(x-ct)$ は波動方程式を満たす．したがって，波動 f の空間的な形は速度 c で x の正の方向に移動する．また，$f(x+ct)$ は x の負の方向に移動する．

進行方向が x 軸方向の**縦波**については変位は ξ_1 だから，応力は $\sigma_{11} = (\lambda + 2\mu)(\partial \xi_1/\partial x)$, $\sigma_{12} = \sigma_{13} = 0$ であり，

$$\rho \frac{\partial^2 \xi_1}{\partial t^2} = \frac{\partial}{\partial x}\left((\lambda + 2\mu) \frac{\partial \xi_1}{\partial x}\right) \tag{2.34}$$

弾性体が一様なら伝播速度は

$$c = \sqrt{\frac{\lambda + 2\mu}{\rho}} = \sqrt{\frac{K + 4\mu/3}{\rho}} \tag{2.35}$$

となる．このように，縦波の方が横波よりも速く伝わる．地震による振動も縦波が先に到着し，この時間差を使って早期警戒警報が出されている．気体中では $\mu = 0$ なので，ずれによる応力ははたらかず，縦波だけになり，それが音波である．水中の場合にも $\mu = 0$ であるが，摩擦力が類似の作用をする．

波動方程式は，ひずみのエネルギー U と運動エネルギー T を導入して，運動方程式として理解することもできる．ひずみのエネルギーは，棒を全体

的に見た (2.5) と違って，連続体の各位置で生じているひずみの総和であるという観点に立つと次のようになる．

$$U = \frac{1}{2}E\left(\frac{\lambda}{l}\right)^2 Al \;\; \rightarrow \;\; \frac{1}{2}\int E\left(\frac{\partial \xi}{\partial x}\right)^2 dV \tag{2.36}$$

一方，運動エネルギーは $T = \int \rho (\partial \xi/\partial t)^2 dV$ と表せる．したがって，ラグランジュ関数 L の代わりに $L = \int l\, dV$ の関係にあるラグランジュ関数密度 l を導入する．

$$l = \frac{1}{2}\rho\left(\frac{\partial \xi}{\partial t}\right)^2 - \frac{1}{2}E\left(\frac{\partial \xi}{\partial x}\right)^2 \tag{2.37}$$

ラグランジュ関数密度を用いると，次の運動方程式から波動方程式が導かれる．

$$\frac{\partial}{\partial t}\left(\frac{\partial l}{\partial \xi_t}\right) + \frac{\partial}{\partial x}\left(\frac{\partial l}{\partial \xi_x}\right) - \frac{\partial l}{\partial \xi} = 0 \quad \left(\xi_t \equiv \frac{\partial \xi}{\partial t},\; \xi_x \equiv \frac{\partial \xi}{\partial x}\right) \tag{2.38}$$

2.1.5 結合振動子と波動方程式

多数個の質点が互いにバネで結ばれている結合振動子系を考える．この系で（質量を細かく分けて）質点の数を無限個に増やした極限として，連続体の中をひずみが伝播する波動方程式が導かれる．この対応は「ひずみが応力を引き起こす」弾性体の物理的なイメージを描く際に役に立つ．

いま，x 軸の $x_n = nd$, $n = 0, 1, 2, \cdots, N$ の位置に質量 m の粒子がバネで結ばれている結合振り子を考える．x_n にある質点の平衡の位置からのずれを $q(x_n)$ と書くと，運動方程式は

$$m\ddot{q}(x_n) = -\kappa[q(x_n) - q(x_{n-1})] + \kappa[q(x_{n+1}) - q(x_n)] \tag{2.39}$$

$q(x_n) = Q(x_n)\sin(\omega t + \phi)$ のタイプの解を仮定して，これを上式に代入すれば

$$m\omega^2 Q(x_n) = \kappa[2Q(x_n) - Q(x_{n-1}) - Q(x_{n+1})] \tag{2.40}$$

ここで $Q(x_n) = C \sin kx_n$ とおいて, $Q(x_{n+1}) + Q(x_{n-1}) = 2C \sin kx_n \cos kd$ であることを使うと

$$\cos kd = 1 - \frac{m\omega^2}{2\kappa} \tag{2.41}$$

という関係が得られる.

一方, 両端固定という境界条件 $Q(x_0) = 0$, $Q(x_N) = 0$ が満足されねばならない. $Q(x_0) = 0$ は自動的に満たされるが, $Q(x_N) = C \sin kNd = 0$ という条件からは

$$k_\alpha = \frac{\pi\alpha}{Nd} \quad (\alpha = 1, 2, \cdots, N) \tag{2.42}$$

のような波数が選ばれる. 波数 k_α は波動の空間的変動を決めており, そのモードは

$$Q_\alpha(x) = C \sin \frac{\alpha \pi x}{L} \quad (L = Nd) \tag{2.43}$$

である. 空間的変動の波長は $\lambda_\alpha = L/\alpha$ だから, 大きな α のモードは短い波長の波である. このように境界条件から選ばれた波長に対する振動数は

$$m\omega_\alpha^2 = 2\kappa(1 - \cos k_\alpha d) \tag{2.44}$$

から次のように求まる.

$$\omega_\alpha = \sqrt{\frac{4\kappa}{m}} \sin \frac{\pi\alpha}{2N} \tag{2.45}$$

次に, 連続体モデルへの極限を考える. 全体の長さ $L = Nd$ を固定して, 分割の数 N を大きく, 粒子間の間隔 d を小さくする極限を考えてみる. この極限で, 質点系の運動方程式は次のように連続体の波動方程式に変形される.

$$-\kappa d \frac{q(x_n) - q(x_{n-1})}{d} + \kappa d \frac{q(x_{n+1}) - q(x_n)}{d}$$

$$\rightarrow -\kappa d \left(\frac{\partial q}{\partial x}\right)_{x=nd} + \kappa d \left(\frac{\partial q}{\partial x}\right)_{x=(n+1)d} \rightarrow \kappa d^2 \frac{\partial^2 q(x)}{\partial x^2} \tag{2.46}$$

ここで $\kappa d^2/m \to c^2$ と書けば，次のように波動方程式が導かれる．

$$\frac{\partial^2 q}{\partial t^2} = c^2 \frac{\partial^2 q}{\partial x^2} \qquad (2.47)$$

弾性係数 E と κ の関係は，A をバネの断面積として，$\kappa \simeq EA/d$．一方，$m \simeq \rho A d$ だから $\kappa d^2/m = E/\rho$．E の次元はエネルギー密度だから $c^2 = E/\rho$ は速度の 2 乗の次元である．

$Q(x_0) = Q(x_N) = 0$ の境界条件を満たす波動は次のような基準振動である．

$$q_\alpha(t, x) = C \sin \frac{\pi \alpha x}{L} \sin(\omega_\alpha t + \phi) \qquad (\alpha = 1, 2, \cdots, \infty) \quad (2.48)$$

一般の波動は，これらの重ね合わせで表される．

$$U(t, x) = \sum_{\alpha=1}^{\infty} C_\alpha \sin \frac{\pi \alpha x}{L} \sin(\omega_\alpha t + \phi) \qquad (2.49)$$

例 2-4

バネで結ばれた振り子のシステムを考える．図 2.6 のように同じ腕の長さ l の振り子が N 個並んでいて，隣同士がバネで結ばれているとする．この場合の運動方程式は，$\kappa_0 = \sqrt{mg/l}$ と書いて，

$$m \ddot{q}(x_n) = -\kappa_0 \, q(x_n) - \kappa[q(x_n) - q(x_{n-1})] + \kappa[q(x_{n+1}) - q(x_n)] \qquad (2.50)$$

である．ここで前と同じような連続体モデルへの極限をとると，$\Omega^2 = \kappa_0/m$，$\kappa d^2/m \to c^2$ として，次のような波動方程式となる．

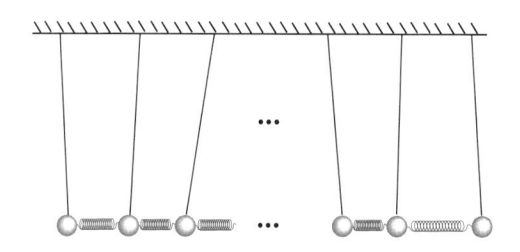

図 2.6 バネで結ばれた振り子

$$\frac{\partial^2 q}{\partial t^2} = -\Omega^2 q + c^2 \frac{\partial^2 q}{\partial x^2} \qquad (2.51)$$

ここで単波長 k の波の振動数 ω は $\omega^2 = \Omega^2 + c^2 k^2$ となる．

2.2 振動と波動

2.2.1 単振動

単一の振動数 ω_0 で振動する運動を**単振動**という．振動の振幅を f と書けば，単振動の方程式は

$$\ddot{f} + \omega_0^2 f = 0 \qquad (2.52)$$

となる．$f(t)$ と $g(t)$ がこの微分方程式の解であれば，$Af(t) + Bg(t)$ も解である．この意味で，この微分方程式は線形微分方程式である．また，単振動の方程式は時間 t について2階微分方程式であるから，その解は初期条件に対応した2つの任意定数を含む．

いま $e^{\Omega t}$ の形の解を求めるために，これを f として方程式に代入すれば $(\Omega^2 + \omega_0^2) e^{\Omega t} = 0$ であるから，$\Omega = \pm i\omega_0$．すなわち，$e^{i\omega_0 t}$ と $e^{-i\omega_0 t}$ の2つの特殊解が見つかり，一般解は2つの定数を含んで

$$f = Ae^{i\omega_0 t} + Be^{-i\omega_0 t} \qquad (2.53)$$

と書き表せる．ここで物理量 f が実数であるならば，$f^* = f$ だから $B = A^*$ という条件が付くので A と B は独立ではない（$*$ は複素共役）．そこで，A を2つの実数 a（振幅）と ϕ（位相）を用いて $A = (a/2)e^{i\phi}$ と書けば

$$f(t) = a\cos(\omega_0 t + \phi) \qquad (2.54)$$

これは2つの任意定数（a と ϕ）を含むから一般解である．この形は $f = Ce^{i\omega_0 t}$ という複素解の実数部分，すなわち

$$f = Ce^{i\phi}e^{i\omega_0 t} = Ce^{i(\omega_0 t + \phi)} = C\cos(\omega_0 t + \phi) + iC\sin(\omega_0 t + \phi) \qquad (2.55)$$

の実数部分をとったと考えてもよい．線形微分方程式の解を計算する場合に

は，計算の途中では複素解で演算して，最後に実数部分をとるという手法を使うと便利である．

2.2.2 減衰振動と強制振動

振動運動の速度に比例する抵抗力（比例定数 λ）がはたらく場合には，運動方程式は次のような減衰振動の方程式

$$\ddot{f} + \lambda \dot{f} + \omega_0^2 f = 0 \tag{2.56}$$

となる．これも線形方程式なので前と同様に $e^{\Omega t}$ の形の解を求めると，今度は $\Omega^2 + \lambda \Omega + \omega_0^2 = 0$ を解いて

$$\Omega = \frac{-\lambda \pm \sqrt{\lambda^2 - 4\omega_0^2}}{2} \tag{2.57}$$

減衰が緩やかな場合は $\omega_0 > \lambda$ であり，一般解は

$$f = Ce^{(-\lambda/2 + i\sqrt{\omega_0^2 - \lambda^2/4})t} \tag{2.58}$$

実数解は $f(t) = |C|e^{-\lambda/2 t}\cos(\sqrt{\omega_0^2 - \lambda^2/4}\, t + \phi)$ のように，振幅が減衰する振動になる．

もし，自由な単振動に外部から強制力 $g(t)$ が加わった場合，運動方程式は次のようになる．

$$\ddot{f} + \lambda \dot{f} + \omega_0^2 f = g(t) \tag{2.59}$$

この微分方程式は線形ではない．この場合には，1つの特解 $S(t)$ と $g(t) = 0$ とした線形方程式での一般解 $G(t)$ との和で完全解は表せる．

2.2.3 共　鳴

外部からの強制力が単一の振動数で振動している場合を考えて $g = Ge^{i\omega t}$ とすれば (2.59) は

$$\ddot{f} + \lambda \dot{f} + \omega_0^2 f = Ge^{i\omega t} \tag{2.60}$$

と表せる．この特解を探すために $S = a_s e^{i\omega t}$ の型の解を仮定して a_s を求めると

2.2 振動と波動

$$a_\mathrm{s} = \frac{G}{(\omega_0^2 - \omega^2) + i\lambda\omega} \tag{2.61}$$

G を実数として，この複素数の実数部 a_r と虚数部 a_i は

$$a_\mathrm{r} = \frac{G(\omega_0^2 - \omega^2)}{(\omega_0^2 - \omega^2)^2 + (\lambda\omega)^2}, \qquad a_\mathrm{i} = -\frac{G\lambda\omega}{(\omega_0^2 - \omega^2)^2 + (\lambda\omega)^2} \tag{2.62}$$

となり，$\cos\alpha = a_\mathrm{r}/\sqrt{a_\mathrm{r}^2 + a_\mathrm{i}^2}, \sin\alpha = -a_\mathrm{i}/\sqrt{a_\mathrm{r}^2 + a_\mathrm{i}^2}$ と書けば $a_\mathrm{s} = \sqrt{a_\mathrm{r}^2 + a_\mathrm{i}^2}$ $(\cos\alpha - i\sin\alpha)$ と書ける．すると特解は

$$S(t) = \sqrt{a_\mathrm{r}^2 + a_\mathrm{i}^2}\, G[\cos\alpha\, e^{i\omega t} + \sin\alpha\, e^{i(\omega t - \pi/2)}] \tag{2.63}$$

これは $g(t)$ と同位相で振幅 a_r で振動し，$g(t)$ と $\pi/2$ だけ位相が遅れた振幅 a_i の振動があるということを表す．

ここで a_r と a_i の変化は図 2.7 のようになる．振動に比べて減衰が緩やかな場合は，両方の振幅とも ω が ω_0 に近ければ大きな値になる．この現象を**共鳴**という．例えば $g(t)$ は様々な ω の重ね合わせだとすると，その中の ω_0 に近い振動に共鳴して ω の振動数で大きく揺さぶられるのである．

ちょうど $\omega = \omega_0$ では位相 $\pi/2$ だけ遅れて $a_\mathrm{s} = |a_\mathrm{i}| = G_{\omega_0}/\omega_0\lambda$．$G$ と f の次元は違っており，強制力による振動の振幅は $\ddot{f}_G = g$ より $f_G = G_{\omega_0}/\omega_0^2$ だから，共鳴での振幅の増幅は

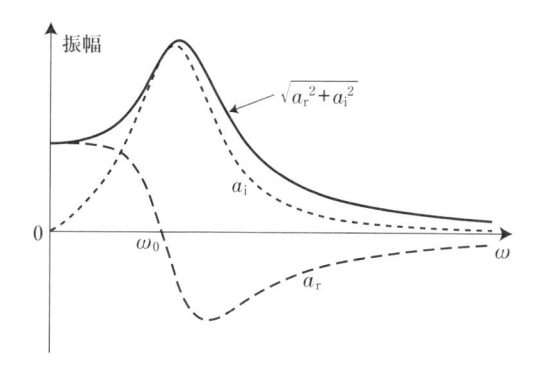

図 2.7 共鳴振動子の振幅．図には実部 a_r，虚部 a_i，和 $\sqrt{a_\mathrm{r}^2 + a_\mathrm{i}^2}$ を示した．

$$\frac{G_{\omega_0}/\omega_0\lambda}{G_{\omega_0}/\omega_0^2} = \frac{\omega_0}{\lambda} \tag{2.64}$$

となり，減衰が緩やか（$\omega_0 \gg \lambda$）なほど，増幅が大きくなることがわかる．

2.2.4　干渉 —うなり・モアレ・定在波—

2つの単振動を重ね合わせると，同位相であれば振幅は足し算になり，反位相（π の整数倍のずれ）では反対符号なので引き算になる．このような重ね合わせによる振幅の変化を振動の**干渉**という．例えば，三角関数の公式 $\sin A + \sin B = 2\sin[(A+B)/2]\cos[(A-B)/2]$ を使えば

$$\sin\omega_1 t + \sin\omega_2 t = 2\sin\left[\frac{1}{2}(\omega_1+\omega_2)t\right]\cos\left[\frac{1}{2}(\omega_1-\omega_2)t\right] \tag{2.65}$$

ここで $\omega_1+\omega_2 \gg |\omega_1-\omega_2|$ であれば，上式は振動数 $(\omega_1+\omega_2)/2$ の速い振動の振幅が振動数 $|\omega_1-\omega_2|/2$ でゆっくりと変動していることになる．音の**うなり**はこのような干渉効果によって起こる．

同じことは空間的にも見られる．すなわち，波数ベクトルを $\boldsymbol{k}_1, \boldsymbol{k}_2$ とすると

$$\sin\boldsymbol{k}_1\cdot\boldsymbol{x} + \sin\boldsymbol{k}_2\cdot\boldsymbol{x} = 2\sin\left[\frac{1}{2}(\boldsymbol{k}_1+\boldsymbol{k}_2)\cdot\boldsymbol{x}\right]\cos\left[\frac{1}{2}(\boldsymbol{k}_1-\boldsymbol{k}_2)\cdot\boldsymbol{x}\right] \tag{2.66}$$

であるから，2つの波数ベクトルがわずかに違うだけであれば，波数ベクトル $\boldsymbol{k}_1-\boldsymbol{k}_2$ に対応した波長の長い新たな空間的なパターンが生み出される．図 2.8 のように縞模様のある透明な板を2つ重ねた際に現れる**モアレ模様**はこの干渉効果によって起こる．

進行方向が逆の2つの波動の重なりを考えると

$$\sin(\omega t - kx) + \sin(\omega t + kx + \alpha) = 2\sin\left(\omega t + \frac{\alpha}{2}\right)\cos\left(kx - \frac{\alpha}{2}\right) \tag{2.67}$$

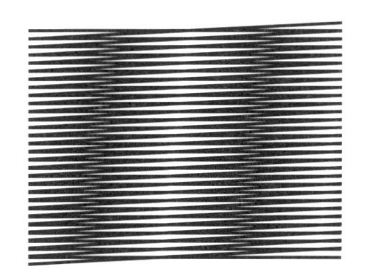

図 2.8 モアレ模様

となる（α は初期位相）．この波動は伝播しないので**定在波**とよばれる．振幅は $x_n = (2\pi n + \alpha)/2k$ の位置でゼロになり，このような点は**ノード**とよばれる．

2.2.5 スペクトル

多数の単振動を重ねることで，時間・空間上の任意の変動を表せることがフーリエ積分論として知られている．単振動 $e^{-i\omega t}$ を振幅 $g(\omega)$ で重ね合わせることで $f(t)$ という時間変動が作られる．あるいは，逆に $f(t)$ から $g(\omega)$ を求めることができる．

$$f(t) = \frac{1}{\sqrt{2\pi}} \int_{-\infty}^{\infty} g(\omega) \, e^{i\omega t} \, dt, \qquad g(\omega) = \frac{1}{\sqrt{2\pi}} \int_{-\infty}^{\infty} f(t) \, e^{-i\omega t} \, dt \tag{2.68}$$

$e^{i\omega t}$ の代わりに空間的な単振動 e^{ikz} を用いると $f(x)$ と $g(k)$ の関係が得られる．

この一般論を次の具体例に適用してみる．いま，有限な時間 τ_0 だけ $e^{i\omega_0 t}$ で振動する波を考える．すなわち，

$$-\frac{\tau_0}{2} < t < \frac{\tau_0}{2} \text{ で } f(t) = e^{i\omega_0 t}, \qquad \text{その他の } t \text{ で } f(t) = 0 \tag{2.69}$$

とする．**フーリエ積分**によって

$$g(\omega) = \frac{1}{\sqrt{2\pi}} \int_{-\infty}^{\infty} f(t)\, e^{-i\omega t}\, dt = \frac{1}{\sqrt{2\pi}} \int_{-\tau_0/2}^{\tau_0/2} e^{i(\omega_0-\omega)t}\, dt$$
$$= \frac{1}{\sqrt{2\pi}} \frac{e^{i(\omega_0-\omega)\tau_0/2} - e^{-i(\omega_0-\omega)\tau_0/2}}{i(\omega_0-\omega)} = \sqrt{\frac{2}{\pi}} \frac{\sin[(\omega_0-\omega)\tau_0/2]}{\omega_0-\omega} \quad (2.70)$$

となる．

波形 $f(t)$ の**フーリエ変換** $g(\omega)$ を用いて**パワー・スペクトル** $G(\omega)$

$$G(\omega) = |g(\omega)|^2 \quad (2.71)$$

が定義される．(2.70) からわかるように $G(\omega)$ は ω_0 でピークをとり，$\omega = \omega_0 \pm 2\pi/\tau_0$ で最初のゼロ点となる．このゼロ点からゼロ点までの幅の半分ぐらいの ω の領域で $G(\omega)$ は大きな値をもつ．したがって，この波は大よそ ω_0 の周りの幅 $\Delta\omega = 2\pi/\tau_0$ の周波数の波を重ねたものと見なせる．すなわち，時間幅 $\Delta t = \tau_0$ と重ねる周波数の幅 $\Delta\omega$ の間には次の関係がある．

$$\Delta t \times \Delta\omega = 2\pi \quad (2.72)$$

無限に続く波，すなわち $\tau_0 \to \infty$ の極限では $\Delta\omega \to 0$ となり，1つの振動数の単振動になる．同様の考察は空間的に有限な長さ l_0 の波 $e^{ik_0 x}$ に対して行うことができて，

$$l_0 \times \Delta k = 2\pi \quad (2.73)$$

となる．このように波の時間的・空間的拡がりとその振動数・波数の拡がりは密接に関係しており，一方を狭めると他方が拡がることになる．

2.2.6 波束

今度は $e^{i(\omega t - kx)}$ という進行波を振動数の微小な幅 $\omega_0 - \Delta\omega/2$ と $\omega_0 + \Delta\omega/2$ の間で均等に重ね合わせた波動 $F(t,x)$ を考えてみる．この際，k と ω の関係（分散関係）が必要になるが，幅が微小であるとして $k(\omega) \simeq k(\omega_0) + (dk/d\omega)(\omega - \omega_0)$ なるテイラー展開を使う．

2.2 振動と波動

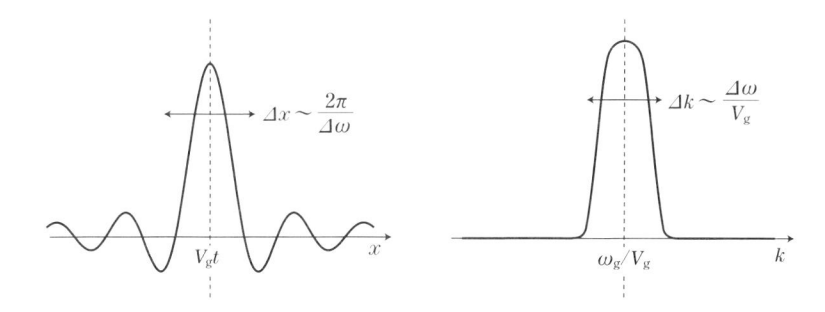

図 2.9 波束と波数空間での拡がり

$$F(t,x) = \int_{\omega_0-\Delta\omega/2}^{\omega_0+\Delta\omega/2} e^{i(\omega t - kx)} d\omega = 2\frac{\sin(\Delta\omega/2)(t-x/V_g)}{t-x/V_g} e^{i(\omega_0 t - k_0 x)} \tag{2.74}$$

ここで

$$k_0 \equiv k(\omega_0), \qquad V_g \equiv \left(\frac{d\omega}{dk}\right)_{\omega_0} \tag{2.75}$$

を定義した．図 2.9 のように，波動 $F(t,x)$ は $x = V_g t$ でピークをとり，大よそ

$$\Delta\omega \times \Delta\left(t - \frac{x}{V_g}\right) = 2\pi$$

で決まる幅 $\Delta(t-x/V_g)$ をもって進行して行くので，**波束**とよばれる．ピークの進行速度は V_g であり，これは波束の**群速度**とよばれる．

$e^{i(\omega t - kx)}$ のような単一の基本波であれば，波動の山（谷）は位相速度 $V_p = \omega/k$ で移動する．これに対して，波束は群速度 $V_g = d\omega/dk$ でピークが移動する．もし位相速度が k によらずに一定であれば，群速度と位相速度は一致する．位相速度が k による場合は "分散がある" とよばれる．例えば例 2-4 や (5.81) での $\omega^2 = \Omega^2 + c^2 k^2$ の場合がそれに当たり，群速度は次のようになる．

$$V_g = \frac{d\omega}{dk} = \frac{c^2 k}{\sqrt{\Omega^2 + c^2 k^2}} = \frac{c^2}{V_p(k)} \tag{2.76}$$

短波長 $k \gg \Omega/c$ では $V_g \simeq c$ である.

2.2.7 回折

図 2.10 のように z 方向に進む波動 Ce^{ikz} と波の進行方向に垂直に置かれた遮蔽板を考える.遮蔽板には穴 S が開いていて,波の一部はそこを通過して遮蔽板の背後のスクリーンに進む.遮蔽板上の水平方向に x 軸,鉛直方向に y 軸をとる.穴の中のある点 A から背後のある点 P までの距離を r_{AP} と書けば,点 P での波の振幅は

$$U_P = C \int_S e^{ikr_{AP}} \, dx \, dy \tag{2.77}$$

と書ける.ここで積分は穴 S の部分について行う.穴の各点からの波の重ね合わせとして点 P の波動が決まるからである.

いま簡単のために,穴 S からスクリーンまでの水平方向(x 軸)の長さ D

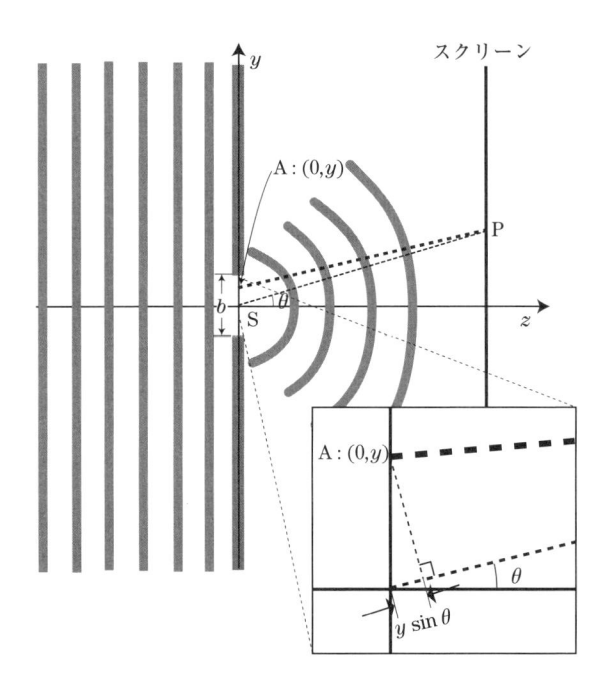

図 2.10 単スリットを通過する平面波

は十分長いとする．鉛直方向（y軸）は $y=-b/2$ から $y=b/2$ までの幅が b のスリットであるとする．スリットの $y=0$ から点Pまでの距離を r_0 とすると，スリット上の点 $(0, y)$ から点Pまでの距離は，図のように，

$$r_{\mathrm{AP}} = r_0 + y\sin\theta \tag{2.78}$$

となる．ここで θ は点 $(0,0)$ から点Pに向かう方向と z 軸の成す角度である．この場合の（2.77）の積分は次のようになる．

$$\begin{aligned}U_{\mathrm{P}} &= Ce^{ikr_0}\int_{-b/2}^{b/2} e^{iky\sin\theta}D\,dy\\ &= 2Ce^{ikr_0}D\frac{\sin(kb\sin\theta/2)}{k\sin\theta} = C'\frac{\sin\beta}{\beta}\end{aligned} \tag{2.79}$$

ここで，$\beta = kb\sin\theta/2$, $C' = bCDe^{ikr_0}$ である．

また，点Pでの強度 I_{P} は振幅の絶対値の2乗で与えられるから

$$I_{\mathrm{P}} = |C'|^2\left(\frac{\sin\beta}{\beta}\right)^2 \tag{2.80}$$

これは $\beta = 0$ でピークをとり，$\beta = \pm\pi$ で最初にゼロとなる．すなわち，

$$\sin\theta = \pm\frac{2\pi}{kb} = \pm\frac{\lambda}{b} \tag{2.81}$$

で決まる角度 θ の方向まで強度のピークが拡がることを意味する．このような，波長に比べて無視できないような有限の大きさの穴を波が通過する際には，波の進行方向が拡がるのである．この効果は**回折**とよばれる．$\lambda \ll b$ であれば（2.81）で決まる角度の拡がりは $\theta \to 0$ となるから，回折効果は無視できる．

いま，波動が光の波であるとする．平面波の入射光が遮蔽板のスリットを通過して，その後方の距離 L のところにあるスクリーンに当たるとする．b が λ に比べて十分大きければ，$\tan\theta \sim \theta \sim \sin\theta$ であるから，スリットを通過した光はスクリーン上では幅が約 $\Delta y = L\tan\theta \sim L\theta \sim L\lambda/b$ だけ回折の効果で拡がる．ここで y はスクリーン上の y 座標である．

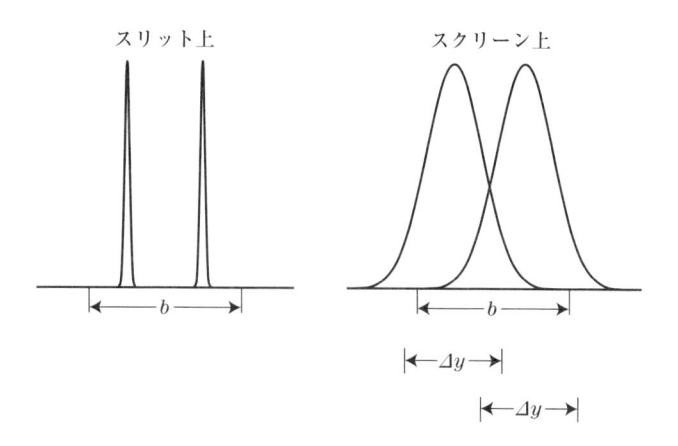

図 2.11　スリット幅と回折幅

　望遠鏡などの光学装置では，レンズや鏡で平面波の一部分を切り出すことを行う．このため，レンズや鏡の有限の大きさ b のために回折効果が避けられず，光線の直進性が保証されなくなる．回折の効果が小さいという条件は $b \gg \Delta y$ であるから，

$$b \gg \sqrt{L\lambda} \tag{2.82}$$

となる．長さ L の望遠鏡では口径 b の大きさのレンズや鏡が必要になる．

　ここに述べた議論は，一般に波の進行を遮るものによってその進行が受ける影響を推定する手がかりを与える．例えば，光線では遮蔽物の影がくっきりできて遮蔽物の背後に光波は回り込まないが，音の場合は遮蔽物の背後にも音波は達する．

　これは音の波長が光の波長に比べて非常に長いために，音波では回折効果が無視できなくなるからである．ちなみに，人間に可聴な音の空気中での波長は数十 cm から数 m，人間に可視の光の波長は $0.3 \sim 0.8\,\mu\mathrm{m}$ であるから，音の波長は光の波長の百万倍も大きい．

2.2.8 二重スリット干渉

今度は遮蔽板に 2 つのスリットが開いていて，そこから漏れた光がスクリーン上に像を結ぶ現象を考える．各スリットの幅を b，2 つのスリットの間隔を h とする．(2.77) に対応する積分は，この場合は次のようになる．

$$U_\mathrm{P} = CDe^{ikr_0}\left(\int_{-h/2-b/2}^{-h/2+b/2} e^{iky\sin\theta}\,dy + \int_{h/2-b/2}^{h/2+b/2} e^{iky\sin\theta}\,dy\right)$$
$$= C'\cos\alpha\frac{\sin\beta}{\beta} \qquad (2.83)$$

ここで $C' = 2bCDe^{ikr_0}$, $\alpha = kh\sin\theta/2$, $\beta = kb\sin\theta/2$ である．また，強度分布は

$$I_\mathrm{P} = |C'|^2\cos^2\alpha\left(\frac{\sin\beta}{\beta}\right)^2 \qquad (2.84)$$

となる．

L が十分大きく，$\sin\theta \sim \theta$ の場合には，スクリーン上の y 座標は $y \sim \theta L$ だから，I_P は $y = 0$ を中心とした幅 $2L\lambda/b$ の広い山の中に，幅 $L\lambda/h$ の縞模様の干渉縞が現れる．この縞模様の発見が光の波動説につながった．

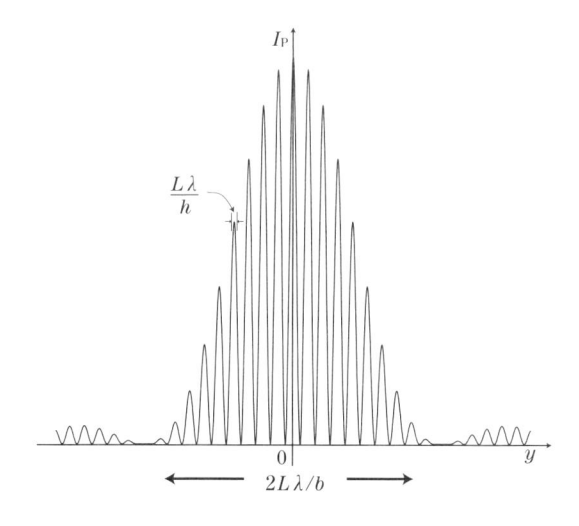

図 2.12 二重スリットの干渉

2.3 流体

弾性体の力学では連続体のある部分に生じたわずかなひずみが波動として移動するだけであったが，連続体が気体や液体の場合には，物体自体が移動する流れが生ずる．また，弾性体と異なって，こうした物体ではずれの応力(せん断応力)は無視できて，体積要素には表面に垂直な応力のみがはたらく．このような性質をもつ連続体を**流体**という．

流体のある体積要素の面にはたらく垂直応力は $\sigma_{ii} = -P$（P は圧力）であり，体積要素が受ける力は両面からの応力の差だから (2.28) より次のようになる．

$$\boldsymbol{F}_P = -\sum_{i=1}^{3} \frac{\partial P}{\partial x_i} \boldsymbol{e}_i \, \Delta V = -\nabla P \, \Delta V \tag{2.85}$$

さらに，この体積要素が重力場の中にあれば，その体積要素の質量は重力を受けるので

$$\boldsymbol{F}_g = -(\rho \, \Delta V) \, \nabla U \tag{2.86}$$

の力をさらに受ける．ここで U は重力ポテンシャルである．これら2つの力がつり合っていれば

$$\nabla P = -\rho \, \nabla U \tag{2.87}$$

である．このようなつり合いを**静水圧平衡**という．

流体の運動を記述するにはラグランジュ的とオイラー的の2つの流儀がある．ラグランジュ的とは，微小な同じ物質要素に着目した物理量を追う流儀である．例えば，この見方では同じ質量を含む体積要素は時間的に移動して変化する．体積要素を ΔV とすれば，そこに含まれる質量は保存するから

$$D\rho \, \Delta V = \rho(t + \delta t, \boldsymbol{x} + \boldsymbol{v}\,\delta t) \, \Delta V(t + \delta t) - \rho(t, \boldsymbol{x}) \, \Delta V(t) = 0 \tag{2.88}$$

である．

まず，密度の変化は

2.3 流 体

$$\rho(t+\delta t, \boldsymbol{x}+\boldsymbol{v}\delta t) - \rho(t, \boldsymbol{x}) \simeq \left(\frac{\partial \rho}{\partial t} + \boldsymbol{v}\cdot\nabla\rho\right)\delta t \qquad (2.89)$$

次に,体積要素の変化は (2.21) より $\delta\Delta V/\Delta V = \theta$ で与えられ,いまの場合は $\xi_i = v_i \delta t$ であるから,(2.22) より

$$\theta = \frac{\partial v_x \delta t}{\partial x} + \frac{\partial v_y \delta t}{\partial y} + \frac{\partial v_z \delta t}{\partial z} = \delta t\, \nabla\cdot\boldsymbol{v} \qquad (2.90)$$

となる.これらを用いると,微小量 δt の 1 次までの近似で,(2.89) は

$$\left(\frac{\partial \rho}{\partial t} + \boldsymbol{v}\cdot\nabla\rho + \rho\,\nabla\cdot\boldsymbol{v}\right)\Delta V\,\delta t = \left[\frac{\partial \rho}{\partial t} + \nabla(\rho\boldsymbol{v})\right]\Delta V\,\delta t = 0 \qquad (2.91)$$

となる.こうして,次の連続の方程式が導かれる.

$$\frac{\partial \rho}{\partial t} + \nabla\cdot(\rho\boldsymbol{v}) = 0 \qquad (2.92)$$

オイラー的な流儀では,空間に固定した体積要素の物理量の変動を記述する.例えば,体積要素内の質量変化は体積要素表面での物質流で決まるから,$\rho\boldsymbol{v}$ の体積要素表面についての面積積分で与えられる.すなわち,表面から外向きの垂直の単位ベクトルを $\boldsymbol{n}$ とすれば,

$$\int_V \frac{\partial \rho}{\partial t}\,dV = -\int_A \rho\boldsymbol{v}\cdot\boldsymbol{n}\,dA \qquad (2.93)$$

ここでガウスの定理を使えば連続の式 (2.92) が導ける.ガウスの定理とは次章の電磁気学の 3.1.2 項で解説される式 (3.3) である.

今度は物理量として 物質流 = 運動量密度 を考えると,これの変化は力であるから

$$\frac{D\rho\boldsymbol{v}}{\partial t}\,\Delta V = \boldsymbol{F}\,\Delta V \qquad (2.94)$$

左辺をオイラー的な流儀で書けば

$$\frac{\partial(\rho\boldsymbol{v})}{\partial t} + \boldsymbol{v}\cdot\nabla(\rho\boldsymbol{v}) = \boldsymbol{F} \tag{2.95}$$

地上の流体の運動では力は圧力と重力であり，

$$\boldsymbol{F} = -\nabla(P + \rho g z) \tag{2.96}$$

ここで重力の鉛直方向を z 軸にとってある．水のような液体の流れでは密度は一定であり，連続の式から $\dot{\rho} = 0$ なら $\nabla\cdot\boldsymbol{v} = 0$ である．この場合は**非圧縮性の流体**とよばれる．

2.3.1 ベルヌーイの定理

非圧縮性で時間的に変動しない定常流を考えよう．この場合，$D\rho/\partial t = 0$，$\partial \boldsymbol{v}/\partial t = 0$ である．またベクトル演算の公式からは，一般には $D\boldsymbol{v}/\partial t = \boldsymbol{v}\cdot\nabla\boldsymbol{v} = \nabla v^2/2 + \boldsymbol{v}\times(\nabla\times\boldsymbol{v})$ であるが，渦なしの場合 $\nabla\times\boldsymbol{v} = 0$ を考えれば，運動方程式を積分系で

$$\int_{\Delta A} \nabla\left(\rho\frac{1}{2}v^2 + \rho g z + P\right)\cdot d\boldsymbol{S} = 0 \tag{2.97}$$

と書ける．

ここで，この定常流れに沿った流管を考えると，流管の管壁に沿った面積積分はゼロであり，面積積分は切り口についての積分だけとなり，流れに沿って次の保存則が成り立つことがわかる．

$$\frac{1}{2}\rho v^2 + \rho g z + P = 一定 \tag{2.98}$$

これは**ベルヌーイの定理**とよばれ，［運動エネルギー］＋［位置エネルギー］＋［圧力］＝ 一定 という保存則を表していると解釈できる．

圧力と運動

高い圧力で容器に閉じ込められた気体は，容器に穴が開くと噴出する．容器に比べて穴が小さければ，噴出し始めてしばらくの間はほぼ定常的な噴出が続く．容器内の圧力 P_0 はゆっくり低下するとし，穴の外の圧力を P_1，

噴出速度を v とすれば，ベルヌーイの定理から $P_0 = P_1 + \rho v^2/2$ であり，

$$v = \sqrt{\frac{2(P_0 - P_1)}{\rho}} \tag{2.99}$$

となる．内部の圧力の変化がゆっくりであれば，噴出速度 v は各時刻での圧力差で決まる．

また，流れの中に障害物を置いて流れの一部をせき止めると，障害物は大きな圧力を感じる．障害物によって定常的な流れのパターンが変わり，流れが止まる よどみ点が現れる．この場合も (2.98) が成り立っており，圧力の増加は $\Delta P = P_0 - P_1 = \rho v^2/2$ となる．この原理を使って圧力差から流速を測定する装置が**ピトー管**である．

トリチェリの定理

上の場合は平均して重力エネルギーが変わらない場合であったが，図 2.13 のように縦長の水槽の下部の穴から水が噴出する場合には，(2.98) から

$$\frac{P_A}{\rho} + gz_A + \frac{1}{2}v_A^2 = \frac{P_B}{\rho} + gz_B + \frac{1}{2}v_B^2 \tag{2.100}$$

が成り立つ．穴に比べて水槽の断面積が大きければ噴出する水の速度は近似的に定常であるから，$v_A \approx 0$，$P_A \approx P_B$ であり，$h = z_A - z_B$ と書いて，$v_B = \sqrt{2gh}$ となる．また，この噴出の反作用で水槽は横方向に $\rho v^2 A$ の力を受ける．A は穴の断面積である．

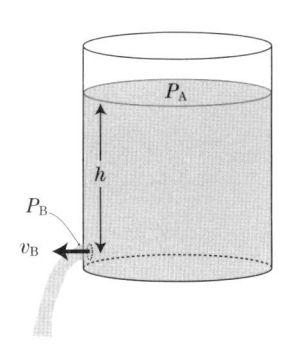

図 **2.13** トリチェリの実験

2.3.2 粘 性

現実の流れの現象は**粘性**の効果を入れないと理解できないものが多い．粘性は滑りから生じる摩擦である．例えば，管の中を流れる水流を考えると管に接触する水は管壁を滑って動くから，管壁から摩擦を受けて管壁に近い部分の流速は減速する．この効果は水の内部摩擦の効果で管壁から離れた部分にも及ぶ．内部摩擦が大きい極限では流体には滑りがないから剛体のように一体となって動くことしかできなくなり，また弱い極限を考えるとどんなに大きな速度勾配があってもサラサラと違った速度で流れることができるようになる．現実の流体はこの中間であって，有限の長さの速度勾配のある層（境界層）を挟んで速度の違う流れが共存できている．

粘性は流体が熱運動している分子の集団であることに原因がある．熱運動のために，平均的な流れから逸脱して他の場所に移動する分子があり，この移動で運動量が輸送されるので粘性による力が生じるのである（8.5節を参照）．例えば，流体の x 方向の速度 $V_x(y)$ に速度勾配 dV_x/dy があれば，粘性係数を η として，xz 平面の面積 A 当たり $\eta A(dV_x/dy)$ の力を受ける．体積要素の両面からこの力を受けるから，体積要素にはたらく**粘性力**は $\eta\, d^2V_x/dy^2$ となる．一般には粘性力は

$$\boldsymbol{F}_v = \eta\, \nabla^2 \boldsymbol{v} \tag{2.101}$$

となる．この粘性力を加えると運動方程式は

$$\frac{\partial \rho \boldsymbol{v}}{\partial t} + \boldsymbol{v}\cdot\nabla \rho \boldsymbol{v} = \boldsymbol{F} + \boldsymbol{F}_v \tag{2.102}$$

のようになる．これは**ナヴィエ-ストークス方程式**とよばれる．なお，粘性が無視できる場合を**完全流体**という．

流れの中に置かれた物体の周囲では，流れは物体を迂回するように変化している．川の流れの中に立つ杭のように，いま円柱を流れに垂直に置いたとする．完全流体の定常流では，上流側と下流側で流れは対称になる．（このことは定常の際のナヴィエ-ストークス方程式が $\boldsymbol{v}$ の符号によらないこと

からわかる．）圧力も上流側，下流側で同じであって，力はつり合っている．したがって，物体は流れの中でも一切力を受けないという現実に合わない結論になる．これを**ダランベールのパラドックス**という．この議論は，完全流体の仮説が正しくなく，粘性の効果が無視できないことを教えている．

2.3.3 雨粒の落下

粘性を考慮した理論によると，例えば半径 a の球が流れ V の中に置かれた場合の粘性力は

$$f = 6\pi a \eta V \tag{2.103}$$

という**ストークスの法則**で与えられる．いま，重力中をこの粘性力を受けて落下する半径 a の球を考えると，運動方程式は

$$m\frac{d^2z}{dt^2} = -mg + 6\pi a\eta \frac{dz}{dt} \tag{2.104}$$

雨粒の落下速度を V とすれば鉛直上向きを正として $V = -dz/dt$ となるので，(2.104) は

$$\frac{dV}{dt} = -\lambda(V - V_s) \quad \left(\lambda = \frac{6\pi a\eta}{m},\ V_s = \frac{mg}{6\eta a} = \frac{2\pi a^2 \rho g}{9\eta}\right) \tag{2.105}$$

となる．ただし V_s の最後の形には，落下体の物質密度を ρ として，$m = 4\pi \rho a^3/3$ を使った．この運動方程式から，落下速度は $V = V_s(1 - e^{-\lambda t})$ となり，一定速度 V_s で落下するようになることを示している．V_s は**終端速度**とよばれる．

空気中での雨粒の落下は，このような重力と空気による抵抗力を受けての運動である．水の密度を ρ，地上の重力加速度を g，空気の粘性を η とすると

$$V_s = 1.2\left(\frac{a}{10[\mu m]}\right)^2 [\text{cm/s}] \tag{2.106}$$

となり，雲を形作っている雲粒のサイズが $a = 10[\mu m]$ ぐらいであり，落下

はほとんどしないことを意味している．一方，これらが合体して半径が大きくなると落下速度は大きくなる．これが降雨の際の雨粒落下である．雨粒の a は 0.1 mm から 1 mm である．ただし，大きな雨粒の落下では乱流粘性に変わるので上式はこのままでは使えなくなる．

典型的な数百 μm の雨粒の場合，ストークスの法則の抵抗での終端速度は約 5 m/s であり，3000 m の上空から落下するのに約 10 分かかる．もし真空中の自由落下であるならば，地上には，24.7 s で，242 m/s の速度で達する．

2.3.4 音の伝播

流体ではずれによる応力がないから横波は存在せず，縦波のみとなり，**音波**とよばれる．縦波の方程式 (2.34) は「応力」が「ひずみ」に比例するというフックの法則から導かれたが，次のように流体の運動方程式からも導くことができる．

密度と圧力が一定な部分 ρ_0, P_0 に微小な変動が加わり，$\rho = \rho_0 + \delta\rho(\boldsymbol{x},t)$，$P = P_0 + \delta P(\boldsymbol{x},t)$ となっているとする．速度は微小な変動 $\boldsymbol{v}$ 部分だけである．このとき，連続の方程式とナヴィエ-ストークス方程式は各々

$$\dot{\delta\rho} + \rho_0 \nabla \cdot \boldsymbol{v} = 0, \quad \rho_0 \dot{\boldsymbol{v}} = -\nabla \delta P \qquad (2.107)$$

となる．前の方程式の時間微分をとり，後の方程式の ∇ をとれば

$$\ddot{\delta\rho} + \rho_0 \nabla \cdot \dot{\boldsymbol{v}} = 0, \quad \rho_0 \nabla \cdot \dot{\boldsymbol{v}} = -\nabla^2 \delta P \qquad (2.108)$$

となり，$\rho_0 \nabla \cdot \dot{\boldsymbol{v}}$ を消去すれば

$$\ddot{\delta\rho} - \nabla^2 \delta P = 0 \qquad (2.109)$$

ここで $\delta\rho$ と δP の関係は，第 7 章で見るように，媒質の状態方程式 $P(\rho, T)$ と熱的状態の変化の仕方で決まる．

δP と $\delta\rho$ の関係を知るには，温度 T がこの変動でどう密度に依存するかを知らねばならない．これは「状態の変化」の問題であるが，ここで断熱変化を仮定すれば，(7.42) より $P = A\rho^\gamma$ (A は比例定数) である（定まった物質量では，$V \propto 1/\rho$，$T \propto P/\rho$）．両辺の対数をとって変分をとれば

2.3 流体

$$\frac{\delta P}{P_0} = \gamma \frac{\delta \rho}{\rho_0} \tag{2.110}$$

したがって，上式は

$$\ddot{\delta\rho} - \left(\gamma \frac{P_0}{\rho_0}\right)\nabla^2 \delta\rho = 0 \tag{2.111}$$

という波動方程式となる．音速 c_s とよばれる伝播速度は

$$c_\mathrm{s} = \sqrt{\gamma \frac{P_0}{\rho_0}} \tag{2.112}$$

となる．

2.3.5 渦と乱流

速度場 $\boldsymbol{v}(x,y,z)$ の $\boldsymbol{\omega} \equiv \nabla \times \boldsymbol{v}$ を**渦度**という．いま，ある点の周りに $\boldsymbol{\Omega}$ の角速度の渦があれば速度場は近傍では $\boldsymbol{v} = \boldsymbol{\Omega} \times \boldsymbol{r}$ となるが，この渦度は $\boldsymbol{\omega} = 2\boldsymbol{\Omega}$ となる．ここでベクトル解析の**ストークスの法則**（第Ⅱ部の (4.15)）を用いると

$$\int_S \nabla \times \boldsymbol{v} \cdot d\boldsymbol{S} = \int_C \boldsymbol{v} \cdot d\boldsymbol{s} \equiv \Gamma \tag{2.113}$$

すなわち，渦度の面積分はその面 S を取り囲む境界線 C についての線積分に等しく，この線積分 Γ は**循環**とよばれる．渦があれば循環はゼロでない．そして，完全流体では，

$$\frac{d\Gamma}{dt} = \oint_C \frac{d\boldsymbol{v}}{dt} \cdot d\boldsymbol{s} + \oint_C \boldsymbol{v} \cdot d\boldsymbol{v} = -\oint_C \nabla(U+P) \cdot d\boldsymbol{s} + \oint_C \frac{1}{2} d\boldsymbol{v}^2 = 0 \tag{2.114}$$

であり，循環は時間的に変化しない．すなわち，完全流体では渦の生成・消滅は起こらない．しかし，現実の流れでは障害物の下流には渦が発生する．障害物の大きさ a，流れの速さ V で定義される**レイノルズ数** $R_e = \rho V a/\eta$ が小さいと渦はないが，R_e が大きくなると，まず規則的な渦の模様（**カルマン**

渦列）が現れ，さらに大きくなると様々なサイズの渦が不規則に現れる乱流状態になる．こうした現象は粘性の効果で初めて説明される．

2.3.6 揚 力

　飛行機が水平方向の運動によって垂直方向の重力に打ち勝って，**揚力**を空気から得るのは不思議である．飛行機はもちろん空気の存在によって浮上している．空気が持っている力は圧力である．だから，飛行機が上から及ぼされる空気の圧力が下からの圧力より小さければ飛行機の重量を支えることができる．いま，支えるに必要な圧力差を推定してみよう．

　ジャンボ旅客機の主翼の面積 A は約 500 m^2，重量 M は約 300 トンである．一方，空気による上からの圧力 $P_上$ と下からの圧力 $P_下$ の差 $\Delta P = P_下 - P_上$ と航行機にはたらく重力がつり合う条件は $A\Delta P = Mg$ だから

$$\Delta P = \frac{Mg}{A} = \frac{300 \times 10^3 \times 9.8}{500} = 5880 [\text{kg/m}^2] \quad (2.115)$$

となる．一方，1 気圧を水銀柱 76 cm の圧力として推定すると，水銀の密度 (13.6×10^3 kg/m^3) から

$$1\,\text{気圧} = 0.76 \times 13.6 \times 10^3 \times 9.8 = 1.013 \times 10^5 [\text{N/m}^2] \quad (2.116)$$

ここで N は力の単位である「ニュートン」である．圧力の単位は 1 N/m^2 が 1 Pa（パスカル）であり，SI 単位系では 10^2 を「ヘクト」と表現するので，天気予報で聞くように，1 気圧は 1013 ヘクト・パスカルと表現される．毎日の気圧はこの前後で変動する．

　この気圧単位で表すと，ジャンボ旅客機を持ち上げる圧力差はたったの 0.058 気圧となる．わずかな気圧差で巨大な力を生むのである．圧力差を生む原因として考えられるのはベルヌーイの定理である．いま翼の上下による重力による高低差は無視できるから，ベルヌーイの定理は

図 2.14 翼の周りの渦と揚力

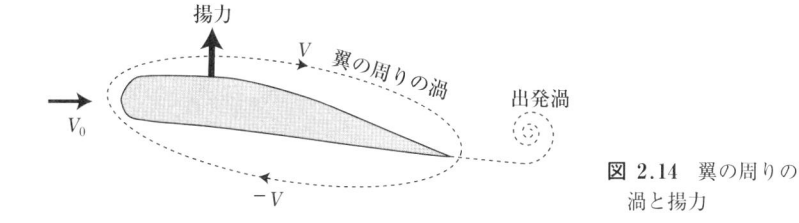

$$\frac{1}{2}\rho v^2 + P = 一定 \tag{2.117}$$

であるから，翼の上と下で空気の速度に差があれば圧力差が生じ得る．すなわち，

$$v_\text{上}^2 - v_\text{下}^2 = \frac{P_\text{下} - P_\text{上}}{\rho}$$
$$= \frac{\Delta P}{P}\frac{P}{\rho} \tag{2.118}$$

となる．

ここから先は定性的議論になるが，翼の上下での速度差は，翼を取り囲む渦ができることで生ずるのである．渦の回転の速度を V とすると，水平飛行の速度が V_0 であれば，翼の上で $V_0 + V$，下で $V_0 - V$ となり，速度差が発生する．すなわち，循環 Γ が翼の周りに発生するのであるが，全循環はゼロだから翼の周りの循環と反対向きの循環が対で生ずるはずである．この循環は飛行機の発進地点に**出発渦**として残ることが知られている．

■ 章末問題

問題1 図のように同じ太さの針金3本の接合点に W の錘が吊るされている．中央の針金の元の長さを l として，伸びはいくらか．ただし，両側の針金のヤング率は E_1 で，中央のは E とする．

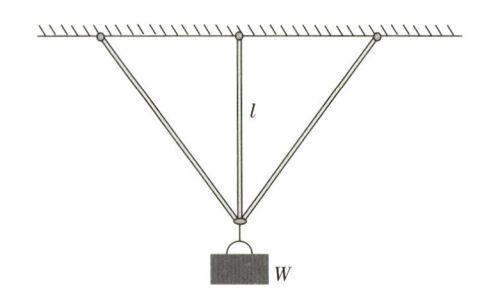

問題 2 断面積 S, 長さ l のひもの一方の端 A は固定されており, 他の端 B には質量 m が付いている. 質量 m を端 A に持ってきて, 落下させたとする. ひもが解けたところでひもに大きな力がかかって「引っ張りの強さ」T 以上だと, ひもは切れてしまう. しかし, ひもの材質が柔軟だと, ひもが伸びることで力が緩和されてひもは切れない. ひもが切れないためのヤング率に対する制限を求めよ.

問題 3 張力 T, 線密度 μ の弦において, 弦に垂直な方向に微小振動する横波の伝播速度 c は

$$c = \sqrt{\frac{T}{\mu}}$$

であることを示せ. 次に, 錘にはたらいている重力により弦に張力が生じているとし, 錘は重量 3.6 kg, 弦の密度 7.8 g/cm^3, 断面積は円形で半径 0.8 mm, の場合の伝播速度を求めよ.

問題 4 両端が押さえられた長さ l の弦の振動数は, n を整数として, 定在波の波長が $l = (\lambda/2)n$ に限られる. したがって, 伝播速度を v として振動数は

$$f_n = \frac{nv}{2l}$$

と与えられる. いま, 弦にかかる張力が 430 N (ニュートン), 242 N, 155 N のときに, 弦の振動は固有の振動数の音叉と共鳴した. $n = 1$ の振動を起こすには張力をいくらにすればよいか求めよ.

問題 5 単振動の運動エネルギーとポテンシャルエネルギーの 1 周期の時間平均は等しいことを示せ.

問題 6 進行波 $F(x - vt) = a \sin^2[2\pi(x - vt)/\lambda]$ とその反射波が重なってできる定在波の波長は $\lambda/2$ となることを示せ.

問題 7 次のような 2 つの別方向に進む波の干渉を考える.

$$\xi_1(x, y, t) = \frac{1}{2}Ae^{i(\kappa_1 \cdot r - \omega t)}, \quad \xi_2(x, y, t) = \frac{1}{2}Ae^{i(\kappa_2 \cdot r - \omega t)}$$

波数ベクトルは $\kappa_1(\kappa_x, \kappa_y)$, $\kappa_2(\kappa_x, -\kappa_y)$ であり,波動方程式から $\omega^2/c_m^2 = \kappa^2 = \kappa_x^2 + \kappa_y^2$, 重ね合わせられた波動は

$$\xi_1 + \xi_2 = A \cos \kappa_y y \, e^{i(\kappa_x x - \omega t)}$$

となることを示せ.なお,この波は y 方向に定在波となり,x 方向への進行波の速度は c_m より速くなる.

問題 8 断面積 S が変化する棒の中を伝播する音波を考える.棒の方向の変位を ξ と書くと,x と $x + \Delta x$ の間にはたらく力は $F(x) = S(x)(\lambda + 2\mu)(\partial \xi/\partial x)$ だから,運動方程式は

$$S(x)\rho_0 \Delta x \frac{\partial^2 \xi}{\partial t^2} = F(x + \Delta x) - F(x) \simeq \frac{\partial F}{\partial x}\Delta x$$

すなわち,波動方程式は次のように変わる.

$$\frac{\partial^2 \xi}{\partial x^2} + \frac{d \ln S}{dx}\frac{\partial \xi}{\partial x} = \frac{1}{c^2}\frac{\partial^2 \xi}{\partial t^2}$$

$S(x) = S_0 e^{2\alpha x}$ の場合,上の波動方程式の解は次のようになることを示せ.

$$\xi(x, t) = Ae^{-\alpha x}e^{i(\kappa x - \omega t)} + Be^{-\alpha x}e^{i(-\kappa x - \omega t)}$$

ここで $\kappa = \sqrt{\kappa_0^2 - \alpha^2}$ である.x 方向に進む場合は振幅が減衰し,$-x$ 方向に進む場合は振幅が増幅される.

問題 9 壁の粘性のある管を流れる水量は管の両端の圧力差に比例する(ポワズイユの法則)ことを用いて次の問題を解け.断面積が A_1 と A_2 の水槽が底の方で管で結ばれている.いま A_1 の方の水槽に高さ h_0 の水が入っており,A_2 の方は空であったとする.$t = 0$ で両者を結んでいた管の栓を開いて水が A_1 から A_2 に流れ出した.A_2 での水位の変化 $h_2(t)$ を求めよ.

問題 10 音は圧力 P の空気の微小な振動であり,その振幅を δP とする.空気の圧力は約 10^5 Pa であるが,人間に可聴な最小強度は 4 kHz 付近で $\delta P_m = 0.00002$ [Pa] である.音の強度を表す単位 dB(デシベル)は

$$X[\text{dB}] = 20 \times \log_{10}\frac{\delta P}{\delta P_m}$$

で与えられ,会話の音(1 m の間隔)で 60 db,地下鉄内で 90 dB である.各々の場合の δP を求めよ.

II
電磁場の力学

第3章　静電場

　第Ⅱ部では，電気と磁気について学ぶ．電気や磁気というと何を連想するであろうか．おそらく携帯電話，テレビ，パソコン，炊飯器，冷蔵庫といった家電製品が真っ先に思い浮かぶのではないだろうか．実際，これら現代の生活を便利にしてくれるものはすべからく電気や磁気（以下，**電磁気**）の助けを借りて動作する．しかしながら，電磁気は家電製品の中でのみはたらいているのではない．むしろ，われわれの身の周りの物質そのものが電磁気の力によって支配されているといえる．原子で構成されたすべての物質がバラバラにならずに結び付けられている力も，人がかばんを持ち上げる力も，すべてその源は電磁気力である．地上で起こる身近な現象の原因を突き詰めていくと，すべて電磁気力に辿り着くのである．[1]

　さて，電気の力と磁気の力がひとまとめになって「電磁気学」という理論体系になっているのには訳がある．これは第Ⅱ部の最後の第6章で，相対性理論との関係の中で明らかになるが，理論的には電気と磁気を分けて考えるのはあまり意味がなく，同じ力の異なった2つの側面を見ているに過ぎないという言い方ができる．しかし，いきなりそのような統一的取り扱いに進むのは，初学者にとってあまりやさしい方法ではないので，ここでは伝統的な方法に従って，まずこの第3章で電気，第4章で磁気について順に述べ，その後，第5章で電気と磁気の関係，時間的に変動する電磁場について述べる．そして最後の第6章では，電磁場が分ち難い1つの場であることを相対性理論との関係の中で述べていくことにする．

3.1　電荷

3.1.1　物質と原子・原子核・電子

　電気の力は磁気の力に比べて，実はあまり身近ではないが，最も単純な例としては「静電気」が挙げられる．乾燥した日にプラスチックの下敷きで髪をこすってみると，下敷きに髪の毛がくっ付いてくる，あの力のことである．

---

[1] 唯一の例外は，地球と地上の物体の間にはたらく重力である．さらに，非日常的な原子核の極微の世界では「強い力」や「弱い力」が重要になることが知られている．

3.1 電荷

われわれ人間のスケールで見ると，何とも大したことのない力のように思えるが，実はこの力が原子を結び付け，身の周りの物体がバラバラにならないことを保証しているのである．

電気の力（電気力）の説明をするために，本書では最初からミクロの世界に進む．電気によってはたらく力は，**電荷**という物理量によって生み出される．この電荷は，原子の中の，**電子**と**原子核**に付随して存在している．電子は大きさが**素電荷** e（自然対数ではないので注意）の負の電荷をもっている．原子核はいくつかの**陽子**と**中性子**から成り立っているが，陽子は電子と逆符号で同じ大きさの電荷 e をもち，中性子は電荷をもっていない．したがって，陽子の数を Z 個とすると，原子核の電荷は Ze となる．電荷の単位については 3.1.3 項で述べる．

普通，原子は 1 つの原子核と Z 個の電子から成り立っているので，全体としては電荷は ± 0 になっており，中性を保っている．プラスチックの下敷きをこするとバチバチと静電気が現れるのは，表面の原子の中の電子が摩擦によってはぎとられたために，接触した面の双方が帯電し，電荷の作る電気の力があからさまになるからである．

3.1.2 電荷の保存と電流

電子や陽子に付随する電荷という物理量は，消えることはない．これを**電荷の保存則**という．この節ではこれを定式化しよう．

ある体積 V 内にある電荷の総量を Q とし，V を取り囲む表面積を S とする．Q はたくさんの電荷 q_i の和であるので，$Q = \sum_i q_i$ と書ける．ここで和は V 内にあるすべての荷電粒子についてとる．いま考えている体積 V に，電荷をもった粒子が非常にたくさん存在していると考えると，その分布は連続的であるとして取り扱うことができる．そこで，**電荷密度** $\rho(t, \boldsymbol{x})$ を定義する．これは時刻 t，場所 $\boldsymbol{x}$ での，単位体積当たりの電荷の量を表すものとする．すると，上で計算した体積 V 内の全電荷 Q は，

$$Q = \iiint_V \rho \, dx \, dy \, dz = \int_V \rho \, d^3x \tag{3.1}$$

と書くことができる．ここで $\iiint_V$ は体積積分を表しているが，この記号は冗長なので右辺のように $\int_V$ と書き，$dx \, dy \, dz$ も d^3x と書くことにする．

さて，Δt の微小時間のうちに増えた V 内の電荷量は，表面から入ってきた電荷の量である．時刻 t に場所 $\boldsymbol{x}$ で電荷のもつ速度を $\boldsymbol{v}(t, \boldsymbol{x})$ とすれば，V の表面 S から入ってきた電荷の総量は，

$$\Delta Q = -\Delta t \iint_S \rho \boldsymbol{v} \cdot \boldsymbol{n} \, dS \tag{3.2}$$

と表される．ここで $\boldsymbol{n}$ は表面 S での外向きの法線ベクトルを表す．右辺の積分は面積 S にわたって微小面積要素を掛けて積分することを表すが，ここでも簡便さのために以後 $\int_S$ と書くことにする．右辺のマイナスの符号は $\boldsymbol{n}$ を外向きに定義しているためである．この右辺に現れる $\rho \boldsymbol{v}$ は**電流密度**とよばれる物理量で，$\boldsymbol{j}$ や $\boldsymbol{i}$ と書き表すこともあり，本書でも $\boldsymbol{j}$ と書くことにする．次に，右辺にガウスの定理を適用することを考える．

ガウスの定理（発散定理）は数学の定理であって，物理法則ではない．ただし，物理学にしばしば現れる様々な保存則はほとんどこの定理を用いて説明される．ガウスの定理は，任意のベクトル場 $\boldsymbol{A}(\boldsymbol{x})$ が閉じた曲面 S で囲まれた体積 V 内で定義されているとき，

$$\int_V \nabla \cdot \boldsymbol{A} \, d^3x = \int_S \boldsymbol{A} \cdot \boldsymbol{n} \, dS \tag{3.3}$$

が成り立つというものである．ここで $\boldsymbol{n}$ は S 上での外向きの法線ベクトルを表している．電荷の流れを考えるときには，$\boldsymbol{A} \rightarrow \rho \boldsymbol{v}$ とすればよい．この定理の証明はそれほど難しくはないが，紙面の都合上，ここでは考え方だけを述べておこう．

まず，左辺の積分の中身を取り出すと

3.1 電荷

$$\nabla\cdot(\rho\boldsymbol{v})\,dx\,dy\,dz = \frac{\partial\rho v_x}{\partial x}\,dx\,dy\,dz + \frac{\partial\rho v_y}{\partial y}\,dy\,dz\,dx + \frac{\partial\rho v_z}{\partial z}\,dz\,dx\,dy$$
$$\simeq \varDelta(\rho v_x)\varDelta y\,\varDelta z + \varDelta(\rho v_y)\varDelta z\,\varDelta x + \varDelta(\rho v_z)\varDelta x\,\varDelta y \quad (3.4)$$

となる．この第1項は体積 $\varDelta x\,\varDelta y\,\varDelta z$ の微小立方体から x 方向に単位時間当たりに流れ出す電荷の量を表し，第2項，第3項はそれぞれ y と z 方向に流れ出す電荷の量である．したがって，トータルでは微小体積要素から単位時間当たりに流れ出す電荷の量を表している．これを体積 V で全部足し合わせれば，隣同士の微小立方体から流れ出る量は打ち消し合って，最終的には V を囲む表面 S 上から流れ出る電荷の量を与えることになる．そのため，定理の右辺は表面積分になっているのである．

話を元に戻して，(3.2) の右辺にガウスの定理を適用し，$\varDelta t$ を左辺にまわすと

$$\frac{\varDelta Q}{\varDelta t} = -\int_V \nabla\cdot(\rho\boldsymbol{v})\,d^3x \quad (3.5)$$

となる．この左辺を微分と見なして Q の式 (3.1) を使うと，

$$\frac{\partial}{\partial t}\int_V \rho\,d^3x = -\int_V \nabla\cdot(\rho\boldsymbol{v})\,d^3x \quad (3.6)$$

となり，この式を左辺にまとめると

$$\int_V \left[\frac{\partial\rho}{\partial t} + \nabla\cdot(\rho\boldsymbol{v})\right]d^3x = 0 \quad (3.7)$$

を得る．この体積 V の取り方が任意であることを考えると，結局，被積分関数がいつもゼロに等しくなければならないことになる．したがって，最終的に電荷の保存を表す式は

$$\frac{\partial\rho}{\partial t} + \nabla\cdot(\rho\boldsymbol{v}) = 0 \quad (3.8)$$

となる．このような形の保存則は，これまでも流体の質量や運動量の保存則

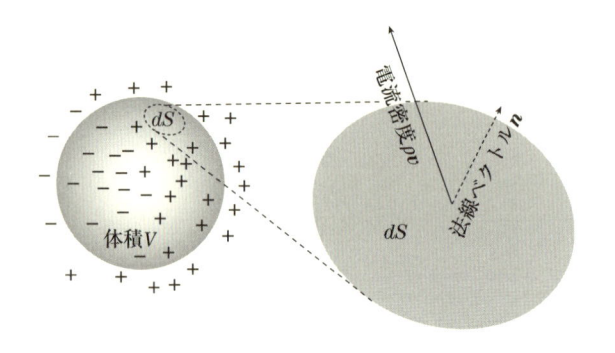

図 3.1 電荷の保存則の図. 微小表面積 dS を単位時間当たりに出て行く電荷の量は $\rho \boldsymbol{v} \cdot \boldsymbol{n}\, dS$ となる.

などについて (2.92), (2.95) で既出の頻繁に現れる形である.

電流密度が出てきたので，ここで**電流**を定義しておこう．電流は，ある面 S を単位時間当たりに通過する電荷の量のことをいう．例えば，いま導線の中を電荷密度 ρ，速度 $\boldsymbol{v}$ で電荷が流れているとする．このとき導線の断面 S を流れる電流 I は

$$I = \int_S \rho \boldsymbol{v} \cdot \boldsymbol{n}\, dS \tag{3.9}$$

で与えられる．導線内部の電荷密度や速度は一様でかつ，速度が S に垂直であると見なすと $I = \rho v S$ という式が得られる．

3.1.3　SI 単位系

さて，電磁気学では，歴史的に電荷よりも電気回路を流れる電流の方がより基本的な量であった．このため，電流を基準として単位系がつくられている．後の 4.1.1 項で見るように，電流が流れる導線を 2 本平行に張ると，発生した磁場の効果によって，流す電流の量に比例した力が導線間にはたらく．電流の単位は A（アンペア）であり，1 A は，導線の間隔を 1 m にしたとき，導線 1 m 当たりにはたらく力が 2×10^{-7} N となる電流の大きさである．

1Aという量は実験室でよく用いられる程度の電流である．

　この電流の単位の定義に従って電荷の単位も決められている．電荷の単位はC（クーロン）で，1Cは，1s当たりに1Aの電流が運ぶ電荷の量のことである．電子や陽子のもつ素電荷の値はこれに比べてずっと小さく，$e = 1.602176487 \times 10^{-19}$[C]という値になる．したがって，実験室で1Aの電流が流れているときには，1s間に約10^{19}個もの膨大な数の電子が導線の断面を通過していることになるのである．このような決め方によって定まる単位系を**SI単位系**という．この他にも，かつてはCGSガウス単位系，CGS-emu単位系，CGS-esu単位系などの単位系が使われた．

3.2　電荷のつくる電場

3.2.1　クーロン力と電場

　電荷q_1と別の電荷q_2は，互いに力をおよぼし合う．この力は**クーロン力**とよばれ，互いの距離r_{12}の2乗に反比例し，

$$F = \frac{1}{4\pi\varepsilon_0} \frac{q_1 q_2}{r_{12}^2} \tag{3.10}$$

となる．力の向きは2つの電荷を結ぶ線上にあり，電荷の符号が同じならば，互いを斥ける方向にはたらき，異符号ならば引き合う方向にはたらく．ここでε_0は**真空の誘電率**とよばれる定数で，SI単位系では，

$$\varepsilon_0 = 8.8541878\cdots \times 10^{-12} \, [\mathrm{C^2 \, m^{-3} \, kg^{-1} \, s^2}] \tag{3.11}$$

である．これは電荷の大きさとはたらく力を結び付ける定数であるので，電磁気的な量と力学的な量の間の換算を調整している定数である．この力は作用・反作用の法則により，どちらの電荷にも同じ大きさではたらくことに注意しておこう．

　力はベクトル量なので，この力をベクトルの表記で書けるはずである．2つの粒子の位置ベクトルを$\boldsymbol{x}_1$，$\boldsymbol{x}_2$とすると，粒子1にはたらく力は

$$F_1 = -\frac{q_1 q_2}{4\pi\varepsilon_0}\frac{1}{|\bm{x}_2 - \bm{x}_1|^2}\hat{\bm{x}}_{12} \qquad (3.12)$$

となる．粒子 2 にはたらく力は，この逆符号である．ここで

$$\hat{\bm{x}}_{12} = \frac{\bm{x}_2 - \bm{x}_1}{|\bm{x}_2 - \bm{x}_1|} \qquad (3.13)$$

は，粒子 1 から粒子 2 に向かう単位ベクトルである．

このような電荷同士にはたらく力は，重ね合わせることができる性質をもっている．例えば粒子が粒子 1，粒子 2，$\cdots$，粒子 N の N 個あって，それぞれ電荷 $q_1, q_2, q_3, \cdots, q_N$ をもっているとする．このとき，粒子 1 にはたらくクーロン力は，他の $N-1$ 個の電荷から受ける力を単にベクトルの意味で足し合わせればよい．すなわち，

$$F_1 = -\sum_{i=2}^{N} \frac{q_1 q_i}{4\pi\varepsilon_0} \frac{\bm{x}_i - \bm{x}_1}{|\bm{x}_i - \bm{x}_1|^3} \qquad (3.14)$$

である．他の粒子にはたらく力についても同様である．

さて，クーロン力は互いに離れた 2 つの荷電粒子間にはたらく力である．このような考え方に基づく相互作用を**遠隔相互作用**という．一方で，いま粒子 2 の場所を固定し，粒子 1 の場所を動かして粒子 1 にはたらく力を考えると，粒子 1 をどの場所に置いても，粒子 2 との距離に応じて力がはたらく．この様子から，粒子 2 がその周りの空間に他の荷電粒子を動かす能力をもった何者かを発生させた，と見ることもできる．そして，粒子 1 が粒子 2 から力を受けたのではなく，粒子 1 がいる場所の何者かが接触して粒子 1 に力を及ぼしていると考えることができる．このような考え方を**近接相互作用**といい，電気的相互作用の場合，この何者かを**電場**とよぶ．

電場はベクトル $\bm{E}$ で表し，先の粒子 2 が場所 $\bm{x}_1$ につくり出す電場 $\bm{E}_1$ は

$$\bm{E}_1 \equiv -\frac{q_2}{4\pi\varepsilon_0} \frac{\bm{x}_2 - \bm{x}_1}{|\bm{x}_2 - \bm{x}_1|^3} \qquad (3.15)$$

である．この表式は先のクーロン力の式（3.12）から力を受ける粒子の電荷

3.2 電荷のつくる電場

q_1 を取ったものなので,

$$F_1 = q_1 E_1 \tag{3.16}$$

の関係がある. (3.14) で見た, たくさんの電荷がつくり出すクーロン力に対応する電場は,

$$E_1 = -\sum_{i=2}^{N} \frac{q_i}{4\pi\varepsilon_0} \frac{\boldsymbol{x}_i - \boldsymbol{x}_1}{|\boldsymbol{x}_i - \boldsymbol{x}_1|^3} \tag{3.17}$$

である. この粒子 1 のいる場所での電場ベクトルの表式には, 粒子 1 の情報が場所 $\boldsymbol{x}_1$ 以外には使われていないことに注意しよう. したがって, この電場は粒子 1 に限らず, ある電荷 q の荷電粒子が場所 $\boldsymbol{x}_1$ に置かれれば, 力 $\boldsymbol{F} = q\boldsymbol{E}_1$ を荷電粒子に及ぼすのである.

このような場の物理量でいつも注意すべきことは, 物体の座標や速度のように "粒子に付随した" 量ではなく, 空間の各点・各時刻で決まる $\boldsymbol{E}(\boldsymbol{x},t)$ という量であるという点である. したがって, これらの量の空間方向への変化率 (空間微分) といった概念が現れることになる. この点にはいつも注意を払ってもらいたい.

3.2.2 スカラーポテンシャルの概念と保存力

原点に置かれた 1 つの電荷 Q のつくり出すクーロン力を与える電場を考え, この電場を乱さないような小さな電荷 q をもった粒子を $\boldsymbol{x}_i$ に置く. (このような電荷を**試験電荷**という.) さて, 試験電荷を点 $\boldsymbol{x}_i$ から経路 C を通って点 $\boldsymbol{x}_f$ までゆっくりと動かしたときに行われた仕事を計算してみよう.

仕事 W は各方向に行われた仕事の和なので,

$$W = \int_C \boldsymbol{F} \cdot d\boldsymbol{x} \left(= \int_C (F_x\, dx + F_y\, dy + F_z\, dz) \right) \tag{3.18}$$

である. $\boldsymbol{F}$ の具体的な形を入れると

$$W = -\frac{qQ}{4\pi\varepsilon_0}\int_C \frac{\bm{x}}{|\bm{x}|^3}\cdot d\bm{x} = -\frac{qQ}{4\pi\varepsilon_0}\int_C \frac{\bm{x}}{(\sqrt{x^2+y^2+z^2})^3}\cdot d\bm{x}$$

$$= \frac{qQ}{4\pi\varepsilon_0}\int_C \nabla\left(\frac{1}{\sqrt{x^2+y^2+z^2}}\right)\cdot d\bm{x} \tag{3.19}$$

ここで右辺の力の符号は,電荷を動かすときにはたらかせる力が,電場による力と打ち消し合うようにとってある.すなわち,クーロン力の逆向きである.
いま,

$$\phi(\bm{x}) \equiv \frac{Q}{4\pi\varepsilon_0}\frac{1}{\sqrt{x^2+y^2+z^2}} \tag{3.20}$$

を定義すると,(3.19) は

$$W = q\int_C \nabla\phi(\bm{x})\cdot d\bm{x} = q\int_C \left(\frac{\partial\phi}{\partial x}dx + \frac{\partial\phi}{\partial y}dy + \frac{\partial\phi}{\partial z}dz\right)$$

$$= q\int_C d\phi = q[\phi(\bm{x}_\mathrm{f}) - \phi(\bm{x}_\mathrm{i})]$$

となる.つまり,行われた仕事は単に ϕ という量の終点での値と始点での値の差に過ぎない.よって,経路 C の始点と終点さえ変えなければ,間はどのようにとっても仕事 W は変わらないことになる.このような力は1.1.3項でも出てきたように,保存力とよばれる.静止している電荷のつくる力は保存力なのである.一般に,

$$\bm{E} = -\nabla\phi$$

となるような ϕ を**静電場**の**スカラーポテンシャル**あるいは**電位**とよぶ.特に (3.20) のように1つの電荷のつくるスカラーポテンシャルを**クーロンポテンシャル**という.時間変動する場を扱う際には,後に拡張された定義が5.1.1項で与えられる.

上記の電場とポテンシャルの関係式から明らかに,ポテンシャルにも重ね合わせの原理が適用できる.2つの電荷 q_1 と q_2 がつくる電場がそれぞれ $\bm{E}_1$ と $\bm{E}_2$ であったとすると,これらを合成した電場は $\bm{E} = \bm{E}_1 + \bm{E}_2$ となる.一方,2つの電荷のつくるポテンシャルを ϕ_1 と ϕ_2 とすれば $\bm{E} = -\nabla\phi_1 -$

3.2 電荷のつくる電場

$\nabla \phi_2 = -\nabla(\phi_1 + \phi_2)$ である. したがって, 2つの電荷のつくるポテンシャルは $\phi = \phi_1 + \phi_2$ となって, 単に和をとればよいことがわかる.

よって, 一般に N 個の電荷のつくるスカラーポテンシャルは

$$\phi(\boldsymbol{x}) = \sum_{i=1}^{N} \frac{q_i}{4\pi\varepsilon_0} \frac{1}{|\boldsymbol{x}_i - \boldsymbol{x}|} \tag{3.21}$$

と書くことができる. ただし, ここで q_i は各電荷の値を表し, $\boldsymbol{x}_i$ は各電荷の位置を表す. さらに, これらの電荷が連続的に電荷密度 $\rho(\boldsymbol{x})$ で体積 V の中に分布しているならば, スカラーポテンシャルは

$$\phi(\boldsymbol{x}) = \frac{1}{4\pi\varepsilon_0} \int_V \frac{\rho(\boldsymbol{x}')}{|\boldsymbol{x}' - \boldsymbol{x}|} d^3 x' \tag{3.22}$$

で与えられる.

ここで例として, 厚さ h の非常に広い薄い板に一様に電荷が電荷密度 ρ_0 で分布しているときの電場を計算してみよう. 板が xy 平面内にあるとすると, スカラーポテンシャルは板の中に分布している電荷のつくるクーロンポテンシャルの重ね合わせなので, 板の体積で積分して

$$\phi(\boldsymbol{x}) = \frac{1}{4\pi\varepsilon_0} \int_{-h/2}^{h/2} \int_{-\infty}^{\infty} \int_{-\infty}^{\infty} \frac{\rho_0}{\sqrt{(x'-x)^2 + (y'-y)^2 + (z'-z)^2}} dx'\, dy'\, dz'$$

を得る. ここで xy 平面が薄い板の厚みの真ん中を通るように座標をとった. 内側の x', y' に関する積分は"広い"ことを表して無限遠までとってある. 対称性から, 電場の xy 成分はゼロである. z 方向の成分を考えると

$$\begin{aligned}
E_z &= -(\nabla \phi(\boldsymbol{x}))_z \\
&= \frac{1}{4\pi\varepsilon_0} \int_{-h/2}^{h/2} \int_{-\infty}^{\infty} \int_{-\infty}^{\infty} \frac{\rho_0(z-z')}{[\sqrt{(x'-x)^2 + (y'-y)^2 + (z'-z)^2}]^3} dx'\, dy'\, dz' \\
&= \frac{1}{4\pi\varepsilon_0} \int_{-\infty}^{\infty} \int_{-\infty}^{\infty} \frac{\sigma_0 z}{[\sqrt{(x'-x)^2 + (y'-y)^2 + z^2}]^3} dx'\, dy'
\end{aligned}$$

ここで h が十分薄いとし, $\sigma_0 = \lim_{h \to 0} \rho_0 h$ は面電荷密度である. $x' - x = r\cos\theta$, $y' - y = r\sin\theta$ の変数変換を行うと,

$$E_z = \frac{1}{4\pi\varepsilon_0} \int_0^{2\pi} \int_0^\infty \frac{\sigma_0 z r}{\left(\sqrt{r^2+z^2}\right)^3} \, dr \, d\theta$$

$$= \frac{\sigma_0 z}{2\varepsilon_0} \int_0^\infty \frac{r}{\left(\sqrt{r^2+z^2}\right)^3} \, dr = \frac{\sigma_0}{2\varepsilon_0} \frac{z}{|z|} \qquad (3.23)$$

となって，電荷のある面から対称に表と裏に反対向きの一様な電場が形成されることがわかる．[2]

3.2.3 遠くから見た複雑な電荷分布のつくる電場の近似法
— 多重極展開 —

前項で，連続的に分布した電荷のつくるスカラーポテンシャルや電場がどのような式で記述されるかを学んだ．ここではより実用的に，次頁の図 3.2 のように任意の電荷分布をもった物体を遠くから見たとき，スカラーポテンシャルをどのように近似できるかを学ぶ．まず，体積 V 内に分布した電荷がつくるポテンシャルは (3.22) で与えられる：

$$\phi(\boldsymbol{X}) = \frac{1}{4\pi\varepsilon_0} \int_V \frac{\rho(\boldsymbol{x})}{|\boldsymbol{x}-\boldsymbol{X}|} \, d^3x$$

直観的には，いつも $|\boldsymbol{X}| \gg |\boldsymbol{x}|$ であるほど遠くの $\boldsymbol{X}$ でこの帯電した物体を見れば，物体の広がりはわからないほど小さくなるから，物体の全電荷を点電荷として扱ったクーロンポテンシャルになると思われる．そこから少しずつ近づいていくと，だんだんと電荷分布の内部構造がポテンシャルの値に影響を与えていくことが予想される．このようなうまい近似の仕方が，以下で述べる**多重極展開**である．

多重極展開は，被積分関数のうち $1/|\boldsymbol{X}-\boldsymbol{x}|$ の部分を $|\boldsymbol{X}| \gg |\boldsymbol{x}|$ の条件下

---

[2] この問題でこの方法によってポテンシャル自身を求めようとすると値が発散する．これは，(3.22) のスカラーポテンシャルが無限遠でゼロになる境界条件を課しているのに，有限の z でのポテンシャルの値と無限遠のポテンシャルの値に無限大の差があるからである．

3.2 電荷のつくる電場

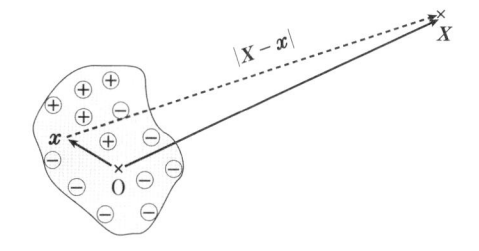

図 3.2 体積 V 内の点 $\boldsymbol{x}$ の電荷からの寄与の和が X のポテンシャルを決める.

で多変数のテイラー展開をすることによって行う. すなわち,

$$\frac{1}{|\boldsymbol{X}-\boldsymbol{x}|} = \frac{1}{|\boldsymbol{X}|} + \sum_{i=1}^{3} x_i \left[\frac{\partial}{\partial x_i}\frac{1}{|\boldsymbol{X}-\boldsymbol{x}|}\right]_{x=0}$$
$$+ \sum_{i=1}^{3}\sum_{j=1}^{3}\frac{1}{2!} x_i x_j \left[\frac{\partial^2}{\partial x_i \partial x_j}\frac{1}{|\boldsymbol{X}-\boldsymbol{x}|}\right]_{x=0} + \cdots \tag{3.24}$$

これをポテンシャルの式に戻すと

$$\phi(\boldsymbol{X}) = \frac{1}{4\pi\varepsilon_0}\left[\frac{1}{|\boldsymbol{X}|}\int_V \rho\, d^3x + \sum_{i=1}^{3}\left[\frac{\partial}{\partial x_i}\frac{1}{|\boldsymbol{X}-\boldsymbol{x}|}\right]_{x=0}\int_V x_i \rho\, d^3x\right.$$
$$\left.+ \sum_{i=1}^{3}\sum_{j=1}^{3}\frac{1}{2!}\left[\frac{\partial^2}{\partial x_i \partial x_j}\frac{1}{|\boldsymbol{X}-\boldsymbol{x}|}\right]_{x=0}\int_V x_i x_j \rho\, d^3x + \cdots\right] \tag{3.25}$$

となる. 本質的にテイラー展開なので, 1項目, 2項目, 3項目, …の順に寄与は小さくなっていく.

展開した各項を順番に見ていこう. まず第1項目 $\phi^{(0)}$ は,

$$\phi^{(0)}(\boldsymbol{X}) = \frac{1}{4\pi\varepsilon_0}\frac{1}{|\boldsymbol{X}|}\int_V \rho\, d^3x \tag{3.26}$$

であり, 最後の積分が物体の全電荷であるから, これは全電荷を点電荷と見なしたときのクーロンポテンシャルになっていることがわかる. これは予想通りである.

次に, 1つ目の補正項である2項目の $\phi^{(1)}$ は,

であるが,積分の前の係数を計算すると,

$$\phi^{(1)}(X) = \frac{1}{4\pi\varepsilon_0} \sum_{i=1}^{3} \frac{X_i}{|X|^3} p_i = \frac{1}{4\pi\varepsilon_0} \frac{X \cdot p}{|X|^3} \tag{3.27}$$

ここで p_i (ベクトル表記で p) は**電気双極子モーメント**といい,

$$p_i \equiv \int_V x_i \rho\, d^3x$$

で定義される.電気双極子モーメントは ρ が正負に変わる場合に重要になる量であり,電荷の分布がどの方向に最も正負がずれているかの目安を与えている.

第3項の $\phi^{(2)}$ は

$$\phi^{(2)}(X) = \frac{1}{4\pi\varepsilon_0} \sum_{i=1}^{3} \sum_{j=1}^{3} \frac{1}{2!}\left[\frac{\partial^2}{\partial x_i\, \partial x_j} \frac{1}{|X-x|}\right]_{x=0} \int_V x_i x_j \rho\, d^3x \tag{3.28}$$

前の微分を実行すると,

$$\phi^{(2)}(X) = \frac{1}{4\pi\varepsilon_0} \frac{1}{2|X|^5} \sum_{i=1}^{3}\sum_{j=1}^{3}\left(X_i X_j - X^2 \frac{\delta_{ij}}{3}\right) \int_V 3 x_i x_j \rho\, d^3x$$

ここで最後の積分の中に $-x^2 \delta_{ij} \rho$ という項を加えても前の $(X_i X_j - X^2 \delta_{ij}/3)$ と掛けて足し合わせると消えてしまうので,これを加えて,

$$\phi^{(2)}(X) = \frac{1}{4\pi\varepsilon_0} \frac{1}{2|X|^5} \sum_{i=1}^{3}\sum_{j=1}^{3}\left(X_i X_j - X^2 \frac{\delta_{ij}}{3}\right) \int_V (3 x_i x_j - x^2 \delta_{ij}) \rho\, d^3x$$

と書ける.次に,前の $(X_i X_j - X^2 \delta_{ij}/3)$ の中にある δ_{ij} を考えると,この項と後ろの積分の項が打ち消し合ってしまうので,$X_i X_j$ に比例する項のみを取り出すことができ,結局

$$\phi^{(2)}(X) = \frac{1}{4\pi\varepsilon_0} \frac{1}{2|X|^5} \sum_{i=1}^{3}\sum_{j=1}^{3} X_i X_j \int_V (3 x_i x_j - x^2 \delta_{ij}) \rho\, d^3x \tag{3.29}$$

3.2 電荷のつくる電場

と書くことができる．この後ろの積分を**電気四重極モーメント**とよぶ．

このように次々と高い次数まで展開すれば，より詳しく遠方でのポテンシャルの振る舞いを記述することができる．また，各次数でのポテンシャルの距離 $|X|$ に対する依存性を見てみると，$\phi^{(0)} \propto |X|^{-1}$, $\phi^{(1)} \propto |X|^{-2}$, $\phi^{(2)} \propto |X|^{-3}$, … となっている．$\phi^{(0)}$ が最も遠方まで影響を及ぼし，次数が上がるに従って遠方での補正は小さくなる．

では次に，実際に具体的な電荷分布を考え，それを遠方から見て多重極展開を行ってみよう．まず，図 3.3 のような帯電した一辺 L の立方体を考えてみよう．計算を簡単にするために立方体の中心と座標原点は一致し，座標軸が立方体の辺に平行または垂直になっているものとする．立方体の上半分，すなわち $z > 0$ の領域内の電荷密度は一様で $+\rho_0$ であり，下半分も一様だが電荷密度は $-\rho_0$ としよう．このとき，多重極の各項を順に計算していくことにする．

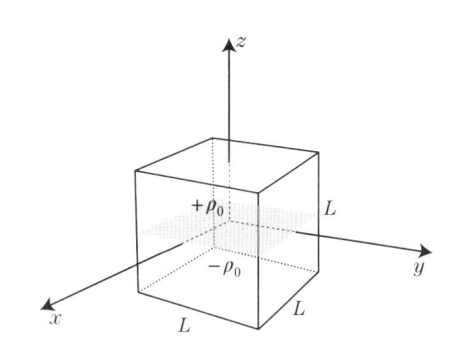

図 3.3 立方体の電荷分布 1

まず，電気単極子は，

$$Q = \int_V \rho \, d^3x = 0 \tag{3.30}$$

だから，(3.26) より $\phi^{(0)} = 0$ となる．次に，電気双極子は，

$$p_1 = p_2 = 0$$

$$p_3 \equiv \int_V z\rho \, d^3x = -\rho_0 L^2 \int_{-L/2}^{0} z \, dz + \rho_0 L^2 \int_0^{L/2} z \, dz = \frac{\rho_0 L^4}{4}$$

よって

$$\phi^{(1)}(X) = \frac{1}{4\pi\varepsilon_0} \frac{Zp_3}{|X|^3}$$

$$= \frac{1}{4\pi\varepsilon_0} \frac{Z}{|X|^3} \frac{\rho_0 L^4}{4}$$

となる．ここで Z は X の第3成分である．

次に，電気四重極モーメントは電荷分布の性質からすべての ij に関してゼロとなっていることがわかる．実際，対角成分や，12成分，21成分では，電荷分布の性質から z に関して被積分関数が奇関数になっているので積分がゼロになる．またその他の成分では，z に関しては偶関数になっているものの，x や y のどちらかに関しては奇関数であり，やはり積分はゼロになる．したがって，いま考えた立方体がつくる電場は四重極までの近似で，双極子がつくる電場 $\phi^{(1)}$ であるということができる．

次に同じ立方体だが，電荷分布は図3.4のように，立方体中の $xy > 0$ の領域では $+\rho_0$，$xy < 0$ の領域では $-\rho_0$ とした問題を考えてみよう．$\phi^{(0)}$ は，体積 V 内の全電荷がゼロなので，

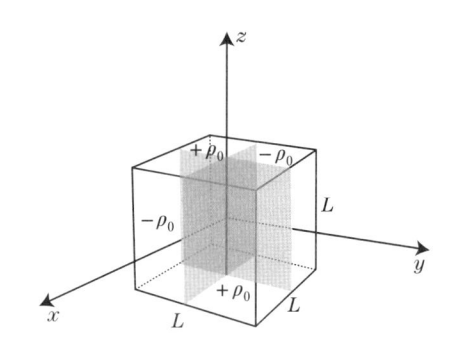

図 3.4 立方体の電荷分布 2

$$\phi^{(0)}(X) = \frac{1}{4\pi\varepsilon_0} \frac{1}{|X|} \int_V \rho \, d^3x = 0$$

であり，この場合も電気単極子は現れない．一方，$\phi^{(1)}$ は $p_i = 0$ となるので，今度は双極子場も現れない．しかし，今度は $\phi^{(2)}$ が現れる．四重極

$$D_{ij} \equiv \int_V (3x_i x_j - \boldsymbol{x}^2 \delta_{ij}) \rho \, d^3x \tag{3.31}$$

の計算を行うと，対角成分は $D_{11} = D_{22} = D_{33} = 0$ になる．

一方，非対角成分は xy 成分，すなわち D_{12} と D_{21} のみ以下のようなゼロでない値をもつ：

$$D_{12} = D_{21} = \frac{\rho_0 L^5}{8} \tag{3.32}$$

したがって，四重極のつくるポテンシャルは以下のようになる．

$$\phi^{(2)}(\boldsymbol{X}) = \frac{1}{2!}\frac{1}{4\pi\varepsilon_0}\frac{3XYD_{12}+3YXD_{21}}{|\boldsymbol{X}|^5} = \frac{1}{4\pi\varepsilon_0}\frac{3XY}{|\boldsymbol{X}|^5}\frac{\rho_0 L^5}{8}$$

ここで X, Y は $\boldsymbol{X}$ の第1と第2成分である．$\phi^{(0)}$，$\phi^{(1)}$ がともにゼロであったので，結局，四重極までの展開でポテンシャルは $\phi^{(2)}$ に等しくなる．

このように，どのような電荷の分布であったとしても，遠方から見たときには多重極で展開することによっておよその性質を知ることができるのである．

3.3 クーロン力から静電場の方程式へ

3.3.1 ガウスの法則

クーロン力の電場の性質から，電場の満たすべき一般的な微分方程式を導こう．これは**ガウスの法則**とよばれている．原点にある点電荷 q がつくる電場は，先に見たように

$$\boldsymbol{E} \equiv \frac{q}{4\pi\varepsilon_0}\frac{\boldsymbol{x}}{|\boldsymbol{x}|^3} \tag{3.33}$$

であるが，この原点の電荷を取り囲む任意の閉じた曲面 S を考え，$\int_S \boldsymbol{E}\cdot\boldsymbol{n}\,dS$ という量を計算してみよう．ここで $\boldsymbol{n}$ は曲面 S に垂直な外向きの単位ベクトルである．$\boldsymbol{E}$ にクーロン場を代入すると，

$$\int_S \boldsymbol{E}\cdot\boldsymbol{n}\,dS = \int_S \frac{q}{4\pi\varepsilon_0}\frac{\boldsymbol{x}}{|\boldsymbol{x}|^3}\cdot\boldsymbol{n}\,dS = \frac{q}{4\pi\varepsilon_0}\int_S \frac{1}{|\boldsymbol{x}|^2}\frac{\boldsymbol{x}}{|\boldsymbol{x}|}\cdot\boldsymbol{n}\,dS \tag{3.34}$$

ところが図3.5から，$\boldsymbol{x}/|\boldsymbol{x}|\cdot\boldsymbol{n}\,dS$ は，$\boldsymbol{x}/|\boldsymbol{x}|$ を法線ベクトルとし，大きさは dS を $\boldsymbol{x}/|\boldsymbol{x}|$ 方向に射影した微小面積要素 dS' に等しい．よって

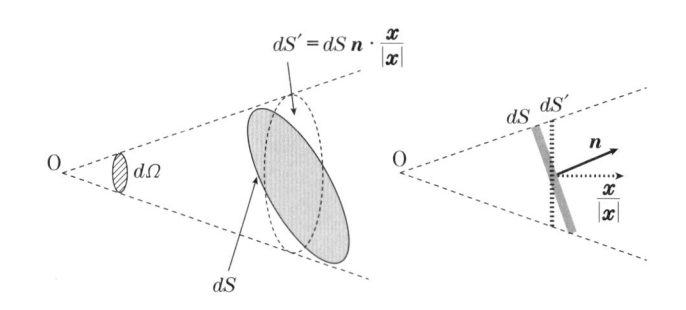

図 3.5 微小立体角 $d\Omega$ は，中心 O から微小面積要素 dS を原点 O から見込んだときの微小面積 dS' と，dS と O の距離 $|\boldsymbol{x}|$ を用いて，$d\Omega = dS'/|\boldsymbol{x}|^2$ と書ける．右の図は左の図を真横から見た図である．$d\Omega$ を原点を中心とする球面上で積分すると答えは 4π となるが，積分が同じ球面上ではなく，方向によって違う球面上の積分となっても，やはり答えは 4π となる．

$$\int_S \boldsymbol{E}\cdot\boldsymbol{n}\, dS = \frac{q}{4\pi\varepsilon_0}\int_S \frac{1}{|\boldsymbol{x}|^2}\, dS' \tag{3.35}$$

である．

ここで右辺の積分について考えよう．dS' は位置ベクトル $\boldsymbol{x}$ に直交する微小面積であるから，原点との距離の 2 乗で割った値は微小**立体角** $d\Omega$ である．したがって，(3.35) の右辺の積分は 4π になり，結局

$$\int_S \boldsymbol{E}\cdot\boldsymbol{n}\, dS = \frac{q}{4\pi\varepsilon_0}\oint d\Omega = \frac{q}{\varepsilon_0} \tag{3.36}$$

を得る．閉曲面 S は電荷を取り囲んでいる限り任意だったことを思い出すと，積分 $\int_S \boldsymbol{E}\cdot\boldsymbol{n}\, dS$ は電荷を取り囲む閉曲面での積分であれば，閉曲面のとり方によらず，必ず q/ε_0 となる．電荷が複数個あったとしても電場の重ね合わせができる特徴から，積分値は，閉曲面内に存在する電荷の和を ε_0 で割ったものになる．これを**ガウスの法則**とよんでいる．

一方，左辺の積分は，数学のガウスの定理から，

$$\int_S \boldsymbol{E}\cdot\boldsymbol{n}\, dS = \int_V \nabla\cdot\boldsymbol{E}\, dV \tag{3.37}$$

と変形できる．ここで右辺は S 内の体積 V にわたる体積積分である．S を原点を取り囲む非常に小さい面にし，その体積を ΔV とおくと，(3.36) と (3.37) を合わせて $\nabla\cdot E = (q/\varepsilon_0)/\Delta V$ と書ける．この右辺の $\Delta V \to 0$ の極限をとると電荷密度 ρ を用いて

$$\nabla\cdot E = \frac{\rho}{\varepsilon_0} \tag{3.38}$$

という式が得られる．これが電荷密度 ρ がつくる静電場が満たすべき関係式で，**ガウスの法則の微分形**である．

早速，ガウスの法則を使って半径 a の薄い球殻上に合計 Q の電荷を一様に分布させたときの球殻内外の電場を求めてみる．この問題は球殻の内部と外部に分けて考える．球殻の中心から，球殻よりも大きな半径 r の球内で $\nabla\cdot E$ を積分してみると，ガウスの定理を使って

$$\int_{|x'|<r} \nabla\cdot E\, d^3x' = \int_{|x'|=r} E\cdot dS \tag{3.39}$$

となるが，右辺は，球対称性から電場は動径方向を向いていて，どの方向でも同じ強さなので，球面上での面積積分が簡単になり，

$$\int_{|x'|=r} E\cdot dS' = \int_{|x'|=r} E\, dS' = 4\pi r^2 E \tag{3.40}$$

を得る．

一方，(3.39) の左辺は，

$$\int_{|x'|<r} \nabla\cdot E\, d^3x' = \int_{|x'|<r} \frac{\rho}{\varepsilon_0}\, d^3x' = \frac{Q}{\varepsilon_0} \tag{3.41}$$

となる．Q は半径 r の内側に含まれる全電荷である．したがって，球殻外の半径 r における電場は

$$E = \frac{Q}{4\pi r^2 \varepsilon_0} e_r \qquad (r \geq a) \tag{3.42}$$

となる．ここで e_r は動径方向の単位ベクトルである．$r \geq a$ の範囲では，

原点に点電荷 Q があるとしたときの電場に等しい．

次に，球殻内部の電場を考えてみる．$r < a$ であるような r に関して (3.41) を計算する際には，$r < a$ には全く電荷が含まれていないために $\rho = 0$ であるから，(3.39) の左辺はゼロになってしまう．したがって，球殻内部では

$$E = 0 \quad (r < a)$$

となり，電場は全く存在しないという解になる．

3.3.2 静電場の基礎方程式

これまで我々はクーロン力から出発して，電気的な力が保存力であることとガウスの法則を導いた．また逆に，ガウスの法則と電場による力が保存力であることからクーロン力を導くこともできる．これは後に 3.5.1 項の中で明らかとなる．したがって，静電場の満たす基礎方程式は

$$\nabla \cdot E = \frac{\rho}{\varepsilon_0} \tag{3.43}$$

と

$$E = -\nabla \phi \tag{3.44}$$

である．

また，電場がスカラーポテンシャル ϕ の勾配で書けるという条件は，**回転**（rotation）という微分演算を使って表すこともできる．ベクトル場 A の回転は $\nabla \times A$ または $\mathrm{rot}\, A$ と書き表されるベクトル量である．その定義は形式的に ∇ と外積の定義に従うことによって得られる：

$$\begin{aligned}
\nabla \times A &= \left(e_x \frac{\partial}{\partial x} + e_y \frac{\partial}{\partial y} + e_z \frac{\partial}{\partial z} \right) \times (A_x e_x + A_y e_y + A_z e_z) \\
&= \left(\frac{\partial A_z}{\partial y} - \frac{\partial A_y}{\partial z} \right) e_x + \left(\frac{\partial A_x}{\partial z} - \frac{\partial A_z}{\partial x} \right) e_y + \left(\frac{\partial A_y}{\partial x} - \frac{\partial A_x}{\partial y} \right) e_z
\end{aligned} \tag{3.45}$$

この回転の演算を任意のスカラー関数 ϕ の勾配 $\nabla\phi$ に作用させると，ϕ が普通の関数である限り，いつもゼロとなる（確かめてみよ）．したがって，静電場の満たす条件式 (3.44) は，

$$\nabla \times E = 0 \qquad (3.46)$$

と書くこともできるのである．[3]

3.4 物質中の電場とエネルギー

3.4.1 物質中の電場の取り扱い方 ―誘電体と導体―

　これまで，電荷が任意の分布をしているときの電場の様子を見てきた．答えは各電荷のつくる電場を足し合わせればよい，というものであった．しかしこれは，真空中における電場の場合であって，導体や誘電体といった物体の内部の場合では，別の効果が重要になる．3.4 節ではこれらの物体の中での電場について考え，物質中や真空中にたくわえられるエネルギーについて考察する．

　金属がその代表的な例であるが，**導体**は，その内部に自由に移動できる電子を多数もっている．導体が静電場中に置かれると，当然，導体内の自由電子は電場に引かれて運動する．外部はほぼ電気が流れない絶縁体なので，電子は導体の表面までしか行かず外には飛び出さない．その結果，導体の内部は電場の方向に，電荷の偏った状態になる．では，電子が全部偏ってしまうまで，内部の電荷の運動がなくならないかというとそうではない．電荷が外部の電場によって動かされると，動かされた電荷が新たに電場をつくり出す．これが**静電誘導**された電場である．静電誘導された電場は元の電場を打ち消すようにはたらくので，どこかで導体内の電場は完全に消えてしまう，あるいは消えてしまうまで電荷が分布を変え続ける．ところが，これらの現象は

---

[3] 逆に $\nabla \times E = 0$ であれば $E = -\nabla\phi$ なる ϕ が存在することが知られている．

極めて短い時間内に起こるので,現実的には**導体中には電場が存在せず,したがって,その中でスカラーポテンシャルが一定となる**.そしてこういう境界条件を付けて,導体の周りの空間の静電場の式を解くことになる.

一方,**誘電体**では,自由電子は存在せず,内部の電場は主に原子の分極によってつくり出される.**分極**とは,図3.6のように原子中の電荷が電場のかかった方向に偏って分布する現象である.その結果,内部には外からかかった電場とは逆方向の電場が生じ,内部のトータルの電場は弱められるが,ゼロにはならない.

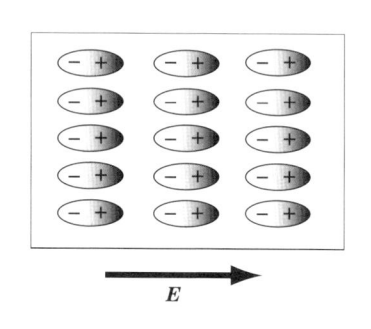

図 3.6 電場 E と誘電体の内部の分極

誘電体中の分極の程度を記述するために,**分極ベクトル $P(x)$** を定義する.分極ベクトルはベクトル場である.このベクトル場は,外からの電場に反応して正の電荷が移動した方向を向いている.またその大きさは,分極ベクトルの方向に垂直な面を移動した電荷の総量として定義される.この定義に従うと,ある閉領域 V の表面 S 上で分極ベクトルを面積積分すると,積分値はその閉領域から分極によって出て行った電荷の総量となるはずである.閉領域 V に入ってきた電荷の総量を Q_d とすれば,

$$Q_\mathrm{d} = -\int_S \boldsymbol{P}\cdot\boldsymbol{n}\,dS = -\int_V \nabla\cdot\boldsymbol{P}\,d^3x \tag{3.47}$$

である.最後の等式ではガウスの定理を用いた.閉領域内の分極による電荷密度を ρ_d とすると,$Q_\mathrm{d} = \int_V \rho_\mathrm{d}\,d^3x$ が成り立つので,上の式と合わせ,さらに積分する閉領域が任意であることを考慮すると,

$$\nabla\cdot\boldsymbol{P} = -\rho_\mathrm{d} \tag{3.48}$$

という式が成り立つ.

そこで誘電体を含む領域での電場を論じる際には,$\boldsymbol{D} \equiv \varepsilon_0\boldsymbol{E} + \boldsymbol{P}$ という

3.4 物質中の電場とエネルギー

量を定義する.Dは**電束密度**とよばれる.Dの従う方程式を導くために,$\nabla\cdot D$を計算してみると

$$\nabla\cdot D = \varepsilon_0 \nabla\cdot E + \nabla\cdot P$$
$$= \rho - \rho_\mathrm{d} \qquad (3.49)$$

ここで右辺は分極電荷を除いた分の電荷密度になる.この右辺をしばしば**真電荷密度**とよぶ.電荷にうそも本当もないのだが,分極は外電場がかからないと生じないのに対して真電荷は単独に存在している,という意味で使われる言葉である.真電荷密度を電荷密度ρと区別する必要がある場合には,本書ではρ_eと書くことにする.したがって,Dの従う方程式は

$$\nabla\cdot D = \rho_\mathrm{e} \qquad (3.50)$$

である.

電場が弱く,誘電体の構造が等方的な場合には,DはEに比例することが知られている.[4] この比例定数は**誘電率**εとよばれ,

$$D = \varepsilon E \qquad (3.51)$$

となる.また,$\varepsilon/\varepsilon_0$を**比誘電率**という.したがって,電場の満たすべきガウスの法則は

$$\nabla\cdot E = \frac{\rho_\mathrm{e}}{\varepsilon} \qquad (3.52)$$

である.要するに,εの値に物質固有の分極の性質を押し付け,問題を解きやすくしているのである.

ここで先の導体との関係を述べておこう.導体内の電子が動いたことによる電荷分布も分極ベクトルPで表すことができる.分極電荷のつくる電場が真電荷のつくる電場と打ち消し合って,導体内で電場が消えてしまうことを式で表せば $-P/\varepsilon_0 = D/\varepsilon_0$ である.この左辺は分極電荷のみによる電場を表し,右辺は真電荷のみのつくる電場を表す.$D = \varepsilon E$ と書くと,導体内

---

[4] 一般には誘電率はテンソルとなる.

で $E = -P/\varepsilon$ であるが，導体内で電場は消えてしまうので，導体は $\varepsilon = \infty$ のケースに対応することがわかる．物理的に導体と誘電体では分極を起こすメカニズムは違うが，数学的には，誘電率という物理量でひと括りにできるのである．

3.4.2 コンデンサーと電気容量

次に，コンデンサーを例にとって，導体や誘電体を含む領域で静電場を求めよう．まず考えるのは，厚さ h の薄い平面上導体を図 3.7 のように 2 枚配置した平行平板コンデンサーである．ここでは平板の面積を S, 間隔を d とする．

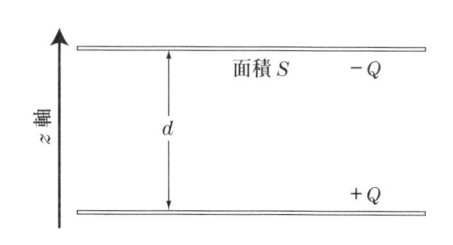

図 3.7 平行平板コンデンサー

いま，下の導体板（以下，電極という）に電荷 $+Q$, 上の電極に電荷 $-Q$ がたまっている状況を考えると，3.2.2 項で見たように，導体平板が非常に広く，端の影響が無視できるならば，下の電極にある電荷がつくる電場は (3.23) より，いたるところ

$$E = \frac{Q}{2S\varepsilon_0} e_z \frac{z}{|z|} \tag{3.53}$$

となる．

ここで z は図 3.7 のように電極に垂直な方向にとり，下の電極の位置を $z = 0$ とした．一方，上の電極のつくる電場は電荷の符号が逆なので，

$$E = -\frac{Q}{2S\varepsilon_0} e_z \frac{z-d}{|z-d|} \tag{3.54}$$

である．この 2 つの重ね合わせがトータルの電場なので，足し合わせると，

3.4 物質中の電場とエネルギー

$$E = \begin{cases} \dfrac{Q}{S\varepsilon_0}\boldsymbol{e}_z & (0 \leq z \leq d) \\ 0 & (z > d \ \text{or} \ z < 0) \end{cases} \tag{3.55}$$

となって，電極間では一定の電場 $Q/S\varepsilon_0$ となり，外ではゼロである．また，このときの電極間の電位差（電圧）は $E = -\nabla\phi$ であることを思い出して，

$$\delta\phi = \int_{\text{上}}^{\text{下}}(-E)\cdot d\boldsymbol{x} = -\int_d^0 \dfrac{Q}{S\varepsilon_0} dz = \dfrac{Qd}{S\varepsilon_0} \tag{3.56}$$

したがって，このコンデンサーは電池などによって電極間に電位差 $\delta\phi$ がかけられると，電極に $\pm\delta\phi\, S\varepsilon_0/d$ の電荷をためることができる．この比例定数 $C \equiv \varepsilon_0 S/d$ を**電気容量**という．したがって，電気容量 C は電荷と電位差との間に $Q = C\delta\phi$ の関係をもつので，単位は [C/V]（クーロン/ボルト）であるが，特にこれを [F] と書いて**ファラッド**とよんでいる．

次に例として次頁の図3.8のように，電極間の中央 $z = d/2$ の位置に，厚さ H で誘電率 ε の誘電体板を挿入したときの電場を求めてみよう．下の電極に $+Q$，上の電極に $-Q$ の電荷があるとする．先ほどと同様，上下の電極は電極間に一様な電場をつくろうとするが，今回は誘電体が挟まっているので誘電体内部が分極し，誘電体内部では電場が弱められなくてはならない．まず，電極の外に外れた領域（$z < 0,\ z > d$）での電場を押さえておこう．

広い平板上に一様に分布した電荷は，平板に垂直な方向に一様な電場を発生させる．この問題でも電極や誘電体が十分に広いと考えると，両端のわずかな部分を除いて，これらの電荷や分極電荷各層のつくる電場は一様でかつ電極に垂直でなければならない．一方で，先の問題で見たように，コンデンサーの全電荷が正負合わせてゼロであるならば，外側の電場は，2つの電極の寄与が打ち消し合ってゼロにならなければならない．これは分極電荷のつくる電場についても同様であって，分極電荷はトータルでは必ずゼロになるから，結局コンデンサーの上下にはずれた $z < 0,\ z > d$ の領域では電場はゼロになっている．

第3章 静電場

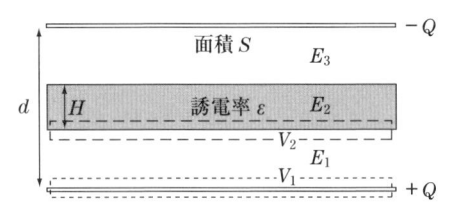

図3.8 誘電体を挟んだ平行平板コンデンサー

次に，図3.8のように下の電極を挟む薄い層 V_1 でガウスの法則の微分形（3.50）を積分してみると，真電荷 $+Q$ があるので，

$$\int_{V_1} \nabla \cdot \boldsymbol{D}\, d^3x = Q \tag{3.57}$$

である．一方，左辺の積分は

$$\int_{V_1} \nabla \cdot \boldsymbol{D}\, d^3x = \int \boldsymbol{D}\cdot d\boldsymbol{S} = S\varepsilon_0 E_1 - S\varepsilon_0 E_{\text{外部}} = S\varepsilon_0 E_1 \tag{3.58}$$

となる．ここで下の電極と誘電体で挟まれた領域の上向きを + とした電場を E_1 とし，$E_{\text{外部}} = 0$ を用いた．よって，

$$E_1 = \frac{Q}{S\varepsilon_0} \tag{3.59}$$

となる．上の電極を挟む薄い層でも同様の議論ができるので，上の電極と誘電体で挟まれた空間の電場 E_3 は

$$E_3 = \frac{Q}{S\varepsilon_0} \tag{3.60}$$

となる．

最後に，誘電体内部の電場 E_2 を求めよう．誘電体板の下側の表面を挟む薄い層 V_2 で（3.50）を積分してみると，真電荷密度を ρ_e として

$$\int_{V_2} \nabla \cdot \boldsymbol{D}\, d^3x = \int \rho_e\, d^3x = 0 \tag{3.61}$$

3.4 物質中の電場とエネルギー

である.右辺がゼロとなるのは,真電荷は電極にしかないからである.ガウスの定理を使うと,積分は誘電体の内部と外部の積分の差になって,

$$\int_{V_2} \nabla \cdot \boldsymbol{D}\, d^3x = \int \boldsymbol{D}\cdot d\boldsymbol{S} = S(D_2 - D_1) = S(\varepsilon E_2 - \varepsilon_0 E_1) \quad (3.62)$$

(3.61) より,これがゼロに等しいのであるから,誘電体の表面では $\varepsilon E_2 = \varepsilon_0 E_1$ という条件を満たすべきである.これは誘電体を含む系での一般的な境界条件で,誘電体の表面に垂直な方向の電場の成分はこの関係式を満たさなくてはならない.[5] このことから,結局

$$E_2 = \frac{Q}{S\varepsilon} \quad (3.63)$$

が得られる.

このときの電極間の電位差を計算してみると,

$$\delta\phi = \int_0^d E\,dz = E_1\frac{d-H}{2} + E_2 H + E_3\frac{d-H}{2} = \frac{Q}{S\varepsilon_0}\Big[d - \Big(1 - \frac{\varepsilon_0}{\varepsilon}\Big)H\Big] \quad (3.64)$$

ここで $1 - \varepsilon_0/\varepsilon > 0$ であるから,同じ電荷 Q をためるのに必要な電位差は,誘電体を差し込まない場合に比べて小さくなる.電気容量 C' は,

$$C' = S\varepsilon_0\Big[d - \Big(1 - \frac{\varepsilon_0}{\varepsilon}\Big)H\Big]^{-1} = C\Big[1 - \Big(1 - \frac{\varepsilon_0}{\varepsilon}\Big)\frac{H}{d}\Big]^{-1} \quad (3.65)$$

したがって,電気容量は挿入する誘電体の誘電率が大きいほど大きく,また厚みが厚いほど大きくなる.電極間にきっちり誘電体を詰め込んだ場合 ($d = H$) には,

$$C' = C\Big[1 - \Big(1 - \frac{\varepsilon_0}{\varepsilon}\Big)\Big]^{-1} = \frac{\varepsilon S}{d} \quad (3.66)$$

となり,真空の場合に比べて $\varepsilon/\varepsilon_0$ 倍だけ電気容量の大きなコンデンサーを

---

[5] 境界面に平行な成分の電場の境界条件は,単に連続であることだけになる.

作ることができる．

挿入する物質が誘電体ではなく導体であるとすると $\varepsilon \to \infty$ であるので，導体中の電場 E_2 は (3.63) よりゼロとなることがわかる．このとき，電気容量 C'' は

$$C'' = C\left(1 - \frac{H}{d}\right)^{-1} = \frac{\varepsilon_0 S}{d - H} \qquad (3.67)$$

である．電気容量の表式を見れば明らかであるが，導体の場合には実効的に電極間の距離を短くしていることに対応しているのである．

3.4.3 コンデンサーに蓄えられるエネルギー

次に，コンデンサーに蓄えられるエネルギーについて考えてみよう．コンデンサーは離れた電極間に電荷を保持することでポテンシャルエネルギーを蓄えていると考えることができる．いま，電気容量 C の平行平板コンデンサーの電極に $\pm Q$ の電荷がたまっており，結果として Q/C の電位差があるとしよう．このとき，dQ の電荷を $-$ の電極から $+$ の電極に運ぼうとすると，以下のように仕事 dU

$$dU = dQ \int E\, dz = dQ \frac{Q}{C} \qquad (3.68)$$

が必要である．したがって，電荷がゼロの状態から電荷が Q の状態になるまでコンデンサーに電荷をため込むと，それに必要な仕事は

$$U = \int dU = \int_0^Q \frac{Q'}{C}\, dQ' = \frac{Q^2}{2C} \qquad (3.69)$$

となる．したがって，これがコンデンサーに蓄えられるエネルギーを表している．

次に，このエネルギーを電場の強さを使って書いてみる．電極の面積を S とし，電極間は真空とすると，$E = Q/S\varepsilon_0$ なので，

3.4 物質中の電場とエネルギー

$$U = \frac{Q^2}{2C} = \frac{E^2 S^2 \varepsilon_0^2}{2C} = \frac{E^2 S^2 \varepsilon_0^2}{2\varepsilon_0 S/d} = \frac{\varepsilon_0}{2} E^2 S d \tag{3.70}$$

と書くことができる．最後の Sd が電極間の体積であり，電極間で電場が一様であることに注意すると，コンデンサーのエネルギーは，電極間の空間にエネルギー密度 $\varepsilon_0 E^2/2$ で満ちていると考えることもできる．次の項で，さらにこの考え方を一般化しよう．

3.4.4 電場のエネルギー

コンデンサーの例でもわかるように，電場が存在すると，そこにエネルギーが存在する．ここでは一般の静電場のもつエネルギーを求めてみよう．

多数の電荷が存在しているとき，どの2つのペアーにもクーロン力がはたらいているので，全体として静電ポテンシャル U は

$$U = \sum_{\text{すべての異なる}ij\text{のペアー}} \frac{q_i q_j}{4\pi\varepsilon_0 |\boldsymbol{x}_i - \boldsymbol{x}_j|} \tag{3.71}$$

であるが，これは

$$U = \frac{1}{2} \sum_{i \neq j} \frac{q_i q_j}{4\pi\varepsilon_0 |\boldsymbol{x}_i - \boldsymbol{x}_j|} \tag{3.72}$$

と書くこともできる．前の $1/2$ は2つの粒子のポテンシャルを ij と ji で2回数えて足してしまっているので，それを半分にしている因子である．和は $i \neq j$ であるすべての i, j についてとっている．電荷が連続分布しているとして電荷密度 ρ で書き直すと

$$U = \frac{1}{8\pi\varepsilon_0} \iint \frac{\rho(\boldsymbol{x})\rho(\boldsymbol{x}')}{|\boldsymbol{x} - \boldsymbol{x}'|} d^3\boldsymbol{x}\, d^3\boldsymbol{x}' \tag{3.73}$$

である．この $\boldsymbol{x}'$ に関する積分の部分は，ポテンシャル $\phi(\boldsymbol{x})$ におき換えられるので，

$$U = \frac{1}{2} \int \rho(\boldsymbol{x})\, \phi(\boldsymbol{x})\, d^3\boldsymbol{x} \tag{3.74}$$

という簡単な式となる．これをさらに電場を使って書き直すことを試みよう．
ガウスの法則 $\nabla \cdot \boldsymbol{E} = \rho/\varepsilon_0$ を用いると，

$$U = \frac{\varepsilon_0}{2}\int \phi(\boldsymbol{x}) \nabla \cdot \boldsymbol{E}\, d^3x = \frac{\varepsilon_0}{2}\int [\nabla \cdot (\phi \boldsymbol{E}) - \nabla \phi \cdot \boldsymbol{E}]\, d^3x$$

$$= \frac{\varepsilon_0}{2}\int_S \phi \boldsymbol{E} \cdot d\boldsymbol{S} - \frac{\varepsilon_0}{2}\int \nabla \phi(\boldsymbol{x}) \cdot \boldsymbol{E}\, d^3x = \frac{\varepsilon_0}{2}\int E^2\, d^3x \quad (3.75)$$

ここでは体積積分を面積積分に変えるところでガウスの定理を用い，$\boldsymbol{E} = -\nabla \phi$ を使った．また，表面積分は十分広い領域の表面での積分であるので，その表面では電場の値はゼロであるから，表面積分はゼロになっている．このことから静電場のエネルギー密度は $\varepsilon_0 E^2/2$ であり，全エネルギーはその積分となる．また，この結果はコンデンサーのエネルギー密度と当然同じになっている．真空でない場合には，(3.75) の変形を行う際に，$\nabla \cdot \boldsymbol{E} = \rho/\varepsilon_0$ の代わりに $\nabla \cdot \boldsymbol{D} = \rho$ を用いれば

$$U = \frac{1}{2}\int \boldsymbol{E} \cdot \boldsymbol{D}\, d^3x = \frac{\varepsilon}{2}\int E^2\, d^3x \quad (3.76)$$

を得る．

3.5 静電場とポアソン方程式

3.5.1 ポアソン方程式と境界条件

この項では，静電場のスカラーポテンシャルの満たすべき偏微分方程式について述べる．これまで見てきた真空中での基礎的な式をまとめると，ガウスの法則

$$\nabla \cdot \boldsymbol{E} = \frac{\rho}{\varepsilon_0} \quad (3.77)$$

と，電場による力が保存力であるという条件

$$\boldsymbol{E} = -\nabla \phi \quad (\text{または } \nabla \times \boldsymbol{E} = 0) \quad (3.78)$$

3.5 静電場とポアソン方程式

の2つであった.この2つを組み合わせると,

$$\nabla \cdot \nabla \phi = -\frac{\rho}{\varepsilon_0} \tag{3.79}$$

である.この左辺は,

$$\nabla \cdot \nabla \phi = \left(e_x \frac{\partial}{\partial x} + e_y \frac{\partial}{\partial y} + e_z \frac{\partial}{\partial z}\right) \cdot \left(e_x \frac{\partial}{\partial x} + e_y \frac{\partial}{\partial y} + e_z \frac{\partial}{\partial z}\right) \phi$$

$$= \left(\frac{\partial^2}{\partial x^2} + \frac{\partial^2}{\partial y^2} + \frac{\partial^2}{\partial z^2}\right) \phi \tag{3.80}$$

と書ける.この最後の形の演算子を**ラプラシアン**とよび,∇^2 あるいは $\triangle$ と書く.すなわち,

$$\triangle \equiv \nabla^2 \equiv \nabla \cdot \nabla = \frac{\partial^2}{\partial x^2} + \frac{\partial^2}{\partial y^2} + \frac{\partial^2}{\partial z^2} \tag{3.81}$$

したがって,静電場のスカラーポテンシャル ϕ は,

$$\frac{\partial^2 \phi}{\partial x^2} + \frac{\partial^2 \phi}{\partial y^2} + \frac{\partial^2 \phi}{\partial z^2} = -\frac{\rho}{\varepsilon_0} \tag{3.82}$$

という偏微分方程式をある境界条件のもとに解いた解である,ということになる.この方程式は**ポアソン方程式**とよばれ,右辺の電荷密度がゼロであるものを**ラプラス方程式**とよぶ.これらの微分方程式の境界値問題は数学で研究されており,ディリクレ問題やノイマン問題として知られている.真空中ではなく物質中で $D = \varepsilon E$ が成り立つ場合には,$\varepsilon_0 \to \varepsilon$ として解くことができる.

ここでは詳細について述べることはできないが,いくつかの典型的な問題の解法と方程式の基本的性質を述べる.

まず,原点に置いた点電荷のつくるポテンシャル $\phi = q/4\pi\varepsilon_0 r$ がポアソン方程式を満たしていることを確認しておこう.ただし,ここで $r = \sqrt{x^2 + y^2 + z^2}$ である.ϕ をポアソン方程式の左辺に代入すると,

$$\nabla^2\phi = -\frac{q}{4\pi\varepsilon_0}\left(\frac{\partial}{\partial x}\frac{x}{r^3} + \frac{\partial}{\partial y}\frac{y}{r^3} + \frac{\partial}{\partial z}\frac{z}{r^3}\right)$$

$$= -\frac{q}{4\pi\varepsilon_0}\left(\frac{3}{r^3} - x\cdot 2x\frac{3}{2r^5} - y\cdot 2y\frac{3}{2r^5} - z\cdot 2z\frac{3}{2r^5}\right)$$

$$= 0 \tag{3.83}$$

となる．ポアソン方程式の右辺は点電荷があるので，いたるところゼロというわけではないが，原点にのみ存在する電荷なので，原点以外，すなわち $r \neq 0$ ではゼロである．上式のポアソン方程式の左辺の変形においても，$r = 0$ ではポテンシャル ϕ も勾配 $\nabla\phi$ も発散しているので，上の式は $r \neq 0$ で成り立つと考えるべきである．したがって，少なくとも点電荷のポテンシャルは $r \neq 0$ ではポアソン方程式を満たしている．

では，$r \to 0$ での振る舞いはどうなるであろうか．これを述べるために，**ディラックのデルタ関数**を導入しよう．デルタ関数は物理学の多くの場面で極めて有益な数学的道具である．また数学的には本来，超関数というカテゴリーに属するものである．ここでの定義は，極めて直観的なものにとどめておく．

ディラックのデルタ関数 $\delta_\mathrm{D}(x)$ は $x \neq 0$ でゼロであり，また，原点の周りの極めて狭い幅で極めて大きな値をとる関数である．この「極めて狭い幅」と「極めて大きな値」の極めての程度は連動しており，$(-\infty, \infty)$ で x に関して積分すると，1 になるようになっている．まとめると，デルタ関数は，

$$\delta_\mathrm{D}(x) = \begin{cases} 0 & (x \neq 0) \\ +\infty & (x = 0) \end{cases} \tag{3.84}$$

であって，

$$\int_{-\infty}^{\infty} \delta_\mathrm{D}(x)\, dx = 1 \tag{3.85}$$

を満たすものである．

この関数を使うと，ポアソン方程式 (3.82) の右辺に出てくる電荷密度を表現するのに都合がよい．点電荷 q の場合，電荷密度は，非常に小さな領域に有限の電荷 q が集中しているものであり，電荷のいる場所を含んだ領域で積分すると当然 q に等しくならなければならない．電荷の狭い広がりを実質的にゼロと見なすと，点電荷の電荷密度はデルタ関数で表現することができる．すなわち，

$$\rho = q\,\delta_{\mathrm{D}}(x)\,\delta_{\mathrm{D}}(y)\,\delta_{\mathrm{D}}(z) \tag{3.86}$$

である．[6] 実際にこれを空間的に積分してみると，

$$\int_{-\infty}^{\infty} \rho\,dx\,dy\,dz = q\left(\int_{-\infty}^{\infty}\delta_{\mathrm{D}}(x)\,dx\right)\left(\int_{-\infty}^{\infty}\delta_{\mathrm{D}}(y)\,dy\right)\left(\int_{-\infty}^{\infty}\delta_{\mathrm{D}}(z)\,dz\right) = q \tag{3.87}$$

となって，確かに全電荷となっている．

さて，ポアソン方程式に戻ろう．点電荷の電荷密度がデルタ関数で書けたので，これを使って考える．いまポアソン方程式の両辺を，点電荷のある原点を中心とした半径 a の小さな球 V_a の中で積分してみよう．まず左辺は，ガウスの定理を使って

$$\int_{V_a} \nabla\cdot\nabla\phi\,d^3x = \int_{S_a} \nabla\phi\cdot\boldsymbol{n}\,dS = \int_{S_a}\left(-\frac{q}{4\pi\varepsilon_0 r^2}\right)dS$$

$$= 4\pi a^2\left(-\frac{q}{4\pi\varepsilon_0 a^2}\right) = -\frac{q}{\varepsilon_0}$$

ここで S_a は V_a を囲む球面を表す．右辺の積分も，デルタ関数の性質から

$$\int_{V_a}\left(-\frac{\rho}{\varepsilon_0}\right)dx\,dy\,dz = -\frac{q}{\varepsilon_0} \tag{3.88}$$

となり，確かに右辺と左辺は等しい．したがってクーロンポテンシャルは，デルタ関数で点電荷を表現したポアソン方程式を満たすことになる．また逆

---

[6] $\delta_{\mathrm{D}}(x)\,\delta_{\mathrm{D}}(y)\,\delta_{\mathrm{D}}(z)$ は $\delta_{\mathrm{D}}(\boldsymbol{x})$ や $\delta_{\mathrm{D}}^3(\boldsymbol{x})$ と表記することも多い．

に，クーロンの法則ではなくポアソン方程式を基礎にとって，そこからクーロンの法則を導くこともできる．以下でこれを見てみよう．

点電荷の周りでは，球対称性からポテンシャルは電荷からの距離 r にしか依存しない．したがって x, y, z に関する偏微分は

$$\frac{\partial}{\partial x} = \frac{x}{r}\frac{\partial}{\partial r}, \quad \frac{\partial}{\partial y} = \frac{y}{r}\frac{\partial}{\partial r}, \quad \frac{\partial}{\partial z} = \frac{z}{r}\frac{\partial}{\partial r}$$

となる．これらをポアソン方程式に代入して整理すると

$$\frac{1}{r^2}\frac{\partial}{\partial r}\left(r^2 \frac{\partial \phi}{\partial r}\right) = -\frac{q}{\varepsilon_0}\delta_D(\boldsymbol{x})$$

となる．$r \neq 0$ では右辺はゼロなので簡単に積分でき，積分定数を C_1, C_2 として

$$\phi = \frac{C_1}{r} + C_2$$

を得る．この2つの積分定数は無限遠方での境界条件と，原点での振る舞いとによって決定することができる．まず無限遠方でのポテンシャルの値のとり方は自由であるが，ここではゼロとすることにすると，$C_2 = 0$ を得る．C_1 に関しては，(3.88) で行ったように，ポアソン方程式を原点周りの半径 a の小さな球で積分することによって決めることができる．$\phi = C_1/r$ に対してこれを行うと，

$$-4\pi a^2 \frac{C_1}{a^2} = -\frac{q}{\varepsilon_0}$$

となり，$C_1 = q/4\pi\varepsilon_0$ となって，クーロンの法則を再現するのである．

さて，もう1つ別の例を見てみよう．閉じた面 S を成す導体でできた殻があり，殻の内部には電荷はなく，殻の外に任意の電荷が分布しているときに内部の電場を求める問題である．この場合，導体によって外部の任意の電場がシールドされ，内部の電場はゼロになるのだが，これをポアソン方程式から見てみると，以下のようになる．

3.5 静電場とポアソン方程式

条件は，S 上で $\phi = \phi_0 =$ 一定，及び S で囲まれた体積 V 内で

$$\nabla^2 \phi = 0 \tag{3.89}$$

である．まず，$\nabla^2(\phi^2/2)$ という量を計算してみると

$$\nabla^2\left(\frac{\phi^2}{2}\right) = \nabla \cdot (\phi \nabla \phi) = (\nabla \phi)^2 + \phi \nabla^2 \phi \tag{3.90}$$

という恒等式が得られる．これを V で積分すると

$$\int_V \nabla^2\left(\frac{\phi^2}{2}\right) d^3x = \int_V [(\nabla \phi)^2 + \phi \nabla^2 \phi] \, d^3x \tag{3.91}$$

となる．次に，この式の左辺の被積分関数を $\nabla \cdot \nabla(\phi^2/2)$ と見て，体積積分にガウスの定理を適用すると，

$$\int_V \nabla^2\left(\frac{\phi^2}{2}\right) d^3x = \int_S \nabla\left(\frac{\phi^2}{2}\right) \cdot \boldsymbol{n} \, dS = \int_S \phi \nabla \phi \cdot \boldsymbol{n} \, dS \tag{3.92}$$

(3.89)，(3.91)，(3.92) を合わせると，

$$\int_V (\nabla \phi)^2 \, d^3x = \int_S \phi \nabla \phi \cdot \boldsymbol{n} \, dS \tag{3.93}$$

が得られる．ここで面 S 上では $\phi = \phi_0$ で一定なので，右辺の ϕ が積分の外に出て，さらに右辺にガウスの定理を適用すると，結局

$$\int_V (\nabla \phi)^2 \, d^3x = \phi_0 \int_V \nabla^2 \phi \, d^3x \tag{3.94}$$

となる．ところが，条件 (3.89) から右辺はゼロになってしまうので，

$$\int_V (\nabla \phi)^2 \, d^3x = 0 \tag{3.95}$$

が得られる．この左辺の被積分関数は常に正であるから，積分値がゼロになるためには被積分関数もまたゼロでなくてはならない．よって，$\nabla \phi = 0$ が導かれる．勾配がゼロになるということは V 内で $\phi =$ 一定 ということになる．S 上では $\phi = \phi_0$ なので，結局内側での解は V 内のいたるところで

$$\phi = \phi_0 \tag{3.96}$$

という一定値になる．これは V 内で電場がゼロであることを示している．

この項ではポアソン方程式の解を 2 つの場合について見てみたが，重要な点は，どちらも考えている領域のほとんどすべてで $\nabla^2 \phi = 0$ というラプラス方程式を考えているのに，答えが全く異なるという点である．これはラプラス方程式の性質で，考えている領域を取り囲む面上での境界条件を指定しなければ解を求めることはできないということを意味している．

例えば前者の場合には，原点以外の空間でのラプラス方程式と考え，原点に点電荷があるという境界条件と，無限遠方で $\phi = 0$ になるという境界条件が課されていることになる．一方，後者の場合には，導体殻上で $\phi = \phi_0$ という境界条件が課されているのである．後者のシールドは極端な例であるが，一般に導体や誘電体が置かれた周りの領域では境界条件が重要となり，単に点電荷のクーロンポテンシャルを重ね合わせるだけでは正しい答えを求めることはできないことに注意しよう．[7]

3.5.2　静電場の解法 1 ―変数分離―

この項では前項で見たポアソン方程式を解く 1 つの方法として，**変数分離**による解法について述べる．

いま問題設定として，平面上で図 3.9 のように，$x = 0$, $y = 0$, $x = L$ を接地し，$y = L$ のみに ϕ_0 の電圧をかけたときの正方形の中のスカラーポテンシャルを計算してみよう．紙面に垂直な方向に z 軸をとり，この方向には物理量は金太郎飴

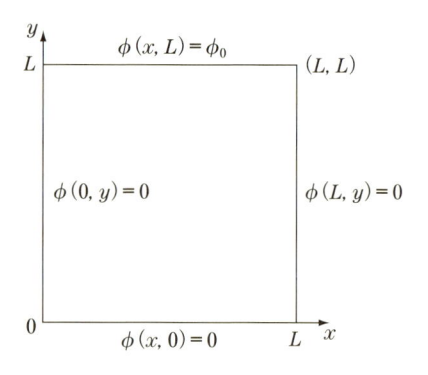

図 3.9　考える領域と境界条件

---

[7] ただし，もちろん導体や誘電体に誘起された電荷も真の電荷として勘定に入れるならば，クーロンポテンシャルの重ね合わせとして書ける．

のように全く変化しないものとする.つまり正方形の各辺が,紙面に垂直にとても長い電極になっていると想定する.このとき,z 軸方向には物理量は一様でスカラーポテンシャルが変化しないことと,考えている領域内に電荷が存在しないことから,スカラーポテンシャル ϕ の満たすべき式は

$$\frac{\partial^2 \phi}{\partial x^2} + \frac{\partial^2 \phi}{\partial y^2} = 0 \tag{3.97}$$

である.

 変数分離による解法では,解の 2 つの変数(この場合には x と y)に対する依存性が掛け算で分かれてしまうという形を仮定するところから出発する.すなわち,$\phi(x,y) = \phi_x(x)\phi_y(y)$ を仮定する.これを元のラプラス方程式 (3.97) に代入して整理すると,

$$\frac{1}{\phi_x}\frac{d^2\phi_x}{dx^2} = -\frac{1}{\phi_y}\frac{d^2\phi_y}{dy^2} \tag{3.98}$$

となる.この左辺は x のみの関数,右辺は y のみの関数となるので,結局,ある定数 A に等しくならざるを得ない.以下では A の正負によって場合分けをし,境界条件に適合する解を探していく.

(1) $A = 0$ のとき

$$\frac{1}{\phi_x}\frac{d^2\phi_x}{dx^2} = -\frac{1}{\phi_y}\frac{d^2\phi_y}{dy^2} = 0$$

となるので,それぞれ簡単に積分が実行でき,a, b, c, d を定数として $\phi_x = ax + b$,$\phi_y = cy + d$ とおけるので,

$$\phi(x,y) = (ax+b)(cy+d) \tag{3.99}$$

と表せる.これに境界条件 $\phi(0,y) = 0$,$\phi(L,y) = 0$ を課すと

$$b(cy+d) = 0, \quad (aL+b)(cy+d) = 0$$

となる.これが任意の y について成り立つので 1 番目の式から

$$b = 0 \quad \text{あるいは} \quad c = d = 0$$

$c = d = 0$ のときには $\phi = 0$ となる.また,$b = 0$ でかつ $cy + d \neq 0$ で

あると，2番目の式から $aL = 0$ であるが，$L \neq 0$ であるので，$a = 0$ となる．したがって $ax + b = 0$ であり，やはり $\phi = 0$ となる．よって，いずれにせよ，この解が与えられた境界条件を満たすためにはすべての x, y に対して $\phi(x, y) = 0$ しかない．これはいま興味のない解なので捨てることにする．

(2) $A = k^2 (> 0)$ のとき（ここで k は正の実数）

$$\frac{1}{\phi_x}\frac{d^2\phi_x}{dx^2} = -\frac{1}{\phi_y}\frac{d^2\phi_y}{dy^2} = k^2$$

となるので，まず ϕ_x の方を考えると，解はやはり簡単に積分できて，$\phi_x = ae^{kx} + be^{-kx}$ となる．したがって

$$\phi(x, y) = (ae^{kx} + be^{-kx})\phi_y(y)$$

であるが，境界条件 $\phi(0, y) = \phi(L, y) = 0$ から，$\phi_y \neq 0$ であれば，$a + b = 0$ かつ $ae^{kL} + be^{-kL} = 0$ でなければならない．この2式から b を消去すると，

$$a(e^{kL} - e^{-kL}) = 0$$

となるが，$kL = 0$ という意味のない場合を除くと必ず $a = 0$ となり，したがって $b = 0$ も結論され，恒等的に $\phi(x, y) = 0$ となる．

ところで，これは $\phi_y \neq 0$ という仮定の下に得られた結果であるが，$\phi_y = 0$ であればそもそも $\phi(x, y) = 0$ となるので，やはりこの場合も興味のない解となることがわかったので捨てる．

(3) $A = -k^2 (< 0)$ のとき（ここで k は正の実数）

まず ϕ_x に関して解くと，$\phi_x = a\sin kx + b\cos kx$ である．先ほどと同様に $\phi_y = 0$ は意味がないので $\phi_y \neq 0$ とすると，境界条件 $\phi(0, y) = 0$ より，まず $b = 0$ が得られる．続いて $\phi(L, y) = 0$ より $a\sin kL = 0$ であるが，$a = 0$ の無意味な解を除くと，許される k の値がとびとびになることがわかる．すなわち，

$$k = k_n \equiv \frac{n\pi}{L} \qquad (n = 1, 2, 3, \cdots) \tag{3.100}$$

と表せる．次に ϕ_y を解くと $\phi_y = ce^{k_n y} + de^{-k_n y}$ が得られるが，境界条件 $\phi(x,0) = 0$ より，$c = -d$ となる．よって，$\phi_y = c(e^{k_n y} - e^{-k_n y})$ となる．

合わせると，
$$\phi(x, y) = ac \sin k_n x \, (e^{k_n y} - e^{-k_n y})$$

であるが，n は自然数ならば何でもよく，かつ元のラプラス方程式が線形方程式なので，解の和（線形結合）もまた解となることを考慮すると，最も一般的な解の形は

$$\phi(x, y) = \sum_{n=1}^{\infty} a_n \sin\left(\frac{n\pi}{L} x\right)(e^{\frac{n\pi}{L} y} - e^{-\frac{n\pi}{L} y}) \tag{3.101}$$

となる．ここで ac は1つの係数として新たに a_n とし，k_n は定義通りに書き下した．この形の解に最後の境界条件 $\phi(x, L) = \phi_0$ を課すと

$$\phi_0 = \sum_{n=1}^{\infty} a_n \sin\left(\frac{n\pi}{L} x\right)(e^{n\pi} - e^{-n\pi}) \tag{3.102}$$

であるが，これから未知の a_n を決定することができる．実際には三角関数の直交性，

$$\int_0^L \sin\left(\frac{n\pi}{L} x\right) \sin\left(\frac{m\pi}{L} x\right) dx = \frac{L}{2} \delta_{mn} \tag{3.103}$$

を使う．境界条件 (3.102) の両辺に $\sin(m\pi x/L)$ を掛けて積分すると，$m \neq n$ の項はすべて消え，

$$\phi_0 \frac{L}{n\pi}(1 - \cos n\pi) = a_n (e^{n\pi} - e^{-n\pi}) \frac{L}{2}$$

となり，a_n に関して解くことができる．解いた a_n を用いると，結局

$$\phi(x, y) = \phi_0 \sum_{n=1}^{\infty} \frac{2}{n\pi} \frac{1 - (-1)^n}{e^{n\pi} - e^{-n\pi}} \sin\left(\frac{n\pi}{L} x\right)(e^{\frac{n\pi}{L} y} - e^{-\frac{n\pi}{L} y})$$

が求める電場の表式である．無限級数で書かれているので実際にどのような

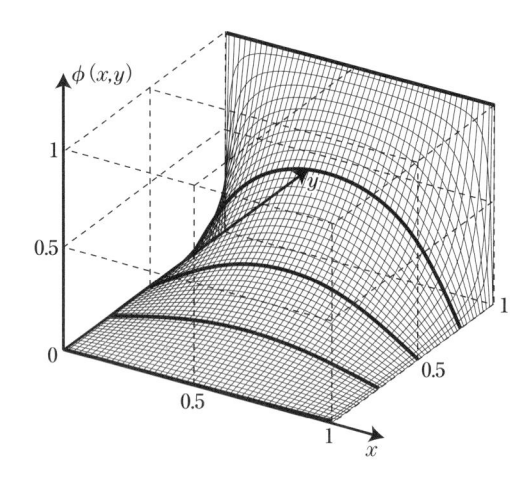

図 3.10 本項の問題で，$\phi_0 = 1$, $L = 1$ としたラプラス方程式の解の鳥瞰図．底面は xy 平面を表し，縦軸は電位 ϕ を表している．xy 平面上の計算領域をとり囲む四辺のうち，$y = L$ のみゼロでない電位（$\phi_0 = 1$）となっている．太い実線の曲線はそれぞれ $y = 0$, 0.25, 0.5, 0.75, 1 での ϕ の値を表している．

形になっているのかは想像しにくいが，このポテンシャルは図 3.10 のようになっている．$y = L$ の辺上のみ ϕ_0 で，その他の電極ではゼロになっており，間が滑らかにつながっていることがわかるであろう．

3.5.3　静電場の解法 2 ― 数値計算 ―

　この項では，ポアソン方程式を数値的に解く方法について述べる．前項の解析的な方法は，無限級数ではあるが，誤差なく正しい答えを与えるし，sin などの素性の良い関数で書かれているために，その後の取り扱いを行う際にも都合が良い．例えば，すぐ微分できるので電場がすぐに求まる．しかしながら実際の場面では，この問題のような単純な境界条件の下で問題を解くことはまれであり，より複雑な境界条件が課されることが多い．そのような場合（実際ほとんどの場合）には本項で取り扱う数値的な解法が唯一の方法となる．

3.5 静電場とポアソン方程式

前項との比較のために，今回も前項と全く同じ問題を考え，以下の2次元ラプラス方程式を与えられた境界条件で解くことを考えよう．すなわち，解くべき式は

$$\frac{\partial^2 \phi}{\partial x^2} + \frac{\partial^2 \phi}{\partial y^2} = 0 \tag{3.104}$$

であり，$x=0$, $y=0$, $x=L$ を接地し，$y=L$ のみに $\phi = \phi_0$ という境界条件のもとで内部の電位を計算する．

数値的にこの方程式を解くとは，図 3.11 にあるように，xy 平面上の格子点での ϕ を近似的に求めることである．ここで格子間隔を，x 軸方向は Δx, y 軸方向は Δy にとることにしておく．

さて，いまある格子点 (x_{i+1}, y_j) でのポテンシャルの値 $\phi(x_i + \Delta x, y_j)$ を x 軸方向にテイラー展開すると，

$$\phi(x_i + \Delta x, y_j) = \phi(x_i, y_j) + \frac{\partial \phi}{\partial x} \Delta x + \frac{1}{2!}\frac{\partial^2 \phi}{\partial x^2}(\Delta x)^2 + \frac{1}{3!}\frac{\partial^3 \phi}{\partial x^3}(\Delta x)^3 + \cdots \tag{3.105}$$

同様に格子点 (x_{i-1}, y_j) では

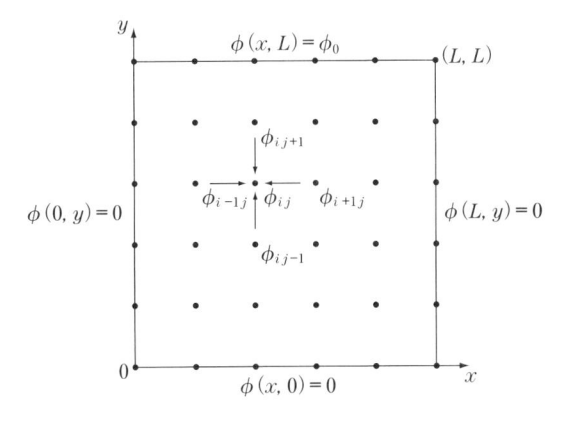

図 3.11 格子点

$$\phi(x_i - \Delta x, y_j) = \phi(x_i, y_j) - \frac{\partial \phi}{\partial x}\Delta x + \frac{1}{2!}\frac{\partial^2 \phi}{\partial x^2}(\Delta x)^2 - \frac{1}{3!}\frac{\partial^3 \phi}{\partial x^3}(\Delta x)^3 + \cdots$$
(3.106)

この2つの式を足すと Δx の奇数次の項が消えて

$$\phi(x_i - \Delta x, y_j) + \phi(x_i + \Delta x, y_j) = 2\phi(x_i, y_j) + \frac{\partial^2 \phi}{\partial x^2}(\Delta x)^2 + \cdots$$
(3.107)

Δx の4次以上を無視すると，2階微分が格子点の ϕ の値から評価でき，

$$\frac{\partial^2 \phi}{\partial x^2} = \frac{1}{(\Delta x)^2}[\phi(x_i - \Delta x, y_j) + \phi(x_i + \Delta x, y_j) - 2\phi(x_i, y_j)]$$
(3.108)

を得る．y 軸方向についても全く同様の議論をすると，

$$\frac{\partial^2 \phi}{\partial y^2} = \frac{1}{(\Delta y)^2}[\phi(x_i, y_j - \Delta y) + \phi(x_i, y_j + \Delta y) - 2\phi(x_i, y_j)]$$
(3.109)

となる．

上の2つの式を加えると，ラプラス方程式の左辺が格子点のポテンシャルの値で表現できる．ラプラス方程式を $\phi_{ij} \equiv \phi(x_i, y_j)$ という記法を使って書き直すと，

$$\frac{1}{(\Delta x)^2}(\phi_{i-1\,j} + \phi_{i+1\,j} - 2\phi_{ij}) + \frac{1}{(\Delta y)^2}(\phi_{i\,j-1} + \phi_{i\,j+1} - 2\phi_{ij}) = 0$$
(3.110)

$\Delta x = \Delta y$ とすることにし，ϕ_{ij} に関して解くと，

$$\phi_{ij} = \frac{1}{4}(\phi_{i-1\,j} + \phi_{i+1\,j} + \phi_{i\,j-1} + \phi_{i\,j+1}) \qquad (i, j = 1, 2, \cdots, n)$$
(3.111)

となり，ある格子点 i, j でのポテンシャルの値は単にその周りの4格子点で

3.5 静電場とポアソン方程式

のポテンシャルの値の平均である,という単純な差分方程式が得られる.もしも領域内に電荷があるような問題の場合には,電荷密度の項 $-\rho_{ij}/\varepsilon_0$ を (3.110) の右辺に加えておいてから解くと,

$$\phi_{ij} = \frac{1}{4}(\phi_{i-1\,j} + \phi_{i+1\,j} + \phi_{i\,j-1} + \phi_{i\,j+1}) + \frac{1}{4}\frac{\rho_{ij}}{\varepsilon_0}(\Delta x)^2 \quad (i, j = 1, 2, \cdots, n)$$

が得られる.ここで ρ_{ij} は (x_i, y_j) での電荷密度を表している.

さて,格子点が端を入れて全部で $(n+2)^2$ 個あるとし(図 3.11 では $n=4$),端の値は境界条件で決められているとすると,未知の ϕ_{ij} の値は全部で n^2 個あることになる.一方,方程式は (3.111) でやはり未知の ϕ_{ij} の分で n^2 個あるので,結局,(3.111) は n^2 元連立の 1 次方程式を与えている.(3.111) の右辺の中には境界の値 $\phi_{0\,j}$, $\phi_{n+1\,j}$, $\phi_{i\,0}$, $\phi_{i\,n+1}$ などが含まれており,これらの方程式を解くには境界条件が必ず必要であることに留意しよう.

実際に精密に答えを求めようとすると n を大きくとれば精度が上がり,滑らかな答えが求まる.そのような場合にこれを手で解くのは現実的ではなく,コンピュータの助けを借りることになる.章末に今回の問題を解くための C 言語で書かれたプログラムを載せたので,余裕がある読者にはトライしてもらいたい.

ここでは計算のプロセスを理解するために $n=2$ の計算を手で行うにとどめておく.$n=2$ であるので,求める式は 2^2 個で 4 元連立の 1 次方程式となる.これを境界条件を入れて書き下すと,

$$4\phi_{11} = \phi_{21} + \phi_{12}$$
$$4\phi_{12} = \phi_{22} + \phi_{11} + \phi_0$$
$$4\phi_{21} = \phi_{11} + \phi_{22}$$
$$4\phi_{22} = \phi_{12} + \phi_{21} + \phi_0$$

これを解くと

$$\begin{pmatrix} \phi_{12} & \phi_{22} \\ \phi_{11} & \phi_{21} \end{pmatrix} = \begin{pmatrix} \dfrac{3}{8}\phi_0 & \dfrac{3}{8}\phi_0 \\ \dfrac{1}{8}\phi_0 & \dfrac{1}{8}\phi_0 \end{pmatrix} \tag{3.112}$$

が解として得られる．この解行列で上の行は $y = L$ の電極に近く，下は接地されているところに近いので，傾向としてよさそうだということはわかるであろう．

比較のために，コンピュータで $n = 98$ として解いた，より精密な解と比べてみる．同じ位置での ϕ の値は，$y = L$ に近い方と遠い方でそれぞれ $0.3806\phi_0$ と $0.1191\phi_0$ となる．$3/8 = 0.3750$，$1/8 = 0.1250$ であるので $n = 2$ の計算であることを思い出せば，荒い近似の範囲内で正しく計算できていることがわかる．このように計算機を用いると，どのような問題でも静電場を計算することができるのである．

■ 章末問題

問題 1 半径 R の球の内部に電荷密度 ρ で電荷が分布している．球の内外での電場を求めよ．同様に，無限に長い半径 R の円筒の内部に電荷密度 ρ で電荷が分布しているとき，円筒内外の電場を求めよ．

問題 2 原子番号 Z，質量数 A の原子核の半径は，およそ $r_0 A^{1/3}$（ただし $r_0 \simeq 1.2[\mathrm{fm}](= 1.2 \times 10^{-15}[\mathrm{m}])$）で与えられる．この原子核に陽子を打ち込んでクーロン力に打ち勝って反応を起こさせるために必要なエネルギーを求めよ．また $Z \simeq A/2$ として，このエネルギーは質量数が大きくなるとともに大きくなるか？あるいは小さくなるか？

問題 3 半径 R_1 と R_2 の2つの導体球が，中心間の距離が l だけ離れて設置されており ($l \gg R_1 + R_2$)，導線で結ばれているとする．この系に電荷 Q を与えたとき，電荷は2つの球の間でどのように分配されるか？　ただし2つの導体は十分離れた場所に置かれ，それぞれの表面近くの電位への，他方の導体球の電荷からの影響は点電荷によるものと近似できるものとする．

問題 4 面積 S，間隔 d の平行平板コンデンサーに電位差 V がかかっている．

一方の極板をゆっくりと距離 l だけ引き離すとき,必要な仕事はいくらか?

問題 5 接地された十分広い平面状の導体を考え,そこから距離 l 離れた位置に電荷 Q を置く.導体表面には誘導電荷が誘起し,電場は点電荷の作るものとは異なったものになる.電荷の反対側に仮想電荷を置くことによって電場がどのようになるか求めよ(このような方法を**鏡像法**とよぶ).

問題 6 電気双極子モーメントは本文中で $\boldsymbol{p} = \int_V \boldsymbol{x}\rho\, d^3x$ と定義されたが,電荷分布を微小距離 $\boldsymbol{d}$ だけ離れた 2 つの点電荷 $\pm q$ を表す

$$\rho = q\delta_{\mathrm{D}}\left(\boldsymbol{x} - \frac{\boldsymbol{d}}{2}\right) - q\delta_{\mathrm{D}}\left(\boldsymbol{x} + \frac{\boldsymbol{d}}{2}\right)$$

とおけば,$\boldsymbol{p} = q\boldsymbol{d}$ となる.したがって,電気双極子モーメントは微小距離 $\boldsymbol{d}$ だけ離れた 2 つの点電荷 $\pm q$ と見なすことができる.

いま,電場 $\boldsymbol{E}$ を考え,その中に電気双極子モーメント $\boldsymbol{p}$ を置いたとき,電気双極子の 2 つの電荷にはたらく力を計算し,相互作用のエネルギーを計算せよ.

問題 7 距離 l だけ離れた 2 つの電気双極子モーメント $\boldsymbol{p}_1$, $\boldsymbol{p}_2$ の相互作用のエネルギーを計算せよ.

問題 8 湯川型ポテンシャル

$$\phi(r) = \frac{q}{4\pi\varepsilon_0} \frac{e^{-r/\lambda}}{r}$$

を作る電荷分布を求めよ.ただし,原点近傍でのポテンシャルは点電荷のポテンシャルとほぼ同等となる ($e^{-r/\lambda} \simeq 1$) ことに留意せよ.また電荷密度分布を全空間で体積積分すると,ゼロになることを示せ.

問題 9 半径 R,誘電率 ε の誘電体球を,一様な電場 $\boldsymbol{E}_0$ の中に置く.このとき,極座標で書いたラプラス方程式を解くことによって誘電体内外の電場を求めよ.

問題 10 真空中に存在する静電場中に荷電粒子を静かに置いても,電場からの力以外の力がはたらかなければ,荷電粒子は力学的に安定になれないことを示せ.

ポテンシャルを数値的に求めるプログラム

```
/*2次元ラプラス方程式の解*/
#include＜stdio.h＞
#include＜math.h＞
#define n 50 /* 一辺当たりのメッシュの数*/
#define maxit 10000 /* 最大計算回数*/
#define eps 1.0e-6 /* 誤差の閾値*/
#define phi0 1.0 /* かける電圧*/
#define Length 10.0 /* 矩形の一辺の長さ*/
int main(void)
{
int i, j, num；
int flag；
double error；
double deltaL；
double phi[n+2][n+2], phi_old[n+2][n+2]；
/*↑全部で (n+2) の2乗の格子点だが，端は境界条件で fix するので，*/
/* 実際に解くのは中のnの2乗個であることに注意*/
FILE*output_file；
/*――――――初期化及び境界条件――――――*/
/* 境界はメッシュ番号0とメッシュ番号n+1にとる*/
for(i=0；i＜n+2；i++){
for(j=0；j＜n+2；j++){
phi [i][j]＝0.0；/* 初期化及び境界の値をグラウンドに接地*/
}
}
for(i=0；i＜n+2；i++){
phi[i][n+1]＝phi0；/*y=L に電圧を掛ける*/
}
/*――――――初期化及び境界条件終わり――――――*/
/*――――ガウスザイデルの繰り返しループ――――*/
for(num=0；num＜maxit；num++){
flag=0；
for(i=1；i＜n+1；i++){
```

```
for(j=1;j<n+1;j++){
phi_old[i][j]=phi[i][j];/*前のステップの値を保存*/
}
}
for(i=1;i<n+1;i++){
for(j=1;j<n+1;j++){
error=0.0;
phi[i][j]=0.25*(phi[i+1][j]+phi[i-1][j]+phi[i][j+1]+phi[i][j-1]);
/*↑ ラプラス方程式の差分方程式*/
error=fabs(phi[i][j]-phi_old[i][j])/fabs(phi[i][j]+phi_old[i][j]);
if(error>eps) flag=1;
/*↑ 各メッシュでの誤差の評価．誤差が大きければフラグを立てる*/
}
}
if(flag==0) break;/* フラグが立っていなければループ離脱*}
/*―――ガウスザイデルの繰り返しループ終わり―――*/
/*―――出力ルーチン―――*/
printf(" number of iteration=%d\n",num);
deltaL=(float)Length/(n+1);
output_file=fopen("output.dat","w");
for(i=0;i<n+2;i++){
for(j=0;j<n+2;j++){
fprintf (output_file,"%f %f %f\n",(float)deltaL*i,(float)deltaL*j,phi[i][j]);}
fprintf (output_file,"\n");
}
/*―――出力ルーチン終わり―――*/
return(0);
}
```

Static Magnetic Field

第4章　静磁場

　第3章では静止している電荷がつくり出す静電場について見てきたが，本章では定常的[1]な電荷群の運動，すなわち定常電流による**磁力**について見ていくことにする．磁力とは，磁石による力である．磁石にはN極とS極があり，同じ極同士は反発し合い，異なる極は引き合う．また，金属に磁石を近づけると引き付けられる．

　では，電気力のときに正負の電荷という物理量があったように，磁力の源にもそのようなものはあるのであろうか．答えはやや複雑である．まず，電荷に対応する磁荷という量は単独では存在しない．つまり，いつもN極とS極は一緒に現れるのである．磁力の源には次の2種類がある．1つは，物体を構成している原子の各々が小さな磁石であって，それらの重ね合わせとして磁石となっている場合であり，もう1つは電流が源になっている場合である．前者は，突き詰めて考えれば素粒子のスピンという量子力学的な物理量に突き当たるために，完全に古典的な取り扱いはできない．本書では後者の電流を源とする磁力について見ていく．

4.1 電流と磁場

4.1.1 磁場を生み出す電流

　電流が流れる導線の間には力がはたらく．まず，最も単純なケースを考えてみよう．図4.1の(a)のように，2つの長い平行な導線1と導線2を考える．導線の間の距離は，r_{12}とする．このとき，同じ方向にそれぞれI_1, I_2の電流が流れているとすると，2つの導線は，互いに単位長さ当たり

$$f = \frac{\mu_0}{2\pi} \frac{I_1 I_2}{r_{12}} \tag{4.1}$$

の引力を受ける．つまり，電流が他の電流に力を及ぼしている．

---

[1] 物理学で"定常的"とは，"時間が経っても変わらない"ということを意味する．

4.1 電流と磁場

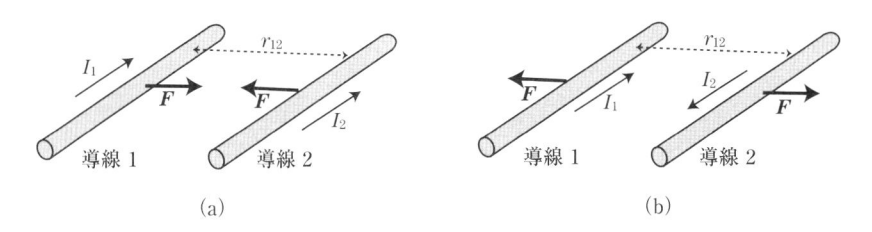

図 4.1 平行な直線電流にはたらく力.(a) は同じ方向に流れる電流の場合を表し,(b) は逆方向に流れる場合を示している.

3.1.2 項で出てきたように,電流の単位 A(アンペア)は,導線間にはたらく力を基準として定められているので,力の大きさを与える比例定数 μ_0 は,$r_{12} = 1[\mathrm{m}]$ の導線に対して,$f = 2 \times 10^{-7}[\mathrm{N}]$ になるときの電流を $I_1 = I_2 = 1[\mathrm{A}]$ と定める,という条件から SI 単位系では $4\pi \times 10^{-7}\,\mathrm{N\,m\,A}^{-2}$ となる.また (b) のように電流が互いに逆向きに流れるときには,符号が変わって力は同じ大きさで逆向き,すなわち斥力としてはたらく.

この例を見てもわかるように,磁力は電気力に比べてやや複雑である.というのは,電場のときとは違い電流の方向によって力の向きが異なり,電流の向きに垂直に力がはたらくからである.

さてこの例では,無限に長い導線という,大きさのあるものにはたらく力として磁力が取り扱われており,かつ直線電流という単純な電流分布になっている.一方,静電気力のときには,力を電場と電荷の間にはたらく力として記述した.磁力の場合にも,磁力をつくり出す場が微小区間の微小電流要素に力を及ぼすと考えて記述できる.そのために電場と同じように,**磁場**という概念を導入する.

場所 $\boldsymbol{x}_1$ の微小区間 $d\boldsymbol{l}_1$ を流れる電流 I_1 が場所 $\boldsymbol{x}$ につくり出す微小磁場は,

$$d\boldsymbol{B}(\boldsymbol{x}) = \frac{\mu_0}{4\pi} \frac{I_1(\boldsymbol{x}_1)\,d\boldsymbol{l}_1 \times (\boldsymbol{x} - \boldsymbol{x}_1)}{|\boldsymbol{x} - \boldsymbol{x}_1|^3} \tag{4.2}$$

と表され,これを**ビオ‐サバールの法則**とよぶ.ここで $d\boldsymbol{l}_1$ は電流の方向を向き,流れる微小区間の長さをもつベクトルである.静電場の式 (3.15) に

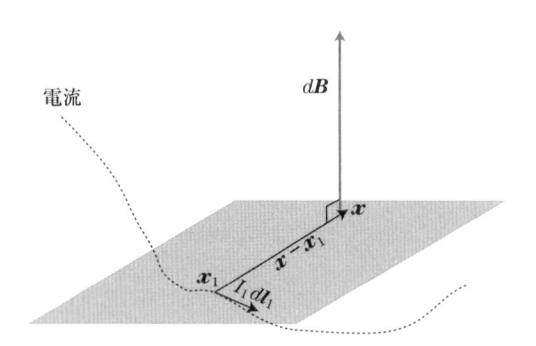

図 4.2 微小電流と生成される磁場ベクトルの位置関係

対応する式で，互いによく似ている．実際，距離の2乗に反比例して磁場の値が減少していくのは電場のときと同じであるが，電荷の部分が微小区間を流れる電流におき換わり，磁場が $x - x_1$ の方向を向かず，それに垂直になっている．図 4.2 は磁場とその源となる電流の関係を模式的に表した図である．dB は，x_1 でのベクトル $I_1 \, dl_1$ と，$x - x_1$ の張る平面に垂直な方向を向く．

磁場の単位は [T]（テスラ）を用いる．1 A の電流が，電流から距離 1 m の場所につくる磁場の大きさが 2×10^{-7} T となる．このように微小区間の電流がつくる磁場の大きさがわかれば，直線ではない任意の流れ方をする電流に対しても，微小区間を流れる電流の寄与の足し合わせとして磁場の大きさを計算することができる．

次に，ビオ‐サバールの式を用いて具体的に磁場を計算してみよう．先ほどの平行電流で，導線2はないものとし，導線1を流れる電流 I_1 のつくる磁場を計算する．座標は電流の流れる方向を z 軸の正の向きとし，それに垂直な面を xy 平面にとる．また対称性から，導線が z 軸と一致するようにとっても一般性を失わない．$x = (x, y, z)$，$x_1 = (a, 0, z_1)$，各座標方向の単位ベクトルを e_x，e_y，e_z とし，ビオ‐サバールの法則を導線が無限に長いとして積分すると，

4.1 電流と磁場

$$B = \frac{\mu_0 I_1}{4\pi} \int_{-\infty}^{\infty} \frac{d\bm{l}_1 \times (\bm{x} - \bm{x}_1)}{|\bm{x} - \bm{x}_1|^3} = \frac{\mu_0 I_1}{4\pi} \int_{-\infty}^{\infty} \frac{dz_1 \, \bm{e}_z \times (x\bm{e}_x + y\bm{e}_y)}{[x^2 + y^2 + (z - z_1)^2]^{3/2}}$$

$$= \frac{\mu_0 I_1}{4\pi} \int_{-\infty}^{\infty} \frac{d\zeta (x\bm{e}_y - y\bm{e}_x)}{(x^2 + y^2 + \zeta^2)^{3/2}}$$

$$= \frac{\mu_0 I_1}{2\pi} \frac{x\bm{e}_y - y\bm{e}_x}{x^2 + y^2} \tag{4.3}$$

を得る.

これをわかりやすく見るために, $x = r\cos\theta$, $y = r\sin\theta$ の関係をもつ r, θ の2次元極座標に変換する. 動径方向の単位ベクトルを $\bm{e}_r$, 角度 θ 方向の単位ベクトルを $\bm{e}_\theta$ とすると, $\bm{e}_r = \cos\theta \, \bm{e}_x + \sin\theta \, \bm{e}_y$, $\bm{e}_\theta = -\sin\theta \, \bm{e}_x + \cos\theta \, \bm{e}_y$ という関係がある. これを使うと (4.3) の磁場 $\bm{B}$ は,

$$\bm{B} = \frac{\mu_0 I_1}{2\pi r} \bm{e}_\theta$$

と表される. したがって, 磁場は電流の流れる向きに先を向けた右ねじの回転方向に発生し, その大きさは電流に比例し, 導線からの距離に反比例する. このように時間的に一定の電流のつくる磁場を一般に**静磁場**という.

次に応用上重要な例として, **ソレノイド**の中の磁場を計算してみよう. 図のように半径 a, 長さ l, 単位長さ当たりの導線の巻き数が n であるようなコイルを考え, これに電流 I を流す. 座標はコイルの中心軸が z 軸に一致するようにとる. まずは z 軸に垂直な面内にコイル1巻き分がつくる磁場 $\bm{B}_1$ を計算しよう. 1巻きのコイルの z 軸上の位置を z', z 軸周りの回転角度を φ' とし, 磁場を観測する場所の z の値を z, 回転角を φ, 中心軸からの距離を ρ として考える. ビオ – サバールの法則から

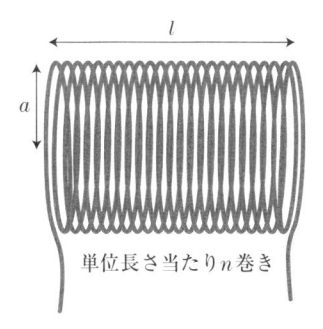

図 4.3 半径 a, 長さ l の n 巻きのコイル

$B_1(\rho, z \,;\, z')$

$$= \int \frac{\mu_0}{4\pi} \frac{I\,ds_1 \times (\boldsymbol{x} - \boldsymbol{x}_1)}{|\boldsymbol{x} - \boldsymbol{x}_1|^3}$$

$$= \frac{\mu_0 Ia}{4\pi} \int_0^{2\pi} d\varphi' \, \frac{(z-z')\cos\varphi'\,\boldsymbol{e}_x + (z-z')\sin\varphi'\,\boldsymbol{e}_y + [a - \rho\cos(\varphi' - \varphi)]\boldsymbol{e}_z}{[(\rho\cos\varphi - a\cos\varphi')^2 + (\rho\sin\varphi - a\sin\varphi')^2 + (z-z')^2]^{3/2}}$$

$$= \frac{\mu_0 Ia}{4\pi} \int_0^{2\pi} d\varphi' \, \frac{(z-z')\cos\varphi'\,\boldsymbol{e}_x + (z-z')\sin\varphi'\,\boldsymbol{e}_y + [a - \rho\cos(\varphi' - \varphi)]\boldsymbol{e}_z}{[\rho^2 + a^2 - 2\rho a\cos(\varphi' - \varphi) + (z-z')^2]^{3/2}}$$

(4.4)

ここで右辺の表式には φ が残っているが，軸対称性から明らかに B_1 は φ に依存しないことに留意しておこう．コイルの巻き数は単位長さ当たり n 回なので，幅 dz' の間に $n\,dz'$ 巻きのコイルがあることになる．コイルの全体の電流がつくる磁場はこれを積分して得られるので，

$$B(\rho, z) = \int_{-\infty}^{\infty} B_1(\rho, z\,;\,z')\, n\,dz' \tag{4.5}$$

である．ここで z' の積分範囲は，コイルが十分長い ($l \gg a$) として $(-\infty, \infty)$ にとった．

さて，この積分を z' に関して実行することを考えると，$\boldsymbol{e}_x$ と $\boldsymbol{e}_y$ に比例する項は $z' - z$ が奇関数であることから落ちてしまう．よって，残るのは $\boldsymbol{e}_z$ に比例する項のみで，

$$B(\rho, z) = \frac{\mu_0 Inae_z}{4\pi} \int_{-\infty}^{\infty} \int_0^{2\pi} \frac{dz'\,d\varphi'\,[a - \rho\cos(\varphi' - \varphi)]}{[\rho^2 + a^2 - 2\rho a\cos(\varphi' - \varphi) + (z-z')^2]^{3/2}}$$

$$= \frac{\mu_0 In}{2}\left(1 + \frac{a^2 - \rho^2}{|a^2 - \rho^2|}\right)\boldsymbol{e}_z \tag{4.6}$$

と最後まで積分できてしまう．ここで積分は z', φ' の順番に行い，次の積分公式

$$\int_{-\infty}^{\infty} \frac{dx}{(a + x^2)^{3/2}} = \frac{2}{a}$$

$$\int_0^{2\pi} \frac{2(a - b\cos x)\,dx}{a^2 + b^2 - 2ab\cos x} = \frac{2\pi}{a}\left(1 + \frac{a^2 - b^2}{|a^2 - b^2|}\right)$$

を用いた．この最後の答えは，$\rho < a$ すなわちコイルの内側で $\boldsymbol{B} = \mu_0 In \boldsymbol{e}_z$ の一様な磁場になり，$\rho \geq a$ の外側ではゼロになることを示している．このように半径に比べて十分長いソレノイドでは，コイルの内側の磁場は全く一様で大きさは $\mu_0 In$ となり，コイルの外側には磁場がないのである．

4.1.2　ローレンツ力

次に，磁場が電流に及ぼす力について考える．電流とは 3.1.2 項で見たように，運動している電荷群のことである．したがって，電流に力がはたらくということは運動している電荷に力がはたらくということに他ならない．一般に電場 $\boldsymbol{E}$ と磁場 $\boldsymbol{B}$ が存在するとき，電荷 q をもつ粒子が速度 $\boldsymbol{v}$ で運動していると，

$$\boldsymbol{F} = q(\boldsymbol{E} + \boldsymbol{v} \times \boldsymbol{B})$$

という力を受ける．これを**ローレンツ力**とよぶ．例えば，$\boldsymbol{E} = 0$ とし，前項の式 (4.3) で与えられる，長い導線がつくる磁場を考えると，電流 I_1 の流れる方向に速度 $\boldsymbol{v} = v\boldsymbol{e}_z$ で運動する荷電粒子 q にはたらく力は，

$$\boldsymbol{F} = \frac{\mu_0 I_1}{2\pi} qv\boldsymbol{e}_z \times \frac{x\boldsymbol{e}_y - y\boldsymbol{e}_x}{x^2 + y^2} = -\frac{\mu_0 I_1 qv}{2\pi}\frac{x\boldsymbol{e}_x + y\boldsymbol{e}_y}{x^2 + y^2}$$

$$= -\frac{\mu_0 I_1 qv}{2\pi r}\boldsymbol{e}_r$$

となり，力は荷電粒子を導線に引き付ける方向にはたらく．また $\boldsymbol{v} = -v\boldsymbol{e}_z$ であれば，力が導線から離れる方向にはたらくことは，上の計算から明らかであろう．

さて，導線の断面積を S，導線を流れる自由電子の個数密度と全体としての平均した速度を n_e, v_e とすれば[2]，(3.9) を使って導線 2 を流れる電流を

---

[2] ただし，ここでの自由電子の速度については 8.9 節を参照すること．

表現することができる. すなわち,
$$I_2 = \rho_e v_e S = e n_e v_e S$$
したがって, 1 個の荷電粒子が導線 1 から受ける力の表式中の qv を I_2 を使って書き直し, $r = r_{12}$ と書き直すと,
$$\boldsymbol{F} = -\frac{\mu_0 I_1}{2\pi r_{12}} \boldsymbol{e}_r \frac{I_2}{n_e S}$$
単位長さ当たりの導線に電子は $n_e S$ 個含まれているので, 単位長さの導線にはたらく力 f は $f = F n_e S$ となる. したがって, 導線 2 の単位長さ当たりにはたらく磁力は,
$$\boldsymbol{f} = -\frac{\mu_0 I_1 I_2}{2\pi r_{12}} \boldsymbol{e}_r$$
となり, この力の大きさを考えれば, (4.1) の表式を確かに再現することがわかる.

4.1.3 ラーモア運動 (サイクロトロン運動)

ここでローレンツ力による重要な運動, **ラーモア運動** (または**サイクロトロン運動**) について述べる. いま, z 軸の正の方向を向いた空間的に一様な磁場 $\boldsymbol{B} = B\boldsymbol{e}_z$ を考え, 電場はないものとする. すると, この磁場中での, 質量 m, 電荷 q の荷電粒子の運動方程式は

$$\begin{aligned}
m\dot{\boldsymbol{v}} &= q\boldsymbol{v} \times \boldsymbol{B} \\
&= qB(v_x \boldsymbol{e}_x + v_y \boldsymbol{e}_y + v_z \boldsymbol{e}_z) \times \boldsymbol{e}_z \\
&= qB(-v_x \boldsymbol{e}_y + v_y \boldsymbol{e}_x)
\end{aligned} \quad (4.7)$$

したがって, x, y, z の成分はそれぞれ

$$m\dot{v}_x = qB v_y, \qquad m\dot{v}_y = -qB v_x, \qquad m\dot{v}_z = 0 \quad (4.8)$$

となる. z 成分が最も簡単で, $v_z =$ 一定, すなわち z 方向には等速直線運動を行う.

一方, x, y 成分に関しては v_y を消去すると

4.1 電流と磁場

$$\ddot{v}_x = -\omega_c^2 v_x$$

ここで**サイクロトロン振動数** $\omega_c \equiv |q|B/m$ を定義して使った．この解は明らかに単振動であり，

$$v_x(t) = A\cos(\omega_c t + \alpha)$$

という一般解をもつ．これを微分して (4.8) から v_y も計算でき，

$$v_y(t) = -A\frac{|q|}{q}\sin(\omega_c t + \alpha)$$

を得る．ここで α は単に時間の原点をずらす役割しかしないので $\alpha = 0$ としても議論の一般性を失わない．すると $v_x(0) = A$, $v_y(0) = 0$ となるので，A は $t = 0$ での速さを与えていることになる．この $v_x(0)$ を v_0 と書くと，

$$v_x = v_0\cos\omega_c t, \qquad v_y = -\frac{|q|}{q}v_0\sin\omega_c t$$

が得られる．

さらにこれらの表式をもう一度 t で積分すると，粒子の軌道が求まり，

$$x(t) = \frac{v_0}{\omega_c}\sin\omega_c t + x_c, \qquad y(t) = \frac{|q|}{q}\frac{v_0}{\omega_c}\cos\omega_c t + y_c \quad (4.9)$$

ここで (x_c, y_c) は積分定数であるが，この運動は明らかに，点 (x_c, y_c) を中心とする円の軌道を表している．この半径 r_L を**ラーモア半径**とよぶ．ラーモア半径は，

$$r_L = \frac{v_0}{\omega_c} = v_0\frac{m}{|q|B} \qquad (4.10)$$

と書ける．

これまでの解の導出過程で明らかなように，一様磁場中では，どんな初期条件をもってきても必ず荷電粒子は磁場に垂直な面（xy 面）に射影すると円運動し，磁場に平行な方向（z 方向）には等速直線運動をする．円運動の振動数は電荷と質量の比で決まる．例えば電子と陽子を比べてみると，質量は 1800 倍ほど違うのに，電荷は同じなので，振動数は 1800 倍ほど電子の方が

大きい．またそれにともなって，同じ速度で考えると，ラーモア半径は電子の方が小さくなる．

　もう1つ，この解について指摘しておくべき点は，電荷の符号によって回転方向が逆になるということである．$y(t)$ の表式の中に $|q|/q$ が入っているので，電荷が正ならば，B の向きに先を向けた右ねじの回転方向に回り，負ならば反対に回る．したがって電子と陽子のラーモア運動は，回転半径や振動数が異なるだけではなく，回転の方向も必ず逆になっている．これは磁場がかかっているときに，陽子など正の電荷をもっている粒子の回転運動のつくる磁場も，電子の回転運動がつくる磁場も，外から掛かっている磁場を弱めるようにはたらくことを意味している（4.4.1 項を参照）．

　最後に，磁場に直交する一様な電場 E が x 方向を向いて存在する場合について見ておこう．この場合，運動方程式の x, y, z の成分はそれぞれ

$$m\dot{v}_x = qBv_y + qE, \quad m\dot{v}_y = -qBv_x, \quad m\dot{v}_z = 0$$

である．先ほどの式 (4.8) との違いは，x 成分に電場による力の項が付け加わった点だけである．このとき，$v_y' \equiv v_y + E/B$ を新たに定義し直すと，

$$m\dot{v}_x = qBv_y', \quad m\dot{v}_y' = -qBv_x, \quad m\dot{v}_z = 0$$

となり，数学的には電場のない式に一致する．したがって解も同じとなり，

$$v_x = v_0 \cos \omega_c t, \quad v_y' = -\frac{|q|}{q} v_0 \sin \omega_c t$$

である．この v_y' を積分して得られた y' は，$v_y' = v_y + E/B$ の関係を積分して，$y' = y + (E/B)t$ である．ここで $t = 0$ で $y = y'$ となるように y' を定義した．よって解は

$$x(t) = \frac{v_0}{\omega_c} \sin \omega_c t + x_c$$

$$y(t) = \frac{|q|}{q} \frac{v_0}{\omega_c} \cos \omega_c t + y_c - \frac{E}{B} t$$

となる．したがって，一様な電場が付加された場合には電場と磁場に直行す

る方向（$E \times B$ の方向）に回転中心が一定速度でドリフトしていく円運動となる．

4.2 ビオ‐サバールの法則から静磁場の方程式へ

4.2.1 アンペールの法則

これまでのところ，電流がつくる磁場はクーロンの法則に似たビオ‐サバールの法則によって記述されるとしてきた．静電場のときにクーロンの法則から，電場の満たすべき場の微分方程式

$$\nabla \cdot D = \rho, \qquad \nabla \times E = 0$$

が基礎方程式として導入された．静磁場の場合にも，場の基礎方程式が2つ存在する．1つは**アンペールの法則**とよばれ，

$$\nabla \times B = \mu_0 j \tag{4.11}$$

と書き表される．右辺の j は電流密度である．

ビオ‐サバールの法則を満たす静磁場が (4.11) を満たすことを示そう．体積 V 内を自由に流れる電流密度 j がつくる静磁場は，ビオ‐サバールの法則によって，

$$B = \frac{\mu_0}{4\pi} \int_V \frac{j(x') \times (x - x')}{|x - x'|^3} d^3 x' \tag{4.12}$$

となる．∇ が x に関する微分であることに注意して，この表式の回転を計算すると

$$\nabla \times B = \frac{\mu_0}{4\pi} \int_V \nabla \times \left[j(x') \times \frac{x - x'}{|x - x'|^3} \right] d^3 x'$$

$$= \frac{\mu_0}{4\pi} \int_V j(x') \nabla^2 \left(\frac{1}{|x - x'|} \right) d^3 x' - \frac{\mu_0}{4\pi} \int_V [j(x') \cdot \nabla] \nabla \left(\frac{1}{|x - x'|} \right) d^3 x'$$

$$= \frac{\mu_0}{4\pi} \int_V j(x') \nabla^2 \left(\frac{1}{|x - x'|} \right) d^3 x' - \frac{\mu_0}{4\pi} \nabla \int_V j(x') \cdot \nabla \left(\frac{1}{|x - x'|} \right) d^3 x'$$

ここでデルタ関数の性質

$$\nabla^2 \left(\frac{1}{|\bm{x}-\bm{x}'|} \right) = 4\pi\, \delta_\mathrm{D}(\bm{x}-\bm{x}')$$

および

$$\nabla \left(\frac{1}{|\bm{x}-\bm{x}'|} \right) = \nabla' \left(\frac{1}{|\bm{x}-\bm{x}'|} \right)$$

の関係を適用する．∇' は $\bm{x}'$ に関する微分演算子である．すると，

$$\begin{aligned}
\nabla \times \bm{B} &= \frac{\mu_0}{4\pi}\int_V 4\pi \bm{j}(\bm{x}')\delta_\mathrm{D}(\bm{x}-\bm{x}')\,d^3x' - \frac{\mu_0}{4\pi}\nabla\int_V \bm{j}(\bm{x}')\cdot\nabla'\!\left(\frac{1}{|\bm{x}-\bm{x}'|}\right)d^3x' \\
&= \mu_0 \bm{j}(\bm{x}) - \frac{\mu_0}{4\pi}\nabla\int_V \nabla'\!\cdot\!\left(\frac{\bm{j}(\bm{x}')}{|\bm{x}-\bm{x}'|}\right)d^3x' \\
&= \mu_0 \bm{j}(\bm{x}) - \frac{\mu_0}{4\pi}\nabla\int_S \frac{\bm{j}(\bm{x}')}{|\bm{x}-\bm{x}'|}\cdot d\bm{S}'
\end{aligned} \tag{4.13}$$

となる．ここで電荷の保存則（3.8）と定常の仮定 $\partial\rho/\partial t = 0$ を合わせて得られる関係式 $\nabla'\cdot\bm{j}(\bm{x}') = 0$ を用いた．最後の式の第2項の面積積分は V を取り囲む面積 S 全体にわたって行われる．V が十分広い領域にわたってとられているとすると，S 付近では $\bm{j}(\bm{x}') = 0$ としてよいので，結局この項はゼロになる．したがって，アンペールの法則（4.11）が成り立っていることがわかる．

　電磁気学の理論体系では，ビオ-サバールの法則よりも，むしろこのアンペールの法則が基礎方程式となる．静電場のときにクーロン力よりもガウスの法則が基礎方程式と見なされるのと同じ事情である．

　次に，アンペールの法則を積分形で書いてその物理的意味を理解しよう．いま，ある閉じた経路 C を電流 I が流れているとし，その経路を境界とする面 S 上で（4.11）を積分してみる．すると

$$\int_S (\nabla \times \bm{B})\cdot d\bm{S} = \mu_0 \int_S \bm{j}\cdot d\bm{S} \tag{4.14}$$

4.2 ビオ-サバールの法則から静磁場の方程式へ

を得る．この左辺は**ストークスの定理**という数学の定理によって S の境界 C に沿った線積分に変わる．

ストークスの定理を簡単に説明しておこう．まず，式で書くと任意のベクトル場 A と閉曲線 C，C を境界とする曲面 S に対して

$$\int_S (\nabla \times A) \cdot dS = \oint_C A \cdot dl \tag{4.15}$$

が成り立つ．ここで dl は閉曲線 C に沿った微小線要素を表すベクトルであり，向きは，dl を右ねじの回転方向とすると，dS の面積ベクトルがねじの進む方向になるようにとられている．

厳密ではないが，簡単な証明を述べておこう．まず，S 内にある微小面積 Δs を考え，その形を矩形にとる（図 4.4）．微小面積上での座標を ξ と ζ にとっておく．微小面積は $\Delta s = \Delta\xi \Delta\zeta$ を満たしている．最初に，この微小面積に関してストークスの定理が成り立つことを示そう．

ストークスの定理（4.15）の左辺を計算すると，

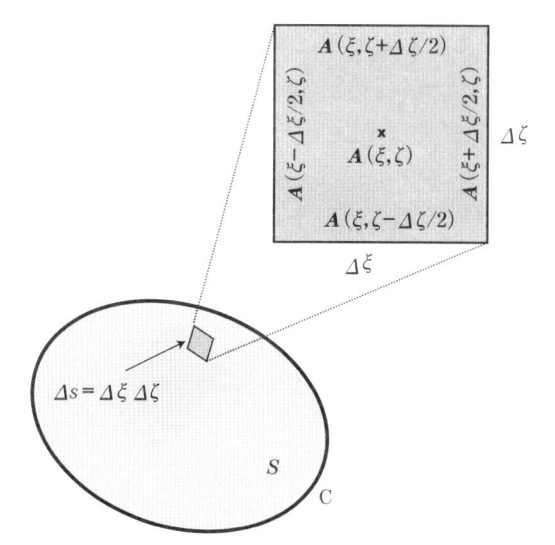

図 4.4 曲面 S 上の微小矩形

第4章 静磁場

$$\int_{\Delta s} (\nabla \times \boldsymbol{A}) \cdot d\boldsymbol{S} \simeq \left(\frac{\partial A_\zeta}{\partial \xi} - \frac{\partial A_\xi}{\partial \zeta}\right) \Delta \xi \, \Delta \zeta \qquad (4.16)$$

ただし，$\boldsymbol{A} = A_\xi \boldsymbol{e}_\xi + A_\zeta \boldsymbol{e}_\zeta$ であり，$\boldsymbol{e}_\xi$, $\boldsymbol{e}_\zeta$ はそれぞれ ξ, ζ 方向の単位ベクトルである．

一方，右辺は

$$\oint_{\partial \Delta s} \boldsymbol{A} \cdot d\boldsymbol{l} = A_\xi\left(\xi, \zeta - \frac{\Delta \zeta}{2}\right)\Delta \xi + A_\zeta\left(\xi + \frac{\Delta \xi}{2}, \zeta\right)\Delta \zeta$$
$$- A_\xi\left(\xi, \zeta + \frac{\Delta \zeta}{2}\right)\Delta \xi - A_\zeta\left(\xi - \frac{\Delta \xi}{2}, \zeta\right)\Delta \zeta$$
$$\simeq \left(\frac{\partial A_\zeta}{\partial \xi} - \frac{\partial A_\xi}{\partial \zeta}\right) \Delta \xi \, \Delta \zeta \qquad (4.17)$$

となり，左辺に一致する．ここで $\partial \Delta s$ は微小面積 Δs の境界を表す記号である．よって，微小面積 Δs に関してはストークスの定理が成り立っていることがわかった．一般の有限な面積をもつ場合には，この微小面積の足し合わせとして理解できる．

次に，図 4.5 のように面 S を小さな面積要素に分割する．各々の微小面素ではストークスの定理が成り立っているので，k 番目の面を Δs_k，その境界を $\partial \Delta s_k$ と書くと，

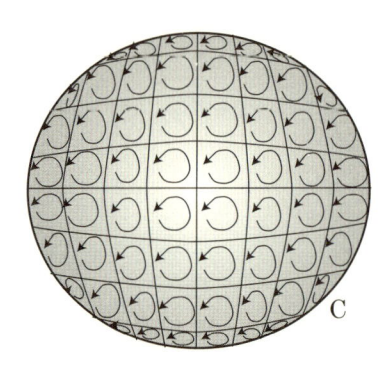

図 **4.5** 曲面 S を無数の微小長方形に分割する．

4.2 ビオ-サバールの法則から静磁場の方程式へ

$$\int_{\Delta s_k} (\nabla \times A) \cdot dS = \oint_{\partial \Delta s_k} A \cdot dl \qquad (4.18)$$

となり，すべての面素についての式を足し合わせると，

$$\sum_k \int_{\Delta s_k} (\nabla \times A) \cdot dS = \sum_k \oint_{\partial \Delta s_k} A \cdot dl \qquad (4.19)$$

であるが，左辺は明らかに S 全体で積分したものに等しいので，

$$\sum_k \int_{\Delta s_k} (\nabla \times A) \cdot dS = \int_S (\nabla \times A) \cdot dS \qquad (4.20)$$

となり，ストークスの定理 (4.15) の左辺に等しくなる．一方，(4.19) の右辺は，$\partial \Delta s_k$ に関する線積分の足し合わせであるが，線積分の方向を同じ方向にとっているので，各面素の境界は隣り合ったものでは逆方向に積分することになる（図 4.5 の矢印の向きに注意）．線積分は逆方向に積分すると値が同じで逆符号となるので，境界での線積分はすべて打ち消し合ってゼロになる．ゼロにならないのは，一番外側の一度しか積分されない C に沿った部分のみである．したがって，

$$\sum_k \oint_{\partial \Delta s_k} A \cdot dl = \oint_C A \cdot dl \qquad (4.21)$$

を得る．これはストークスの定理 (4.15) の右辺になっており，結局，ストークスの定理が成り立つことが示されたことになる．

(4.14) に戻って，アンペールの法則の積分形をストークスの法則を使って変形すると，左辺は

$$\int_S (\nabla \times B) \cdot dS = \oint_C B \cdot dl \qquad (4.22)$$

となる．(4.14) の右辺は S を貫く電流の合計 I となるので，結局

$$\oint_C B \cdot dl = \mu_0 I \qquad (4.23)$$

となる．

このようにアンペールの法則は，閉曲線に沿った磁場の積分が，閉曲線の中を貫く電流の総量に比例するという法則を表しているのである．

4.2.2 ベクトルポテンシャルと静磁場の方程式

静磁場が満たすべきもう1つの微分方程式は，磁場の発散がゼロになるというものである．すなわち

$$\nabla \cdot \boldsymbol{B} = 0 \tag{4.24}$$

である．これもビオ－サバールの法則から容易に示すことができる．ここで**ベクトルポテンシャル**という概念を導入し，ベクトルポテンシャル A を次のように表す：

$$A(\boldsymbol{x}) = \frac{\mu_0}{4\pi} \int \frac{\boldsymbol{j}(\boldsymbol{x}')}{|\boldsymbol{x}-\boldsymbol{x}'|} d^3\boldsymbol{x}' \tag{4.25}$$

この A を用いると，$\boldsymbol{B} = \nabla \times A$ が得られる．実際，

$$\nabla \times A(\boldsymbol{x}) = \frac{\mu_0}{4\pi} \int \nabla \times \frac{\boldsymbol{j}(\boldsymbol{x}')}{|\boldsymbol{x}-\boldsymbol{x}'|} d^3\boldsymbol{x}'$$

$$= \frac{\mu_0}{4\pi} \int \frac{\boldsymbol{j}(\boldsymbol{x}') \times (\boldsymbol{x}-\boldsymbol{x}')}{|\boldsymbol{x}-\boldsymbol{x}'|^3} d^3\boldsymbol{x}' = \boldsymbol{B} \tag{4.26}$$

となる．ここで1行目から2行目への変形では $\boldsymbol{j}$ が $\boldsymbol{x}'$ のみの関数であり，$\boldsymbol{x}$ には依存しないことを用いた．一般に，あるベクトル場 $\boldsymbol{B}$ が別のベクトル場 A の回転で記述されることは，ベクトル場 $\boldsymbol{B}$ の発散がゼロであることと等価であることが数学的に知られている．

さて，ここで導入されたベクトルポテンシャルは，一意に決まる量ではない．$\boldsymbol{B} = \nabla \times A$ を満たす量として A を考えると，A に任意のスカラー関数 χ の勾配 $\nabla\chi$ を加えても同じ磁場を与えるからである．実際，

$$\nabla \times (A + \nabla\chi) = \nabla \times A + \nabla \times \nabla\chi = \nabla \times A \tag{4.27}$$

となる．ここで $\nabla \times \nabla\chi = 0$ は任意の χ に対していつも成り立っている．この自由度を**ゲージ自由度**という．

4.2 ビオ–サバールの法則から静磁場の方程式へ

ここまでは，ビオ–サバールの法則から出発して磁場の満たすべき微分方程式を書き下してきた．それらはアンペールの法則と，磁場の発散がゼロになるという式である．すなわち，

$$\nabla \times \boldsymbol{B} = \mu_0 \boldsymbol{j}, \qquad \nabla \cdot \boldsymbol{B} = 0 \tag{4.28}$$

である．

次に，これを出発点にして磁場を求めることを考えよう．磁場の発散がゼロであることから，磁場はベクトルポテンシャルの回転で書けるので，$\boldsymbol{B} = \nabla \times \boldsymbol{A}$ をアンペールの法則 (4.11) に代入すると，

$$\nabla \times (\nabla \times \boldsymbol{A}) = \mu_0 \boldsymbol{j} \tag{4.29}$$

左辺を変形して

$$\nabla(\nabla \cdot \boldsymbol{A}) - \nabla^2 \boldsymbol{A} = \mu_0 \boldsymbol{j} \tag{4.30}$$

となる．

ところで，ここで先ほどの $\boldsymbol{A}$ のゲージ自由度を考えて，χ を，

$$\nabla \cdot \boldsymbol{A} = 0 \tag{4.31}$$

を満たすようにとることができる．$\boldsymbol{A}$ にこのような条件を付けることを**クーロンゲージ**をとるという．クーロンゲージの付加条件下では，アンペールの法則は より簡単な形になり，

$$\nabla^2 \boldsymbol{A} = -\mu_0 \boldsymbol{j} \tag{4.32}$$

という，各成分がポアソン方程式になるような方程式となる．ポアソン方程式の解は物理的な境界条件，及び電流密度 $\boldsymbol{j}$ の分布が決まっていれば一意に定めることができる．これは 3.5 節で見た静電場の問題と数学的に全く同じである．

このように (4.28) から出発して，一意的に静磁場を決定することができることから，(4.28) を静磁場を決定する基礎方程式と見なすことができるのである．

4.3 磁気モーメントと多重極展開

4.3.1 磁場の多重極展開

複雑な電荷分布のつくる静電場を遠方で近似するために，3.2.3項で多重極展開を行った．ここでは同様に磁場の多重極展開を行ってみよう．電場のときと同様に，(4.25)で表されるベクトルポテンシャル A の積分の中の $1/|X-x|$ をテイラー展開してみると

$$A(X) = \frac{\mu_0}{4\pi}\Big[\frac{1}{|X|}\int_V j\,d^3x + \sum_{i=1}^{3}\Big[\frac{\partial}{\partial x_i}\frac{1}{|X-x|}\Big]_{x=0}\int_V x_i j\,d^3x$$
$$+ \sum_{i=1}^{3}\sum_{j=1}^{3}\frac{1}{2!}\Big[\frac{\partial^2}{\partial x_i\,\partial x_j}\frac{1}{|X-x|}\Big]_{x=0}\int_V x_i x_j j\,d^3x + \cdots\Big] \tag{4.33}$$

順に第1項から見ていくと，

$$A^{(0)}(X) = \frac{\mu_0}{4\pi}\frac{1}{|X|}\int_V j\,d^3x \tag{4.34}$$

であるが，恒等式

$$j_k = \sum_{j=1}^{3}\Big(-x_k\frac{\partial j_j}{\partial x_j} + \frac{\partial j_j\,x_k}{\partial x_j}\Big) \tag{4.35}$$

を用いて積分を変形すると，

$$\int_V j_k\,d^3x = \int_V\Big(-x_k\sum_{j=1}^{3}\frac{\partial j_j}{\partial x_j} + \sum_{j=1}^{3}\frac{\partial j_j\,x_k}{\partial x_j}\Big)d^3x$$
$$= -\int_V x_k\sum_{j=1}^{3}\frac{\partial j_j}{\partial x_j}\,d^3x + \int_S\sum_{j=1}^{3}j_j x_k\,dS_j \tag{4.36}$$

ここで最後の式の第1項の被積分関数は $\nabla\cdot j$ に比例しているが，定常の仮定の下でこれはいつもゼロである．また第2項は，電流が流れている領域を取り囲む面 S 上の面積積分であるが，これもまた十分遠方の S 上では $j=0$ とできるのでゼロとなる．したがって，結局 $A^{(0)}=0$ が得られる．静電場

4.3 磁気モーメントと多重極展開

のときにはこれがクーロン力を与える項であったが，磁場には単独の磁荷が存在しないために，この項の寄与はないのである．

次の項を見ていくと，

$$A^{(1)}(X) = \frac{\mu_0}{4\pi} \sum_{i=1}^{3} \left[\frac{\partial}{\partial x_i} \frac{1}{|X-x|} \right]_{x=0} \int_V x_i \bm{j} \, d^3x$$

$$= \frac{\mu_0}{4\pi} \frac{1}{|X|^3} \int_V \bm{j} \sum_{i=1}^{3} X_i x_i \, d^3x \qquad (4.37)$$

恒等式 (4.35) は，j_k が任意のベクトルで成り立つから，(4.37) の最後の体積積分の内側にある $j_k \sum_{i=1}^{3} X_i x_i$ に適用すると，

$$j_k \sum_{i=1}^{3} X_i x_i = \sum_{j=1}^{3} \sum_{i=1}^{3} \left(-x_k \frac{\partial j_j}{\partial x_j} \frac{X_i x_i}{} + \frac{\partial j_j}{\partial x_j} \frac{X_i x_i x_k}{} \right)$$

を得る．この式を体積 V で積分することになるが，右辺第 2 項は発散の形になっているので，V を囲む面積積分に変換され，十分遠方の表面では $\bm{j} = 0$ であるので，積分としてはゼロになる．第 1 項に関しては，定常電流の $\nabla \cdot \bm{j} = 0$ に注意して変形すると，結局

$$\int_V j_k \sum_{i=1}^{3} X_i x_i \, d^3x = -\int_V x_k \sum_{j=1}^{3} j_j X_j \, d^3x \qquad (4.38)$$

を得る．

一方，ベクトルの 3 重積の公式

$$(\bm{x} \times \bm{j}) \times \bm{X} = (\bm{X} \cdot \bm{x})\bm{j} - (\bm{X} \cdot \bm{j})\bm{x} \qquad (4.39)$$

を用いれば，(4.39) の右辺の第 1 項が (4.38) の左辺の被積分関数と同じなので，

$$\int_V \bm{j} \sum_{i=1}^{3} X_i x_i \, d^3x = \int_V [(\bm{x} \times \bm{j}) \times \bm{X}] d^3x + \int_V (\bm{X} \cdot \bm{j}) \bm{x} \, d^3x \quad (4.40)$$

であるが，この右辺の第 2 項は，(4.38) の右辺の符号を変えたものに等しい．これを用いると，

$$\int_V \boldsymbol{j} \sum_{i=1}^{3} X_i x_i \, d^3x = \frac{1}{2} \int_V [(\boldsymbol{x} \times \boldsymbol{j}) \times \boldsymbol{X}] \, d^3x \tag{4.41}$$

を得る．したがって，ベクトルポテンシャルに最も寄与する $A^{(1)}$ は，

$$\begin{aligned} A^{(1)}(\boldsymbol{X}) &= -\frac{\mu_0}{4\pi} \frac{\boldsymbol{X}}{|\boldsymbol{X}|^3} \times \frac{1}{2} \int_V (\boldsymbol{x} \times \boldsymbol{j}) \, d^3x \\ &= -\frac{\mu_0}{4\pi} \frac{\boldsymbol{X} \times \boldsymbol{m}}{|\boldsymbol{X}|^3} \end{aligned} \tag{4.42}$$

と書くことができる．ここで $\boldsymbol{m}$ は**磁気双極子モーメント**とよばれる量で，

$$\boldsymbol{m} \equiv \frac{1}{2} \int_V (\boldsymbol{x} \times \boldsymbol{j}) \, d^3x \tag{4.43}$$

で定義される．この定義を見てわかるように，磁気双極子モーメントは電荷分布のもつ角運動量と密接な関係にある．電荷のもつ角運動量 $\boldsymbol{l}$ は

$$\boldsymbol{l} = \int_V (\rho_m \boldsymbol{x} \times \boldsymbol{v}) \, d^3x$$

である．ここで電荷の質量密度を ρ_m としている．

いま，電荷密度 ρ が質量密度と

$$\rho(\boldsymbol{x}) = \frac{\gamma}{2} \rho_m(\boldsymbol{x}) \qquad (\gamma \text{ は比例定数}) \tag{4.44}$$

のような比例関係にあったとすると（同種の荷電粒子群であれば成り立つ），

$$\begin{aligned} \boldsymbol{m} &= \frac{1}{2} \int_V (\boldsymbol{x} \times \boldsymbol{j}) \, d^3x = \frac{1}{2} \int_V \rho(\boldsymbol{x})(\boldsymbol{x} \times \boldsymbol{v}) \, d^3x \\ &= \int_V \gamma \rho_m(\boldsymbol{x})(\boldsymbol{x} \times \boldsymbol{v}) \, d^3x = \gamma \boldsymbol{l} \end{aligned}$$

となる．したがって，磁気モーメントの大きさは基本的に角運動量の大きさに比例している．

具体的な例で磁気双極子モーメントを求めてみよう．例として図 4.6 のように半径 a の円環 C を流れる電流 I を考えると，電流密度は

4.3 磁気モーメントと多重極展開

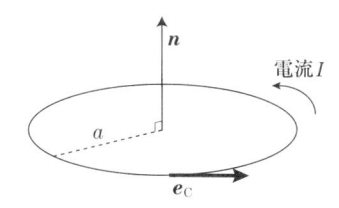

図 4.6 半径 a の円環 C

$$j = \begin{cases} \dfrac{I}{\pi b^2} \boldsymbol{e}_C & (\text{C 上}) \\ 0 & (\text{C 以外}) \end{cases} \tag{4.45}$$

ただし，$\boldsymbol{e}_C$ は C 上の単位接ベクトル，b は円環の断面の半径である．円環の中心を座標原点にとり，b が a よりも十分小さいとして積分を実行すると，

$$\boldsymbol{m} = \frac{1}{2} \int_V (\boldsymbol{x} \times \boldsymbol{j})\, d^3 x$$

$$= \frac{1}{2} \int_0^{2\pi} I a^2\, d\theta\, \boldsymbol{n} = I\pi a^2 \boldsymbol{n} \tag{4.46}$$

を得る．ここで $\boldsymbol{n}$ は円環 C に垂直で，$\boldsymbol{e}_C$ に対して右ねじの方向を向く単位ベクトルである．このように，円環電流の大きさに円環の囲む面積を乗じた値が，この場合の磁気モーメントの大きさになる．

結局，電流の分布を遠方から見たときには磁気双極子に比例する項が最も寄与の大きな項として現れ，$A^{(1)} \propto 1/|X|^2$ の依存性をもつ．次のオーダーは四重極で $A^{(2)} \propto 1/|X|^3$，以下 $1/|X|^4$, $1/|X|^5$, $1/|X|^6$, …と寄与が小さくなっていく．このように，一般には単極子から始まる電場の多重極展開と違って，磁場の場合には最も寄与が大きいのは双極子になる．

4.3.2 一様磁場中の磁気双極子モーメントにはたらく力

ここでは，一様な磁場中にある磁気双極子モーメントにはたらく力を計算してみよう．図 4.7 のように，zx 平面内で z 軸と角度 θ をなす方向に一様な磁場 $\boldsymbol{B} = B\boldsymbol{n}$ がかかっており，小さな半径 a の円環状の導線が原点を中心

として，xy 面内に設置されている．また，この導線に電流 I が e_z の向きに先を向けた右ねじの回転方向に流れているとする．$|x| \gg a$ で見ると，この閉電流のつくる磁場は磁気双極子モーメント $m = I\pi a^2 e_z$ がつくる磁場と見なすことができる．

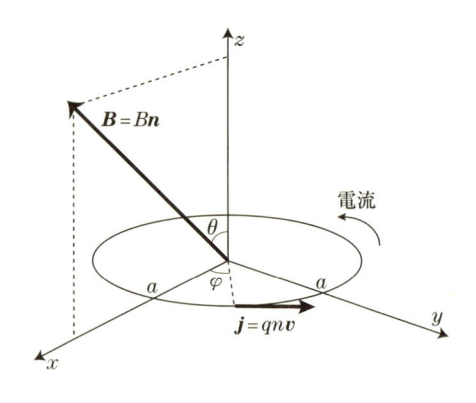

図 4.7 閉電流と一様な磁場

まず，磁場方向の単位ベクトル n は zx 面内にあると仮定しているので，デカルト座標の基底ベクトルを用いて

$$n = \cos\theta\, e_z + \sin\theta\, e_x \tag{4.47}$$

と表される．円環状の電流を担う電荷の速度ベクトル v は，図 4.7 のように x 軸から測った円環上の位置を表す角度 φ を用いて

$$v = v(\cos\varphi\, e_y - \sin\varphi\, e_x) \tag{4.48}$$

と表される．

さて，この電流中を流れる電荷 q には一様磁場 B によるローレンツ力がはたらくので，電荷 q にはたらく力は，

$$\begin{aligned}f &= qv \times B = qvB(\cos\varphi\, e_y - \sin\varphi\, e_x) \times (\cos\theta\, e_z + \sin\theta\, e_x) \\ &= qvB[\cos\theta(\cos\varphi\, e_x + \sin\varphi\, e_y) - \cos\varphi\sin\theta\, e_z] \\ &= qvB(\cos\theta\, \hat{r}_{xy} - \cos\varphi\sin\theta\, e_z)\end{aligned} \tag{4.49}$$

ここで $\hat{r}_{xy}$ は xy 平面内での動径方向を向いた単位ベクトルである．電荷にはたらく力のうち，最初の項は，円環状の導線を円のまま広げる（$\cos\theta > 0$），あるいは縮める（$\cos\theta \leq 0$）向きにはたらく力である．したがって，この項は磁気双極子モーメントの向きを変える方向にははたらかない．一方で第 2 項目の成分は，$\sin\theta$ がいつも正であることを考慮すると，$\cos\varphi > 0$ では

4.3 磁気モーメントと多重極展開

$-e_z$ の向きに,$\cos\varphi \leq 0$ では e_z の向きにはたらく力である.

したがって導線全体として,磁気双極子モーメントが磁場と向きが揃う方向にトルクがはたらいていることになるのである.また,完全に方向が揃うと $\theta = 0$ なので,$\pm e_z$ 方向への力は全くはたらかなくなることがわかる.$\theta = \pi$ でも同様であるが,トルクは常に $\theta = 0$ となる方向にはたらくので,$\theta = \pi$ は安定な平衡点ではなく,$\theta = 0$ が安定平衡な向きになっている.

次に,実際にこの円環電流にはたらくトルク N を計算してみよう.円環の要素にはたらく力は上で求められているので,後は動径ベクトルと外積をとって積分すればよい.すなわち,

$$N = \int (\boldsymbol{x} \times \boldsymbol{f}) nsa\, d\phi$$

である.ここで s は電流の通過する導線の断面積を表す.$nsa\, d\phi$ は微小電流要素中に存在する電荷の数になる.この計算を実行すると,

$$N = \pi a^2 I \sin\theta\, \boldsymbol{e}_y \tag{4.50}$$

を得る.これは磁気モーメントの表式 $\boldsymbol{m}$ を用いると

$$N = \boldsymbol{m} \times \boldsymbol{B} \tag{4.51}$$

と書くこともできる.

最後に,この円環電流(磁気双極子モーメント)が一様磁場中に置かれたときのエネルギーを求めておこう.磁気双極子モーメントと磁場が直交する状態をエネルギーの原点にとり,そこから図 4.7 のように磁気双極子モーメントと磁場のなす角が θ になるまで円環電流を y 軸周りに回転させていき,その仕事を計算する.

まず,微小円環要素の電荷が受ける仕事を計算すると

$$\begin{aligned}dW &= nsa\, d\varphi \int_{\pi/2}^{\theta} f(a\cos\varphi)(-d\theta) \\ &= -qvnSBa^2 \cos^2\varphi \cos\theta\, d\varphi\end{aligned} \tag{4.52}$$

ただし,ここで n, s は導線内の電荷の密度と導線の断面積を表す.次に dW

を1周積分すると

$$W = -qvnsB\pi a^2 \cos\theta \tag{4.53}$$

を得る．電流Iを用いて仕事Wを書き，さらに磁気双極子モーメントmを使って書くと

$$W = -I\pi a^2 B\cos\theta = -\boldsymbol{m}\cdot\boldsymbol{B} \tag{4.54}$$

となる．このWが，mとBの相互作用によるエネルギーそのものを表している．表式は非常に単純であるが，磁気双極子モーメントと外部磁場の相互作用は今後勉強を進めていく際に頻出するので，ここで押さえておいてほしい．

4.4 物質中の磁場

4.4.1 磁性体

　物質中での静電場は，外部からの静電場が誘起する物質中の電気双極子モーメントのせいで誘電体の外部とは異なる値となることを前に見た．静磁場の場合にも同様のことが起こる．物質中の原子はそれ自身に磁気双極子モーメントをもっている．その起源は原子内部の回転する電流である．原子内部での電子の「軌道運動」および電子自身の「自転」(スピン) がその正体であるが，ここで括弧付きで書いたのは，古典的なイメージでの軌道運動や自転とは異なり，本質的に量子力学での現象であるためである．電子の小さな角運動量は，量子力学で現れるプランク定数hでツブツブに量子化され，その方向もまたトビトビの方向しかとることができない．誘起される磁気双極子モーメントの大きさや方向はトビトビの値しかとることができない．

　さて，前項で見たように，磁気双極子モーメントに外部磁場がかかると，磁気モーメントの方向を揃えるようにトルクがはたらく．したがって物質に磁場をかけると，もともと熱運動でバラバラの方向を向いていた原子の磁気双極子モーメントの向きが外部磁場に揃うように変化し，マクロな磁気双極

子モーメントをつくり出すことになる．一方，原子がもともと磁気双極子モーメントをもっていない場合でも，磁場中に置かれると，原子内に磁気双極子モーメントをもつようになる．これは磁場によっては原子内の電子の運動に変化が生まれるために発生する．4.1.3項のラーモア運動のところで見たように，磁場周りの電子の運動によって発生する磁場は，磁場を打ち消す方にはたらくので，原子に誘起される磁気双極子モーメントも外部磁場を打ち消すようにはたらく．

このように磁場中の物質にマクロな磁場が誘起される機構には上記の2種類がある．もともと磁気双極子モーメントをもっている原子では，本来もっている原子の磁気双極子モーメントが後者のプロセスで誘起されるモーメントよりも普通大きいために，前者のメカニズムが卓越する．このような物質を**常磁性体**とよぶ．一方，もともと原子に磁気双極子モーメントがない場合には後者の磁気双極子モーメントが顕在化する．この場合はモーメントの向きが逆になるので，**反磁性体**とよばれている．また常磁性体のうち，磁気双極子モーメント間の結合が非常に強い場合，マクロな磁場が強いものが得られる．このような場合を**強磁性体**とよぶ．われわれが知っている永久磁石は，このような磁性体に添加物を加えることによって，一度磁場をかけた状態で誘起されたマクロな磁気双極子モーメントが，磁場を取り去っても消えないようにしたものである．磁性の温度による変化については8.3節でも触れる．

4.4.2 物質中の磁場の取り扱い方

磁性体に磁場をかけ，マクロな磁気双極子モーメントが発生する場合に，磁場をうまく取り扱う方法について見ていこう．磁性体の中の各原子の磁気双極子モーメントを m_i とする．この磁気双極子モーメント群がつくるベクトルポテンシャルは，(4.42) を使うと

$$A_\mathrm{M}(\boldsymbol{x}) = -\frac{\mu_0}{4\pi}\sum_i \frac{(\boldsymbol{x}-\boldsymbol{x}_i)\times \boldsymbol{m}_i}{|\boldsymbol{x}-\boldsymbol{x}_i|^3} = \frac{\mu_0}{4\pi}\sum_i\left[\boldsymbol{m}_i\times\nabla\left(\frac{1}{|\boldsymbol{x}-\boldsymbol{x}_i|}\right)\right] \tag{4.55}$$

となる．ここで和は磁性体中のすべての原子についてとり，$\boldsymbol{x}_i$ は各原子の位置を表す．ベクトルポテンシャルの添字 M は，この磁場が物質に誘起された磁気双極子モーメントによって発生したものであることを示している．このベクトルポテンシャルに対応する磁場 $\boldsymbol{B}_\mathrm{M}$ の回転を計算すると

$$\begin{aligned}
\nabla\times\boldsymbol{B}_\mathrm{M} &= \nabla\times(\nabla\times A_\mathrm{M}) = -\nabla^2 A_\mathrm{M} \\
&= -\frac{\mu_0}{4\pi}\sum_i\left\{\boldsymbol{m}_i\times\nabla\left[\nabla^2\left(\frac{1}{|\boldsymbol{x}-\boldsymbol{x}_i|}\right)\right]\right\} \\
&= -\mu_0\sum_i[\boldsymbol{m}_i\times\nabla\delta_\mathrm{D}(\boldsymbol{x}-\boldsymbol{x}_i)] \\
&= \mu_0\sum_i[\nabla\times\boldsymbol{m}_i\delta_\mathrm{D}(\boldsymbol{x}-\boldsymbol{x}_i)]
\end{aligned}$$

を得る．ここで $\delta_\mathrm{D}(\boldsymbol{x}-\boldsymbol{x}_i)$ はディラックのデルタ関数であり，その性質 $\nabla^2(1/r)=4\pi\delta_\mathrm{D}(r)$ を用いた．

磁気双極子モーメント密度 $M(\boldsymbol{x})$ を以下のように定義すると，

$$\boldsymbol{M}(\boldsymbol{x}) = \sum_i \boldsymbol{m}_i \delta_\mathrm{D}(\boldsymbol{x}-\boldsymbol{x}_i) \tag{4.56}$$

結局，

$$\nabla\times\boldsymbol{B}_\mathrm{M} = \mu_0\nabla\times\boldsymbol{M}(\boldsymbol{x}) \tag{4.57}$$

を得る．したがって，磁気双極子モーメント密度 $\boldsymbol{M}(\boldsymbol{x})$ が得られれば，誘起される磁場を計算することができるのである．また，アンペールの法則 (4.11) と比較すれば，

$$\boldsymbol{j}_\mathrm{M} \equiv \nabla\times\boldsymbol{M}(\boldsymbol{x}) \tag{4.58}$$

が磁化によって誘起された電流密度であるということもできる．

しかし実際には，この $\boldsymbol{j}_\mathrm{M}$ を誘電体内に誘起された電荷のように扱うことで，計算を簡便にすることができる．いま，磁性体を含む領域での静磁場の

4.4 物質中の磁場

方程式の解を考える．これはアンペールの法則を満たすので，

$$\nabla \times \boldsymbol{B} = \mu_0 \boldsymbol{j} \tag{4.59}$$

となるが，この式から $\boldsymbol{B}_\mathrm{M}$ に関するアンペールの法則を引くと，

$$\nabla \times (\boldsymbol{B} - \boldsymbol{B}_\mathrm{M}) = \mu_0 (\boldsymbol{j} - \boldsymbol{j}_\mathrm{M}) \tag{4.60}$$

右辺は，誘起された電流を除いた電流であるので，これは誘電体のときの真電荷に当たる電流である．これを $\boldsymbol{j}_\mathrm{e}$ と書くことにする．さらに，補助的な磁場を表すベクトル場 $\boldsymbol{H}$ を以下のように定義する．

$$\boldsymbol{H} \equiv \frac{1}{\mu_0}[\boldsymbol{B}(\boldsymbol{x}) - \boldsymbol{B}_\mathrm{M}(\boldsymbol{x})] = \frac{\boldsymbol{B}(\boldsymbol{x})}{\mu_0} - \boldsymbol{M}(\boldsymbol{x}) \tag{4.61}$$

するとアンペールの法則は

$$\nabla \times \boldsymbol{H} = \boldsymbol{j}_\mathrm{e} \tag{4.62}$$

という簡便な形で書くことができる．ここまでは，ただ単に方程式を書き換えただけである．

さて，磁場があまり強くない場合には $\boldsymbol{H}$ と $\boldsymbol{M}$ がほぼ比例関係にあることが知られている．すなわち，

$$\boldsymbol{M}(\boldsymbol{x}) = \frac{\chi_\mathrm{m}}{\mu_0} \boldsymbol{H}(\boldsymbol{x}) \tag{4.63}$$

である．ここで比例定数 χ_m は**磁化率**とよばれる量である．この式を $\boldsymbol{B}$ の関係式にすると

$$\boldsymbol{B}(\boldsymbol{x}) = \mu_0 \boldsymbol{H}(\boldsymbol{x}) + \mu_0 \boldsymbol{M}(\boldsymbol{x}) = (\mu_0 + \chi_\mathrm{m}) \boldsymbol{H}(\boldsymbol{x}) = \mu \boldsymbol{H}(\boldsymbol{x}) \tag{4.64}$$

となる．ここで最後に出てきた $\mu \equiv \mu_0 + \chi_\mathrm{m}$ は**透磁率**とよばれる量である．ほとんどの物質では μ_0 に近いが，反磁性の場合もあるので μ と μ_0 の大小関係は物質によって異なる．

まとめると，静磁場の満たすべき基礎方程式は，

$$\nabla \times \boldsymbol{H} = \boldsymbol{j}_\mathrm{e}, \quad \nabla \cdot \boldsymbol{B} = 0 \tag{4.65}$$

であり，$\boldsymbol{H} = \boldsymbol{B}(\boldsymbol{x})/\mu_0 - \boldsymbol{M}(\boldsymbol{x})$ であるが，実用上磁場が弱い場合には，$\mu \boldsymbol{H} = \boldsymbol{B}$ の関係を仮定できる場合が多い．つまり，物質によって様々に異

なって誘起される磁気双極子モーメント密度を求める代わりに，透磁率 μ にその物質の性質を押し付け，単に $\mu_0 \to \mu$ とするだけの問題に簡単化しているのである．

4.4.3 磁性体を含む領域での静磁場の解

では，実際に簡単な場合に関して磁性体を含む領域での静磁場の解を考えてみよう．まず，真空中に一様な磁場が (B_{0x}, B_{0y}, B_{0z}) の成分で存在しているとする．これに厚さ L，一様な透磁率 μ の十分広くて薄い磁性体を z 軸に垂直に挿入する．このときの磁性体の内外の磁場の強さと磁気モーメント密度 M を求めてみよう．

磁場は対称性から x, y の方向には依存性をもたないので，$\boldsymbol{B} = \boldsymbol{B}(z)$ と書ける．静磁場の方程式 (4.65) から $\nabla \cdot \boldsymbol{B} = 0$ なので，$\partial B_z/\partial z = 0$ となる．したがって，$B_z = $ 一定 となるが，無限遠方 $z \to \pm\infty$ で $\boldsymbol{B} = B_{0x}\boldsymbol{e}_x + B_{0y}\boldsymbol{e}_y + B_{0z}\boldsymbol{e}_z$ であるから，$B_z = B_{0z}$ を得る．すなわち，磁性体板に垂直な成分である z 方向の磁場はいたるところ一定である．

これに対して，(4.65) のもう1つの式で，$\boldsymbol{j}_\mathrm{e} = 0$ とした式の成分を書き下すと，z 成分は x と y に関する微分なので $0 = 0$ の式となって意味がない．x, y の成分はそれぞれ

$$-\frac{\partial H_y}{\partial z} = 0, \qquad \frac{\partial H_x}{\partial z} = 0 \tag{4.66}$$

である．これを積分すると，磁性体の外の真空では $z \to \pm\infty$ の境界条件から，先ほどと同様 $B_x = \mu_0 H_x = B_{0x}$，$B_y = \mu_0 H_y = B_{0y}$ の一様な磁場を得る．内側でもやはり一様であり，

$$B_x = B_{\mathrm{in}x}, \qquad B_y = B_{\mathrm{in}y} \tag{4.67}$$

と書ける．しかし，磁性体の端でトビがある．端の z 座標を $-L/2$ と $L/2$ とし，下側の境界をまたいで (4.66) を z 方向に微小区間 Δ だけ積分すると，

$$\int_{-L/2-\Delta/2}^{-L/2+\Delta/2} \frac{\partial H_y}{\partial z} dz = \frac{B_{\text{in}y}}{\mu} - \frac{B_{0y}}{\mu_0} = 0$$

$$\int_{-L/2-\Delta/2}^{-L/2+\Delta/2} \frac{\partial H_x}{\partial z} dz = \frac{B_{\text{in}x}}{\mu} - \frac{B_{0x}}{\mu_0} = 0$$

これから

$$B_{\text{in}x} = \frac{\mu}{\mu_0} B_{0x}, \qquad B_{\text{in}y} = \frac{\mu}{\mu_0} B_{0y} \tag{4.68}$$

が答えとして得られる．これは磁性体上部（$z = L/2$）の境界条件も満たしている．よって，磁性体を挿入すると，元の磁場の磁性体に垂直な成分（z成分）は不変だが，平行な成分が透磁率によって変更を受ける．したがって，磁力線は磁性体の表面で"屈折"したように見えることになる．

また，この場合の磁気モーメント密度は，

$$\begin{aligned}
\boldsymbol{M} &= \frac{\boldsymbol{B}}{\mu_0} - \boldsymbol{H} \\
&= \left(\frac{1}{\mu_0} - \frac{1}{\mu}\right)\boldsymbol{B} \\
&= \frac{\mu - \mu_0}{\mu_0^2}(B_{0x}\boldsymbol{e}_x + B_{0y}\boldsymbol{e}_y) + \frac{\mu - \mu_0}{\mu\mu_0} B_{0z}\boldsymbol{e}_z
\end{aligned}$$

となる．

■ 章末問題

問題1 アンペールの法則 $\nabla \times \boldsymbol{B} = \mu_0 \boldsymbol{j}$ を用いて無限に長いコイルの内外の磁場を求め，本文中でビオ-サバールの法則を積分して得た結果と一致することを確認せよ．

問題2 図のように厚さ L の領域には，磁場 $\boldsymbol{B}$ が紙面に垂直方向手前向きに一様に存在している．この領域に下方から電荷 $q(>0)$，質量 m，速度 $\boldsymbol{v}$ で荷電粒子を垂直に入射する．このとき，以下の問いに答えよ．

(1) 入射粒子が突き抜ける条件を書け.
(2) 戻ってきた粒子も突き抜ける粒子も最初と同じ速さ v をもつ. その理由を述べよ.
(3) 突き抜けた粒子の脱出角度 θ を求めよ.
(4) この装置はどのような使い道があるか？

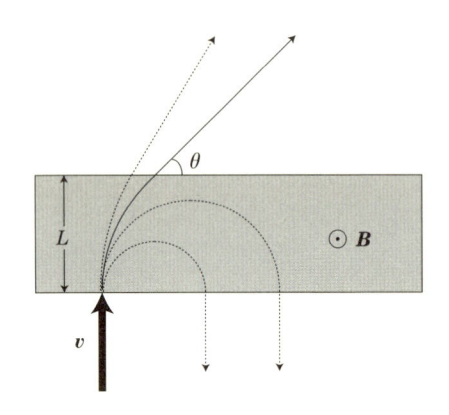

問題3 無限に長い直線状の導線に電流 I が流れている. このとき, 任意の場所におけるベクトルポテンシャルを求め, それを微分することによって磁場を求めよ. また, 本文中でビオ–サバールの法則から計算した磁場と一致することを確認せよ.

問題4 一様な面電荷密度 σ をもつ半径 a の球殻を考える. この球殻が, 中心を通るある軸の周りに角速度 ω で回転したとき, 磁気双極子モーメントの大きさを求めよ.

問題5 問題4の回転軸上の磁場の強さを求めよ.

問題6 磁気双極子モーメント m が, z 軸の正の方向を向いた一様な磁場 B_0 中にあるとき, 本文中で学んだ円環電流にはたらくトルクを使って m に対応する角運動量の時間発展を解き, 磁気双極子モーメント m の運動を調べよ.

問題7 問題6で一様な磁場 B_0 の他に, B_0 に垂直な面内で $B_1 = B_1(e_x \cos \Omega_1 t - e_y \sin \Omega_1 t)$ が作用するとき, m の運動について論じよ.

問題8 軸対称な分布をもつ磁場を考える. 円筒座標 ρ, ϕ, z で z 軸が対称軸であるとする. このとき, 対称軸を中心とする半径 ρ の円を貫く磁束が $\Phi(\rho, z)$ であるとき,

$$B_z = \frac{1}{2\pi\rho}\frac{\partial \Phi}{\partial \rho}, \qquad B_\rho = -\frac{1}{2\pi\rho}\frac{\partial \Phi}{\partial z}$$

を示せ．ただし，$\Phi(\rho,z) \equiv 2\pi \int_0^\rho \rho' B_z d\rho'$ である（磁束については 5.1.1 項を参照）．

問題 9 問題 8 の磁場中で荷電粒子の運動を考える．電荷のもつ力学的角運動量の z 成分を l_z，電荷を q としたとき，

$$l_z + \frac{q\Phi}{2\pi} = \text{一定}$$

を示せ．

問題 10 一様な磁場中に超伝導物質でできた一様な球体を置く．このとき，超伝導体外部の磁場を求めよ．ここでは超伝導体の内部では磁場の大きさがゼロになると考えて解け．

第5章 変動する電磁場

　第3章と第4章では，時間的に変化しない電荷分布や電流分布があったとき，その周りにつくられる静電場・静磁場の様子と，それらが他の電荷・電流に及ぼす力について調べてきた．これまで見たところでは電場と磁場は互いに独立なものであり，それぞれ静止している電荷と定常に流れ続ける電流がその源であり，電場・磁場は時間的に一定であった．しかしながら，時間的に変動する電場・磁場を考えると，電場と磁場が互いに分かちがたい性質をもち，電磁場とよぶべき性質をもつようになる．この章ではこの性質について述べ，特にその応用として重要な電気回路について学ぶ．また，時間的に変動する電磁場が空間中を伝播していく電磁波について述べる．

5.1 電磁誘導

5.1.1 ファラデーの法則

　一定の電流 I が流れ続けているときには，その周りに静的な磁場（静磁場）が発生することは前章で見た．一方で，磁場が時間的に変動すると，その周りに電場が発生し，その結果として電流が流れるという現象がある．これを**電磁誘導**とよぶ．電磁誘導によって発生する電場 E は，

$$\nabla \times E = -\frac{\partial B}{\partial t} \tag{5.1}$$

を満たす．ベクトルポテンシャル A を用いて磁場 B を書き，まとめると

$$\nabla \times \left(E + \frac{\partial A}{\partial t}\right) = 0 \tag{5.2}$$

となる．回転がゼロになる任意のベクトル場は，あるスカラー関数の勾配に等しくできることが数学的に知られている．したがって，ϕ をあるスカラー関数として，

5.1 電磁誘導

$$E = -\nabla\phi - \frac{\partial A}{\partial t} \quad (5.3)$$

と書くことができる．ϕ は 3.2.2 項で導入されたスカラーポテンシャルを拡張したものである．

(5.1) の形は電磁誘導の法則を微分形で書いたものであるが，電気回路への応用を考えて積分形でも議論しよう．図 5.1 のように閉経路 C を考え，C で縁取られたある曲面を S とする．(5.1) を面積積分すると，

$$\int_S (\nabla \times E) \cdot n \, dS = -\int_S \frac{\partial B}{\partial t} \cdot n \, dS \quad (5.4)$$

であるが，左辺にストークスの定理を用い，右辺の時間微分を積分の外に出すと，

$$\int_C E \cdot ds = -\frac{\partial}{\partial t} \int_S B \cdot n \, dS \quad (5.5)$$

を得る．この左辺は電場を閉経路 C にわたって線積分した量であり，閉経路 C に発生した**起電力**とよばれる．また，右辺の時間微分の中の積分量

$$\Phi = \int_S B \cdot n \, dS$$

は**磁束**とよばれる量であり，S を貫く磁力線の本数に対応する量である．

起電力を V と書くと，

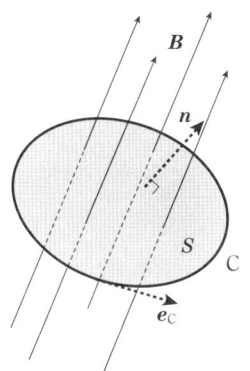

図 5.1 閉経路 C と磁場

$$V = -\frac{\partial \Phi}{\partial t} \tag{5.6}$$

となる．したがって，積分形では「電磁誘導によって閉経路に発生する起電力の大きさは，経路を貫く磁束の時間変化率に等しい」という形にまとめることができ，**ファラデーの法則**として知られている．

さて，導体で作られた導線を経路Cに沿って張っておけば，導体中の自由に動ける電子が，発生した電場の力を受けて運動を始める．これによって導線中を電流が流れ出す．ここでは流れる電流の大きさを見ておこう．

自由電子は電場の力を受けて運動し，かつ導体中の原子との衝突によって速さに比例した抵抗力を受ける．自由電子にはたらく力 F は

$$F = -eE - kv \tag{5.7}$$

である．電子は導線の外には飛び出さず，導線の中を運動するので，導線の単位接ベクトル e_C の方向にはたらく力が重要となる．この方向の力は e_C と内積をとって，

$$F_C = -eE \cdot e_C - kv \cdot e_C = -eE \cdot e_C - kv \tag{5.8}$$

となる．ここで e_C と v が平行であることを使った．

電場による力と抵抗力がつり合っているとすると，集団として自由電子が流れる速さは

$$v = -\frac{e}{k} E \cdot e_C \tag{5.9}$$

となる．これを閉経路Cに沿って積分すると，

$$lv = -\frac{e}{k} \int_C E \cdot e_C \, ds = -\frac{e}{k} V \tag{5.10}$$

を得る．ここで l はCの経路の長さである．導線を流れる電流 I は (3.9) で与えられるので，導線の断面積を S，電子の密度を n_e として $I = -en_e v S$ と表される．よって流れる電流 I は，起電力 V を用いて以下のように書き表される．

$$I = \frac{e^2 n_\mathrm{e} S}{kl} V = \frac{V}{R} = -\frac{1}{R}\frac{\partial \Phi}{\partial t} \qquad (5.11)$$

ここで導線の**電気抵抗** $R \equiv kl/e^2 n_\mathrm{e} S$ を用いた．8.9 節で電気抵抗のさらに詳しい説明をする．

最後に，(5.6) の右辺や (5.11) の最右辺の磁束の変化率にマイナスの符号が付いていることについて考察しておこう．(5.9) で明らかなように，上の例で電磁誘導によって流れる電流の方向は e_c の方向である（電子の速度と逆方向）．したがって，この場合，電磁誘導によって流れた電流のつくる磁場は C の内側では n の方向を向く．一方で，(5.11) にはマイナスの符号が付いているので，e_c の方向に電流を流すには，C 内の磁束が減少する必要があることを示している．つまり，誘導された電流のつくる磁場は，磁束の減少を食い止めようとする方に発生する．逆に C 内の磁束が増えようとするときには，電流は逆向きに流れ，磁束の増加を妨げる．

このように，(5.6)，(5.11) のマイナスの符号は，電磁誘導によって生じる電流が，磁場の変化を妨げる方向に流れることを示しており，この法則の発見者の名を冠して**レンツの法則**とよばれている．

5.1.2　インダクタンス

回路を流れる電流がつくる磁束は，アンペールの法則（$\nabla \times \boldsymbol{B} = \mu_0 \boldsymbol{j}$）の線形性から電流の大きさに比例することが予想されるので[1]，

$$\Phi = LI \qquad (5.12)$$

と表せる．ここで L は**自己インダクタンス**とよばれ，回路の形状によって決まる量である．また，2 つの回路 C_1 と C_2 があると，C_1 の電流が C_2 につくる磁束 Φ_{21}，C_2 の電流が C_1 につくる磁束 Φ_{12} もともに，それぞれ電流に比例している．したがって，回路 1 の磁束 Φ_1，回路 2 の磁束 Φ_2 はそれぞれ

---

[1] $\boldsymbol{B}$ と $\boldsymbol{j}$ がアンペールの法則を満たすなら，a を定数として $a\boldsymbol{B}$ と $a\boldsymbol{j}$ もアンペールの法則を満たす．したがって，磁束も a 倍となる．

$$\Phi_1 = \Phi_{11} + \Phi_{12} = L_{11}I_1 + L_{12}I_2$$
$$\Phi_2 = \Phi_{21} + \Phi_{22} = L_{21}I_1 + L_{22}I_2$$

と表される．ここで L_{11}, L_{22} は C_1 と C_2 の自己インダクタンスを表す．L_{12}, L_{21} は C_1 と C_2 の**相互インダクタンス**とよばれる量で，$L_{12} = L_{21}$ の関係がある．インダクタンスの具体的表式を求めることによってこれを示そう．

(4.25) から，2つの電流のつくるベクトルポテンシャルは，

$$A(\boldsymbol{x}) = \frac{\mu_0}{4\pi}\Big[\oint_{C_1}\frac{I_1\,d\boldsymbol{x}_1}{|\boldsymbol{x}-\boldsymbol{x}_1|} + \oint_{C_2}\frac{I_2\,d\boldsymbol{x}_2}{|\boldsymbol{x}-\boldsymbol{x}_2|}\Big] \qquad (5.13)$$

である．この表式を使って磁束 Φ_1 を計算すると

$$\Phi_1 = \int_{S_1}(\nabla\times A)\cdot\boldsymbol{n}\,dS = \oint_{C_1}A(\boldsymbol{x})\cdot d\boldsymbol{x}$$
$$= \frac{\mu_0}{4\pi}\oint_{C_1}\Big[d\boldsymbol{x}\cdot\Big(\oint_{C_1}\frac{I_1\,d\boldsymbol{x}_1}{|\boldsymbol{x}-\boldsymbol{x}_1|} + \oint_{C_2}\frac{I_2\,d\boldsymbol{x}_2}{|\boldsymbol{x}-\boldsymbol{x}_2|}\Big)\Big]$$
$$= I_1\frac{\mu_0}{4\pi}\oint_{C_1}\oint_{C_1}\frac{d\boldsymbol{x}\cdot d\boldsymbol{x}_1}{|\boldsymbol{x}-\boldsymbol{x}_1|} + I_2\frac{\mu_0}{4\pi}\oint_{C_1}\oint_{C_2}\frac{d\boldsymbol{x}\cdot d\boldsymbol{x}_2}{|\boldsymbol{x}-\boldsymbol{x}_2|}$$

を得る．第1項の I_1 の係数が L_{11}，第2項の I_2 の係数が L_{12} になることが直ちにわかる．同様に Φ_2 も計算でき，

$$\Phi_2 = I_1\frac{\mu_0}{4\pi}\oint_{C_2}\oint_{C_1}\frac{d\boldsymbol{x}\cdot d\boldsymbol{x}_1}{|\boldsymbol{x}-\boldsymbol{x}_1|} + I_2\frac{\mu_0}{4\pi}\oint_{C_1}\oint_{C_2}\frac{d\boldsymbol{x}\cdot d\boldsymbol{x}_2}{|\boldsymbol{x}-\boldsymbol{x}_2|}$$

となる．ここでも直ちに第1項の I_1 の係数が L_{21}，第2項の I_2 の係数が L_{22} になることがわかり，同時に $L_{12} = L_{21}$ も2つの積分が厳密に一致することから示された．

自己インダクタンス L_{11}, L_{22} に関して注意すべきことは，この形の積分は $\boldsymbol{x} = \boldsymbol{x}_1$ あるいは $\boldsymbol{x} = \boldsymbol{x}_2$ で発散してしまうことである．ただし，これは電流が数学的な曲線の上を流れるとしたために起こる問題で，現実のように，導線の太さを有限として取り扱うと有限な自己インダクタンスを計算することができる．

重要な例として，コイルの自己インダクタンスを計算しておこう．いま，

長さ l,半径 a,単位長さ当たりの巻き数 n のコイルを考える ($l \gg a$).電流 I が流れるときにコイルを貫く磁場は,(4.6)で既に求めたように,$B = \mu_0 n I$ である.したがって,コイル1巻きを貫く磁束は $\mu_0 n I \pi a^2$ となるので,全体で $\Phi = \mu_0 n^2 l I \pi a^2$.$\Phi = LI$ より,自己インダクタンスは

$$L = \pi a^2 \mu_0 n^2 l \tag{5.14}$$

となる.

5.1.3 磁場のエネルギー

真空中の静電場にエネルギー密度 $\varepsilon_0 E^2/2$ でエネルギーが蓄えられていたように,磁場にもエネルギーが蓄えられている.いま,電場 E が外場(例えば電池)としてかかっており,そこに定常な電流密度 j が流れているとする.このとき,この電流のつくる磁場のエネルギーを考えてみよう.

電流密度がその定義から(電荷密度)×(荷電粒子の速度)で与えられるので,これと外場 E の内積 $j \cdot E = \rho E \cdot v$ を考えると,これは,単位時間当たり,単位体積当たりに外場 E が荷電粒子群に対して行う仕事になっている.したがって,外場が電流に対して単位時間当たりに行う仕事,すなわち仕事率 dW/dt は,

$$\frac{dW}{dt} = \int_V E \cdot j \, d^3x \tag{5.15}$$

と書くことができる.ここで体積積分は,考えている領域を含む十分広い体積 V で行った.

さて,アンペールの法則 $\nabla \times B = \mu_0 j$ を用いて右辺の j を変形すると,

$$\frac{dW}{dt} = \int_V E \cdot \left(\nabla \times \frac{B}{\mu_0}\right) d^3x \tag{5.16}$$

さらに $\nabla \cdot (E \times B) = B \cdot (\nabla \times E) - E \cdot (\nabla \times B)$ を使って変形すると,

$$\frac{dW}{dt} = -\int_V \frac{1}{\mu_0} [\nabla \cdot (\boldsymbol{E} \times \boldsymbol{B}) + \boldsymbol{B} \cdot (\nabla \times \boldsymbol{E})] \, d^3x$$

$$= -\int_S \frac{1}{\mu_0} (\boldsymbol{E} \times \boldsymbol{B}) \cdot d\boldsymbol{S} + \int_V \frac{1}{\mu_0} \boldsymbol{B} \cdot \left(\frac{\partial \boldsymbol{B}}{\partial t}\right) d^3\boldsymbol{x} \qquad (5.17)$$

ここで1行目から2行目への変形ではガウスの定理とファラデーの法則を用いた.

2行目の第1項の面積積分は，十分広い体積 V の表面 S での積分なので，定常電流が局在していると考えると，S 上ではゼロになると考えられる．この面積積分を無視すると，結局

$$\frac{dW}{dt} = \frac{1}{2} \int_V \frac{\partial}{\partial t} \left(\frac{\boldsymbol{B}^2}{\mu_0}\right) d^3\boldsymbol{x} \qquad (5.18)$$

が得られる．したがって，外電場 E によって行われる仕事率は，磁場の2乗の時間変化に比例する．物理的には，ファラデーの法則によって磁場の変化が起電力を生み，それに逆らって一定の電流密度 j を維持して流し続けようとするために必要な仕事と考えることができる．いまここでは電気抵抗を無視していることに留意しておこう.

この仕事 W は潜在的に磁場が存在することによって起きる仕事であるために，これを磁場のエネルギーと見なすことができる．真空中の磁場のエネルギー密度 U は，(5.18)を積分して

$$U = \frac{1}{2} \frac{\boldsymbol{B}^2}{\mu_0} \qquad (5.19)$$

また，磁性体中では (5.16) でアンペールの法則を用いる際に，B/μ_0 の替わりに H を用いればよいから，以後の変形は同様にして

$$U = \frac{1}{2} \boldsymbol{B} \cdot \boldsymbol{H} \qquad (5.20)$$

と書くことができる．

5.2 電気回路

5.2.1 電気抵抗とジュール熱

電気回路は導体でできた導線中を自由電子が流れていくことによって機能する．5.1.1項で見たように，断面積 S，長さ l の導線中を流れる電流は，導線の両端に電圧 V がかかっていると，

$$I = \frac{e^2 n_e S V}{kl} = \frac{V}{R} \tag{5.21}$$

となる．ここで n_e は導線中の自由電子の数密度，k は電子がイオンとの衝突によって受ける抵抗の係数，R は電気抵抗を表している．この $V = RI$ の関係は，**オームの法則**として知られている．

電気抵抗 R は SI 単位系では Ω（オーム）の単位で測られ，1 V の電位差で 1 A の電流が流れる導線の抵抗は 1 Ω である．一般に導線の抵抗は断面積に反比例し，長さに比例する．また，その比例定数は主に導線をつくる物質の性質によって決まる．

前節でも見たように，自由電子の集団が流れる速さは，非保存力である抵抗力と電場による力のつり合いによって決まっていて，$v = eE/k$ である．電場によって加速される自由電子はエネルギーを失い続け，その結果，失ったエネルギーは，衝突によって導線中の原子の熱運動のエネルギーに変わる．このようにして発生する熱エネルギーを**ジュール熱**とよぶ．ここでは，このエネルギーを考えてみよう．

自由電子は単位時間に v だけ進むので，単位時間当たりに電場によって eEv の仕事をされ，これがすべて熱エネルギーとして失われる．これより，電場による加速によって単位時間当たりに1個の電子から発生する熱エネルギー w は，

$$w = \frac{e^2 E^2}{k} \tag{5.22}$$

である．断面積 S，長さ l の導線から単位時間当たりに発生するジュール熱 W_J は w に自由電子の総数を掛けたものなので，

$$W_\mathrm{J} = wn_\mathrm{e}lS = \frac{e^2 n_\mathrm{e} S}{kl}(El)^2 = \frac{V^2}{R} = RI^2 \tag{5.23}$$

ここで $El = V$ および $V = RI$ の関係を用いた．このように，発生するジュール熱は流れる電流の 2 乗に比例している（8.9 節を参照）．

5.2.2 キルヒホッフの法則

電流が回路を流れる際には，次の 2 つの法則がいつも成り立つ．

1. 回路上の分岐点に流れ込む電流の総和は，流れ出す電流の総和に等しい．
2. 電気回路に任意の閉路をとったとき，各区間の電位の総和はゼロとなる．

この 2 つの法則を**キルヒホッフの法則**とよぶ．1 つ目の法則は，電流が回路の外に飛び出さないことから，電荷の保存則の表現となっている．2 つ目の法則は，電気回路の上での電位が 1 価関数であることを保証している．

例として，図 5.2 にあるような簡単な回路を考えてみよう．図の R_i，$I_i (i = 1, 2, 3)$ はそれぞれ抵抗と電流の大きさを表し，矢印は電流の向きとする．電池の起電力は V_0 である．未知数は I_1，I_2，I_3 で，これを求めることを考える．

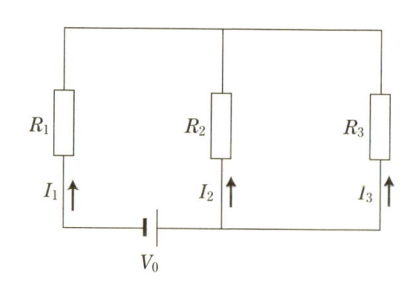

図 5.2 簡単な回路

まず，キルヒホッフの第 1 法則で回路の三叉になっている部分に流れ込む電流と流れ出す電流が等しいので，

$$I_1 + I_2 + I_3 = 0 \tag{5.24}$$

が直ちにいえる．次に第 2 法則で，反時計回りに左の閉回路と右の閉回路で

それぞれ電池と抵抗による電位の総和を考えると

$$V_0 - R_2 I_2 + R_1 I_1 = 0 \tag{5.25}$$

$$-R_3 I_3 + R_2 I_2 = 0 \tag{5.26}$$

となる．(5.24)～(5.26) を連立方程式として解くと，

$$I_1 = -\frac{V_0(R_2 + R_3)}{R_1 R_2 + R_2 R_3 + R_3 R_1} \tag{5.27}$$

$$I_2 = \frac{V_0 R_3}{R_1 R_2 + R_2 R_3 + R_3 R_1} \tag{5.28}$$

$$I_3 = \frac{V_0 R_2}{R_1 R_2 + R_2 R_3 + R_3 R_1} \tag{5.29}$$

を得る．I_1 の符号がマイナスなのは，最初に仮定した電流の向きとは逆（下向き）に電流が流れることを示している．

このようにキルヒホッフの法則を使うと，複雑な回路でも連立 1 次方程式を使って流れる電流を計算することができる．

5.2.3 過渡現象

次に，コンデンサーを含む回路で過渡的な現象を調べてみよう．図 5.3 のように起電力 V_0 の電池，抵抗 R，電気容量 C のコンデンサーを直列につなぐ．時刻 $t = 0$ でコンデンサーには電荷がゼロで，そこから徐々に電荷がたまっていくものとする．この現象を記述するには，以下のような方程式を解けばよい．

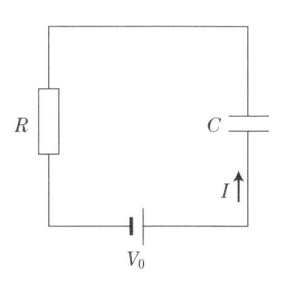

図 5.3 RC 回路

まず，時刻 t でコンデンサーにたまっている電荷を $Q(t)$ とし，同じく時刻 t での反時計回りの向きの電流を $I(t)$ とする．回路 1 周の電位の和がゼロなので，

$$V_0 - \frac{Q}{C} - RI = 0 \tag{5.30}$$

が満たされなくてはならない．また，単位時間当たりにコンデンサーに流れ込む電荷量がすなわち電流 I なので，

$$\frac{dQ}{dt} = I \tag{5.31}$$

が成り立つ．この2つを組み合わせて I を消去すれば

$$\frac{dQ}{dt} = -\frac{Q}{RC} + \frac{V_0}{R} \tag{5.32}$$

これを解くと，$t = 0$ で $Q = 0$ という初期条件を満たす解

$$Q(t) = CV_0 \left[1 - \exp\left(-\frac{t}{RC}\right)\right] \tag{5.33}$$

が得られる．これはコンデンサーにたまっている電荷の量が最初ゼロで，特徴的な時間 RC 程度の時間が経つとコンデンサーの電気容量で決まる CV_0 という電荷量が充電されることを示している．この特徴的な時間 RC をしばしば時定数とよぶ．

5.2.4 交流回路

これまでは直流の電気回路について見てきたが，この項では起電力が時間的に振動する交流回路について見ておこう．前項の RC 回路の起電力が V_0 ではなく，時間に依存して振動するとすると，I, Q の満たすべき微分方程式は

$$\frac{dQ}{dt} = I$$

$$RI = -\frac{Q}{C} + V(t)$$

となる．見通しよく計算するために，$V = V(\omega) \exp(i\omega t)$ とし，複素数を用いて計算する．ω は $V(t)$ の時間変動を表す振動数である．$V(\omega)$ は複素

5.2 電気回路

数もとりうる量で,絶対値が電位差(電圧)の振幅を表し,偏角は振動の位相のずれを表す. Q と I も複素数で表し, $\exp(i\omega t)$ の依存性をもつとすると,まず第1式から $i\omega Q(\omega) = V(\omega)$ である. これを第2式に代入すれば,

$$R I(\omega) \exp(i\omega t) = -\frac{I(\omega)}{i\omega C}\exp(i\omega t) + V(\omega)\exp(i\omega t)$$

これより

$$V(\omega) = \left(R + \frac{1}{i\omega C}\right)I(\omega) = Z(\omega)\,I(\omega) \qquad (5.34)$$

を得る. ここで $Z(\omega) \equiv R + 1/i\omega C$ は**インピーダンス**とよばれ, 直流回路の電気抵抗を拡張した概念である. 表式から明らかなように, 値は交流の周波数 ω に依存する. インピーダンスは後で見るように交流回路の周波数に対する特性や, 消費電力を計算するときに有用である. 上の表式で $R \to 0$ とすればコンデンサーのみの回路のインピーダンスは $1/i\omega C$ であることがわかる. また, 抵抗 R のみの回路のインピーダンスが $Z = R$ であることは明らかであろう.

次に, コイルを含む LRC 回路を考えよう. 図5.4のように自己インダクタンス L のコイルが抵抗, コンデンサー, 交流電源と直列につながっている. この場合, 解くべき式は

$$\frac{dQ}{dt} = I, \qquad L\frac{dI}{dt} + \frac{Q}{C} + RI = V$$

である. ここでコイルに誘導される起電力は (5.6) と (5.12) より $-L\,dI/dt$ となることを用いた.

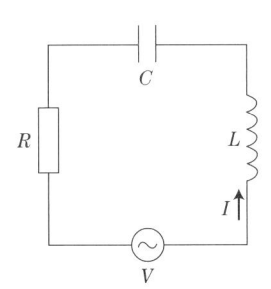

図 5.4 LRC 回路

再び $I = I(\omega)\exp(i\omega t)$, $V = V(\omega)\exp(i\omega t)$ として解を探すと,

$$Li\omega I(\omega)\exp(i\omega t) + \frac{I(\omega)}{i\omega C}\exp(i\omega t) + R I(\omega)\exp(i\omega t) = V(\omega)\exp(i\omega t)$$

まとめると

$$V(\omega) = \left(R + \frac{1}{i\omega C} + i\omega L\right)I(\omega) = Z(\omega)\, I(\omega) \tag{5.35}$$

となり，この回路のインピーダンスは $R + 1/i\omega C + i\omega L$ である．また，コイルのみのインピーダンスは $i\omega L$ である．

このように素子を直列につなぐと，各素子のインピーダンスの和が回路全体のインピーダンスになる．また並列につないだときには，各素子のインピーダンスの逆数の和が，回路全体のインピーダンスの逆数となる（章末問題5を参照）．

この回路を流れる電流は，$I(\omega)\exp(i\omega t)$ の実部をとればよい．計算すると

$$\begin{aligned}\Re[I(\omega)\exp(i\omega t)] &= \Re[I(\omega)]\cos\omega t - \Im[I(\omega)]\sin\omega t \\ &= \sqrt{\Re[I(\omega)]^2 + \Im[I(\omega)]^2}\cos(\omega t + \alpha) \\ &= |I(\omega)|\cos(\omega t + \alpha)\end{aligned} \tag{5.36}$$

ただし，$\Re$ は実部をとることを表し，$\Im$ は虚部をとることを表す．また，α は複素数 $I(\omega)$ の偏角である．この式から，電流は振幅 $|I(\omega)|$ で振動することがわかるので，(5.35) から LRC 回路の電流の振幅を計算してみると，

$$\begin{aligned}|I(\omega)| = \sqrt{I(\omega)\, I^*(\omega)} &= \frac{|V(\omega)|}{\sqrt{\left(R + \dfrac{1}{i\omega C} + i\omega L\right)\left(R - \dfrac{1}{i\omega C} - i\omega L\right)}} \\ &= \frac{|V(\omega)|}{\sqrt{R^2 + \left(\dfrac{1}{\omega C} - \omega L\right)^2}}\end{aligned} \tag{5.37}$$

となる（I^* は I の複素共役）．この表式は，この回路が著しい周波数特性をもっていることを示している．交流電源の電圧の振幅 $|V(\omega)|$ が周波数に強く依存しないならば，電流の振幅は $\omega = 1/\sqrt{LC}$ でピークをもつ．これは回路における共鳴現象であり，数学的には力学で学んだ強制振動子の運動と等価なものである．回路が本来もっている周波数 $1/\sqrt{LC}$ に近い周波数の交流電圧をかけると，共鳴によって大きな電流が流れるのである．

5.2 電気回路

最後に，この回路で発生するジュール熱を計算しよう．交流回路では時々刻々流れる電流や電圧が変化するので，交流の周期 $2\pi/\omega$ にわたって時間的に平均をとった $\langle W_{\rm J} \rangle$ が重要な量である．これを計算すると，

$$\begin{aligned}\langle W_{\rm J} \rangle &= \frac{\omega}{2\pi} \int_0^{2\pi/\omega} \Re[V]\, \Re[I]\, dt \\ &= \frac{\omega}{2\pi} \int_0^{2\pi/\omega} \Re[V(\omega)\, e^{i\omega t}]\, \Re[I(\omega)\, e^{i\omega t}]\, dt \\ &= \frac{\omega}{2\pi} \int_0^{2\pi/\omega} \{\Re[V(\omega)]\, \Re[I(\omega)]\, \cos^2 \omega t + \Im[V(\omega)]\, \Im[I(\omega)]\, \sin^2 \omega t \\ &\quad - (\Re[V(\omega)]\, \Im[I(\omega)] + \Im[V(\omega)]\, \Re[I(\omega)]) \sin \omega t \cos \omega t\}\, dt \end{aligned}$$
(5.38)

$\sin \omega t \cos \omega t$ に比例する項は1周期にわたった積分ではゼロになるので，残りの部分の積分を実行して

$$\langle W_{\rm J} \rangle = \frac{1}{2}\{\Re[V(\omega)]\, \Re[I(\omega)] + \Im[V(\omega)]\, \Im[I(\omega)]\} \quad (5.39)$$

となる．一方，インピーダンスを使うと $Z(\omega)\, I(\omega) = V(\omega)$ なので，

$$\begin{aligned}\langle W_{\rm J} \rangle &= \frac{1}{2}\{\Re[Z(\omega)\, I(\omega)]\, \Re[I(\omega)] + \Im[Z(\omega)\, I(\omega)]\, \Im[I(\omega)]\} \\ &= \frac{1}{2}\{\Re[Z(\omega)]\, \Re^2[I(\omega)] + \Re[Z(\omega)]\, \Im^2[I(\omega)]\} \\ &= \frac{1}{2} \Re[Z(\omega)]\, |I(\omega)|^2 \end{aligned}$$
(5.40)

を得る．

したがって，交流回路で単位時間当たりに消費されるエネルギー（消費電力）は，電流の振幅の2乗に比例し，インピーダンスの実部に比例するのである．

5.3 電磁波

5.3.1 マクスウェル方程式

前節まで見てきた電場と磁場が満たす関係式は，マクスウェル方程式という4つの場の方程式の組にまとめられる．特に電荷や電流などの電磁場をつくり出す源のない場合，方程式の組は，整理することによって波動方程式に帰着する．つまり，空間を電場と磁場が振動しながら伝播していく解が存在するのである．これが電磁波とよばれるもので，私たちの日常生活の中にある，携帯電話やテレビの電波，光，レントゲンで用いるX線などはすべて古典的には電磁波であると言ってよい．この節では，この電磁波の基礎について学ぶ．

さて，電場と磁場が満たすべき場の方程式をこれまで学んできたが，ここでひとまとめにして理解しておこう．

まず電場に関しては，時間変動する磁場があった場合，電磁誘導の項を含めて，

$$\nabla \cdot \boldsymbol{D} = \rho, \qquad \nabla \times \boldsymbol{E} = -\frac{\partial \boldsymbol{B}}{\partial t}$$

が基礎方程式となる．これに加えて，磁場の方程式も必要である．静磁場の方程式は4.2.2項で見たが，時間変動する電磁場を考える際には修正が必要である．というのは，(4.65)の発散を計算すると，

$$\nabla \cdot (\nabla \times \boldsymbol{H}) = \nabla \cdot \boldsymbol{j}$$

であるが，左辺は恒等的にゼロになるので，$\nabla \cdot \boldsymbol{j} = 0$ が帰結される．しかるに，3.1.2項で学んだように一般の電荷の保存則によると，

$$\frac{\partial \rho}{\partial t} = -\nabla \cdot \boldsymbol{j} \tag{5.41}$$

でなければならない．左辺は電荷密度が時間的に変動するときにはゼロではない．これはアンペールの法則が定常な電流を仮定していることに起因す

る．いずれにせよ，電荷密度が時間的に変動する場合にはアンペールの法則には修正が必要である．

これに関して，マクスウェルは**変位電流**とよばれる項 $\partial D/\partial t$ を右辺に付け加えればよいことを見出した．すなわち，

$$\nabla \times H = j + \frac{\partial D}{\partial t}$$

である．この式の両辺の発散を計算すれば，電荷の保存則は自動的に満たされる．

電場に関する式と磁場に関する式をまとめて書くと

$$\nabla \cdot D = \rho, \qquad \nabla \times E = -\frac{\partial B}{\partial t}$$

$$\nabla \cdot B = 0, \qquad \nabla \times H = j + \frac{\partial D}{\partial t}$$

となる．この4つの方程式が電磁場を決める基礎方程式であり，**マクスウェル方程式**とよばれている．

5.3.2　電 磁 波

マクスウェル方程式には，電磁場が空間を波として伝わっていく解が存在する．これを**電磁波**という．$j=0$, $\rho=0$ となる真空中でのマクスウェル方程式を書き下すと，

$$\nabla \cdot E = 0 \tag{5.42}$$

$$\nabla \cdot B = 0 \tag{5.43}$$

$$\nabla \times E = -\frac{\partial B}{\partial t} \tag{5.44}$$

$$\nabla \times B = \varepsilon_0 \mu_0 \frac{\partial E}{\partial t} \tag{5.45}$$

となるが，まず，これらの式から B を消去することを目指す．

(5.44) の両辺に $\nabla \times$ を作用させると

$$\nabla \times (\nabla \times E) = -\nabla \times \frac{\partial B}{\partial t}$$

左辺はベクトル解析の公式 $\nabla \times (\nabla \times E) = \nabla(\nabla \cdot E) - \nabla^2 E$ を使い，右辺は微分の順序を交換し，(5.42) と (5.45) を使うと，

$$\nabla^2 E = \varepsilon_0 \mu_0 \frac{\partial^2 E}{\partial t^2} \qquad (5.46)$$

を得る．これは，2.1.4 項で見たように速さ $c = 1/\sqrt{\varepsilon_0 \mu_0}$ で伝播する波の方程式を表している．c を使えば，

$$\nabla^2 E = \frac{1}{c^2} \frac{\partial^2 E}{\partial t^2} \qquad (5.47)$$

この波の伝播の速さは ε_0 と μ_0 の値 (3.2.1 項と 4.1.1 項を参照) を用いると

$$c = 2.99792458 \times 10^8 \ [\mathrm{m/s}] \qquad (5.48)$$

の値をもつ．これは**光速**とよばれる量で，光が古典的には真空中を伝わる電磁波であることと対応している．同様にマクスウェル方程式から E を消すと

$$\nabla^2 B = \frac{1}{c^2} \frac{\partial^2 B}{\partial t^2} \qquad (5.49)$$

を得る．

次に，具体的に**波数ベクトル k** で伝播する**平面波**の特徴を見ていこう．ここで波数ベクトルとは，方向は波の伝播方向で，大きさが 2π を波長で割ったものである．平面波の解は，波の角振動数を ω として

$$E = E_0 \exp[i(k \cdot x - \omega t)] \qquad (5.50)$$
$$B = B_0 \exp[i(k \cdot x - \omega t)] \qquad (5.51)$$

のように書き表せる．まず，これらが真空中のマクスウェル方程式を満たすので，(5.42) と (5.43) に代入すると，直ちに

$$ik \cdot E = 0, \qquad ik \cdot B = 0 \qquad (5.52)$$

が得られる．これより，電磁波の E と B はどちらも波の進行方向 k に直交

5.3 電磁波

していることがわかる．また，マクスウェル方程式の後の組，(5.44) と (5.45) に入れると

$$i\mathbf{k} \times \mathbf{E} = i\omega \mathbf{B}, \qquad i\mathbf{k} \times \mathbf{B} = -\frac{i\omega}{c^2}\mathbf{E} \qquad (5.53)$$

が得られ，これら 2 つの式は結局

$$\mathbf{B} = \frac{\mathbf{k} \times \mathbf{E}}{\omega}, \qquad \mathbf{k}^2 = \left(\frac{\omega}{c}\right)^2 \qquad (5.54)$$

の関係式に帰着する．

この 2 式の後ろの方は波数と伝播速度，角振動数の関係である．一方，前の関係式は，$\mathbf{B}$ が $\mathbf{k}$ のみならず $\mathbf{E}$ とも直交し，しかも大きさが $|\mathbf{E}|/c$ となっていることを示している．このように電磁波は，互いに直交する $\mathbf{E}$ と $\mathbf{B}$ がどちらにも直交する方向に伝播してゆき，互いの大きさが光速 c のファクターで換算される性質をもっているのである．

またこれまでの議論では，電場のベクトルの向きが伝播とともにどう変化するかは気にしていなかったが，一般には変化する．これは，電磁場の平面波解を考える際に，$\mathbf{k}$ に垂直な 2 つの方向で，それぞれ振幅と位相を別々にとることができるからである．[2] この自由度は**偏光**とよばれ，電場の向きが

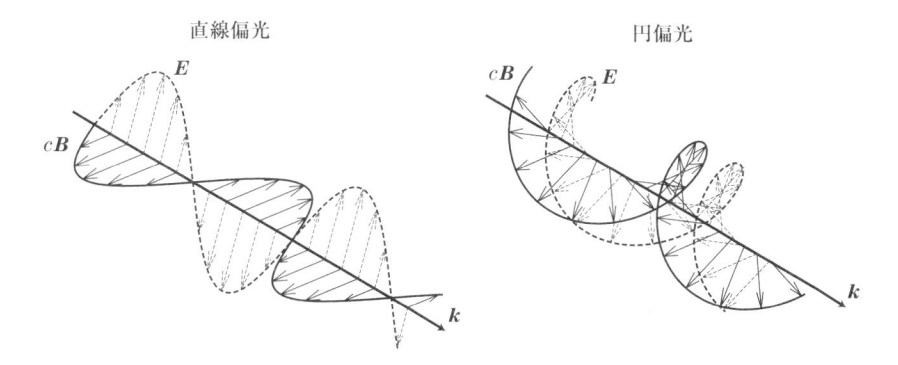

図 5.5 電磁波の伝播の模式図．電場と磁場は直行しつつ $\mathbf{E} \times \mathbf{B}$ の方向に進む．左は直線偏光，右は円偏光の様子を表す．矢印は電場・磁場を表している．

---

[2] これは (5.50)，(5.51) で E_0 や B_0 を複素ベクトルにとることによっても達成される．

伝播とともに変化しない場合（図5.5の左）を**直線偏光**とよび，伝播とともに進行方向から見て円を描くように変動するもの（図5.5の右）を**円偏光**という．実際の電磁波（光）はこれらの混合であって，進行方向から見て楕円を描く**楕円偏光**となるが，散乱の過程や，偏光板の通過によって特定の方向に偏光した光を取り出すことができる．

5.3.3 電磁波の反射・透過

真空中のマクスウェル方程式には自由に伝播する平面波の解があったが，真空中でなくても解はある．誘電率 ε，透磁率 μ の物質中での伝播を考えると，単に $\varepsilon_0 \to \varepsilon$, $\mu_0 \to \mu$ とするだけなので，ほとんどすべての議論は真空中と同じで，電磁波の伝播のスピードが $c = 1/\sqrt{\varepsilon_0\mu_0} \to 1/\sqrt{\varepsilon\mu}$ に変わるだけとなる．これは光の速さが変化することを示しているが，真空中の絶対的光速が変化するわけではない．ここで電磁波の伝播速度が変化するのは，電磁波と物質中の電荷が相互作用するために，新たに発生した電場・磁場が伝わってきた電磁波に重なり，実効的に違う速度の電磁波となるからである．

さて，ここでは電磁波の伝播速度 $c_1 = 1/\sqrt{\varepsilon_1\mu_1}$ の物質を伝播してきた電磁波が，伝播速度 $c_2 = 1/\sqrt{\varepsilon_2\mu_2}$ の別の媒質に直角に入射する問題を考える．$x = 0$ 面で物質1と物質2が接しているとし，入射波の伝播方向が x 軸の正の向きであるとすると，角振動数 ω の入射波の電場は

$$\boldsymbol{E}_\mathrm{i} = E_1 \boldsymbol{e}_y \exp[i(k_1 x - \omega t + \delta_\mathrm{i})] \tag{5.55}$$

となる．ただし $k_1 \equiv \omega/c_1$ で，δ_i は位相の自由度である．また，簡単のために直線偏光した波を考え，電場の方向を y 軸の方向にとった．位相の自由度を明示的に導入したので，$E_1 > 0$ として一般性を失わない．

磁場はこれに直角で z 軸の方向に振動し，振幅 $1/c_1$ であるので，

$$\boldsymbol{B}_\mathrm{i} = \frac{E_1}{c_1} \boldsymbol{e}_z \exp[i(k_1 x - \omega t + \delta_\mathrm{i})] \tag{5.56}$$

同様に反射波は，マイナス方向に伝播するので，

$$E_\mathrm{r} = E_1' e_y \exp[i(-k_1 x - \omega t + \delta_\mathrm{r})]$$

$$B_\mathrm{r} = -\frac{E_1'}{c_1} e_z \exp[i(-k_1 x - \omega t + \delta_\mathrm{r})]$$

となる.ここで δ_r は反射波の位相を表す.ここでも位相の自由度を明示的に導入しているので,E_1' の符号は正であるとしてよい.B_r の符号が入射波と逆になっているのは,反射波の伝播方向である $-k_1$ と,電場 E_r,磁場 B_r が $B_\mathrm{r} = -k_1 \times E_\mathrm{r}/\omega$ の関係を満たさなければならないからである.

透過波に関しては

$$E_\mathrm{p} = E_2 e_y \exp[i(k_2 x - \omega t + \delta_\mathrm{p})]$$

$$B_\mathrm{p} = \frac{E_2}{c_2} e_z \exp[i(k_2 x - \omega t + \delta_\mathrm{p})]$$

が成り立つ.ただし $k_2 \equiv \omega/c_2$ で,δ_p は透過波の位相を表す.入射波・反射波のときと同じ理由によって $E_2 > 0$ である.次に,これらの解が $x = 0$ の境界でマクスウェル方程式を満たす条件を見てみよう.

$x < 0$ で $E = E_\mathrm{i} + E_\mathrm{r}$,$B = B_\mathrm{i} + B_\mathrm{r}$,$x > 0$ で $E = E_\mathrm{p}$,$B = B_\mathrm{p}$ というこの解は,E も B も接線方向の成分しかないので,真電荷のないマクスウェル方程式のうち

$$\nabla \cdot D = 0, \qquad \nabla \cdot B = 0 \tag{5.57}$$

は自動的に満たされる.残りは

$$\nabla \times E = \frac{\partial B}{\partial t}, \qquad \nabla \times B = \frac{1}{c_i^2} \frac{\partial E}{\partial t} \tag{5.58}$$

である.ここで c_i は $x < 0$ で c_1,$x > 0$ で c_2 である.

まず,第1式を境界 $x = 0$ の周りで z 軸の周りの微小面積で積分すると,ストークスの定理を使って,

$$E_1 e^{i\delta_\mathrm{i}} + E_1' e^{i\delta_\mathrm{r}} - E_2 e^{i\delta_\mathrm{p}} = 0 \tag{5.59}$$

同様に,第2式を $x = 0$ の周りで y 軸の周りの微小面積で積分すると,

$$\frac{E_1 e^{i\delta_\mathrm{i}} - E_1' e^{i\delta_\mathrm{r}}}{c_1} - \frac{E_2 e^{i\delta_\mathrm{p}}}{c_2} = 0 \qquad (5.60)$$

となる．ここでは E と B に関する時間微分は境界では値に特異性がない（発散しない）ので，微小面積での積分が無視できるほど小さいことを用いている．この2つの条件を連立方程式として解くと，

$$E_1' e^{i(\delta_\mathrm{r}-\delta_\mathrm{i})} = \frac{c_2 - c_1}{c_1 + c_2} E_1, \qquad E_2 e^{i(\delta_\mathrm{p}-\delta_\mathrm{i})} = \frac{2c_2}{c_1 + c_2} E_1 \quad (5.61)$$

を得る．**屈折率** $n_1 = c/c_1$, $n_2 = c/c_2$ を導入すると

$$E_1' e^{i(\delta_\mathrm{r}-\delta_\mathrm{i})} = \frac{n_1 - n_2}{n_1 + n_2} E_1, \qquad E_2 e^{i(\delta_\mathrm{p}-\delta_\mathrm{i})} = \frac{2n_1}{n_1 + n_2} E_1 \quad (5.62)$$

と書くこともできる．

この E_2 の表式を見ると，右辺は明らかに正の実数なので，左辺の位相は $\delta_\mathrm{p} - \delta_\mathrm{i} = 0$ を満たす．つまり，入射波と透過波の位相は変化しない．一方，E_1' の表式を見ると，右辺は実数だが2つの媒質の屈折率の大小関係によって正負が異なる．それにともなって，左辺の位相差 $\delta_\mathrm{r} - \delta_\mathrm{i}$ は 0, π のいずれかをとることになる．正確には $n_1 > n_2$ では $\delta_\mathrm{r} - \delta_\mathrm{i} = 0$ で，$n_1 < n_2$ では $\delta_\mathrm{r} - \delta_\mathrm{i} = \pi$ である．つまり，"屈折率の小さな媒質から大きな媒質への境界面での反射波は入射波と位相が変わらないが，逆の場合には位相が π ずれる"というニュートンリングの実験などでよく知られた光の性質を再現するのである．

これで反射波，透過波の振幅が，入射波に対して求まったので，次に，電磁波の透過するエネルギーと反射するエネルギーの割合を調べてみよう．

電場と磁場のエネルギー密度はそれぞれ $\varepsilon E^2/2$, $B^2/2\mu$ と書けるので，電磁場のエネルギー流束 S（単位時間当たり単位面積当たりに通り抜けるエネルギー）は，

$$S = c_i \left(\frac{\varepsilon_i \boldsymbol{E}^2}{2} + \frac{\boldsymbol{B}^2}{2\mu_i} \right) = c_i \varepsilon_i \boldsymbol{E}^2 \qquad (5.63)$$

となる．この S は伝播の方向が $\bm{k}$ の方向，すなわち $\bm{E}\times\bm{B}$ の方向なので，ベクトル量として
$$\bm{S}=\bm{E}\times\bm{H} \tag{5.64}$$
と書くことができる．実際，方向は明らかに正しく，大きさも
$$S=|\bm{E}\times\bm{H}|=\frac{EB}{\mu}=E^2 c_i\varepsilon \tag{5.65}$$
となって，正しい大きさを与えている．この電磁波のエネルギー流速を表すベクトル S は**ポインティングベクトル**とよばれる．

反射率 R（入射波と反射波のエネルギー流束の比），透過率 T（入射波と透過波のエネルギー流束の比）は，それぞれ
$$\left.\begin{array}{l} R=\dfrac{c_1\varepsilon_1|E_1'|^2/2}{c_1\varepsilon_1|E_1|^2/2}=\left(\dfrac{c_2-c_1}{c_1+c_2}\right)^2=\left(\dfrac{n_1-n_2}{n_1+n_2}\right)^2 \\[2mm] T=\dfrac{c_2\varepsilon_2|E_2|^2/2}{c_1\varepsilon_1|E_1|^2/2}=\dfrac{\varepsilon_2 c_2}{\varepsilon_1 c_1}\left(\dfrac{2c_2}{c_1+c_2}\right)^2=\dfrac{\varepsilon_2 n_1}{\varepsilon_1 n_2}\left(\dfrac{2n_1}{n_1+n_2}\right)^2 \end{array}\right\} \tag{5.66}$$
となる．通常の媒質では $\mu_1\simeq\mu_2$ なので，透過率の表式は $c_i=1/\sqrt{\varepsilon_i\mu_i}$ を考慮すると
$$T=\frac{4c_1 c_2}{(c_1+c_2)^2}=\frac{4n_1 n_2}{(n_1+n_2)^2} \tag{5.67}$$
となる．R や T の表式を見ると，$n_1\sim n_2$ では $R\sim 0$，$T\sim 1$ でほとんどの電磁波が境界面を透過するが，$n_1\gg n_2$ または $n_2\gg n_1$ であるような場合にはほぼ反射されてしまうことがわかる．

5.3.4　電磁波の屈折

次に真空中から誘電率 ε の媒質に斜めに電磁波が入射するケースを考えてみよう．結論から言うと，斜めに入射する場合には，電磁波の進行方向が屈折する現象が起こる．前節の直角入射の場合にやったように，境界面で電場と磁場が満たす境界条件を解けば，屈折角，透過率，反射率といった物理量

はすべて求めることができるが,ここでは角度だけを簡単な議論から求めてみよう.

いま,真空の $z<0$ の領域で $S=E\times H$ のポインティングベクトルをもった平面波が伝播しているとし,$z=0$ 面で $z>0$ の領域に侵入するものとする.この $z>0$ の領域が誘電率 ε の物質で満たされている状況を考える.電磁波の波数ベクトルを k,電場と磁場を E, B と書き,添字 i を入射波,p を透過波,r を反射波とする.また図5.6のように入射・反射・透過の際に z 軸と成す角を θ_i, θ_p, θ_r とする.すると電場・磁場は

$$E_i = E_{i0}\exp[i(k_i\cdot x - \omega t)], \qquad B_i = k_i \times \frac{E_i}{\omega}$$

$$E_p = E_{p0}\exp[i(k_p\cdot x - \omega t)], \qquad B_p = k_p \times \frac{E_p}{\omega}$$

$$E_r = E_{r0}\exp[i(k_r\cdot x - \omega t)], \qquad B_r = k_r \times \frac{E_r}{\omega}$$

と書ける.ただし,波数と振動数 ω の関係は

$$c^2 k_i^2 = c^2 k_r^2 = \omega^2, \qquad c'^2 k_p^2 = \omega^2 \tag{5.68}$$

となる.ここで c' は $c'=1/\sqrt{\varepsilon\mu}$ という媒質中の伝播速度である.

さて,例えば境界 $z=0$ を挟んで薄い領域で,$\nabla\cdot D = 0$ の体積積分を考えてみると,ガウスの定理を使って

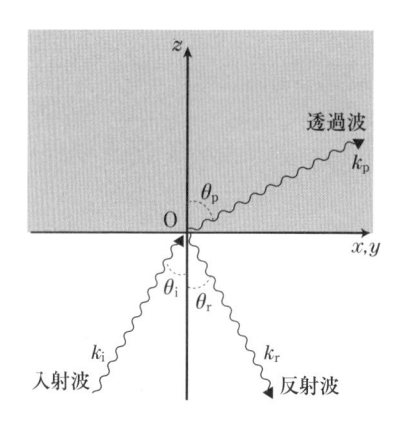

図 5.6 $z<0$ の真空から $z>0$ の媒質への入射波・透過波と反射波

5.3 電磁波

$$\varepsilon E_{\mathrm{p}}|_{z=0} \cdot e_z = \varepsilon_0 (E_{\mathrm{i}} + E_{\mathrm{r}})|_{z=0} \cdot e_z$$

である．これが任意の時間に $z=0$ 面内のすべての点で成り立つためには，両辺の $z=0$ での空間依存性，時間依存性が等しくなければならない．一方，平面波の形を仮定したので，その情報はすべて指数関数の肩に乗っている位相の中に含まれている．両辺に $\exp[-i(\boldsymbol{k}_{\mathrm{p}}\cdot\boldsymbol{x}-\omega t)]$ を掛けてまとめると

$$\varepsilon E_{\mathrm{p}0}\cdot e_z = \varepsilon_0 E_{\mathrm{i}0}\cdot e_z \exp[i(\boldsymbol{k}_{\mathrm{i}}-\boldsymbol{k}_{\mathrm{p}})\cdot\boldsymbol{x}]|_{z=0} + \varepsilon_0 E_{\mathrm{r}0}\cdot e_z \exp[i(\boldsymbol{k}_{\mathrm{r}}-\boldsymbol{k}_{\mathrm{p}})\cdot\boldsymbol{x}]|_{z=0}$$

となる．

$z=0$ 面から斜めに透過してくる電磁波では，左辺はゼロでない定数である．したがって，右辺もゼロでない定数でなくてはならない．そこで，もし右辺の2つの項の空間依存性がそれぞれの項で残ってお互いに打ち消し合うとすると，独立な定数項が右辺にはないので右辺はゼロしか許されない．したがって，それぞれの項の $\boldsymbol{x}$ 依存性がなくなって，定数とならなくてはならない．すなわち，

$$(\boldsymbol{k}_{\mathrm{r}}-\boldsymbol{k}_{\mathrm{p}})\cdot\boldsymbol{x}|_{z=0}=0, \qquad (\boldsymbol{k}_{\mathrm{i}}-\boldsymbol{k}_{\mathrm{p}})\cdot\boldsymbol{x}|_{z=0}=0 \qquad (5.69)$$

でなければならない．$z=0$ の平面内での式なので成分で書くと

$$(k_{\mathrm{r}x}-k_{\mathrm{p}x})x+(k_{\mathrm{r}y}-k_{\mathrm{p}y})y=0, \qquad (k_{\mathrm{i}x}-k_{\mathrm{p}x})x+(k_{\mathrm{i}y}-k_{\mathrm{p}y})y=0 \qquad (5.70)$$

これが $z=0$ 面上すべて，すなわち任意の x,y に関して成り立つので，結局

$$k_{\mathrm{r}x}=k_{\mathrm{p}x}=k_{\mathrm{i}x}, \qquad k_{\mathrm{r}y}=k_{\mathrm{p}y}=k_{\mathrm{i}y} \qquad (5.71)$$

が成り立っている．つまり，電磁波の波数ベクトルは入射・反射・透過とも xy 平面に射影すると，全く同じでなければならないのである．この全く同じ xy 平面内の波数ベクトルの大きさを $k_{xy} \equiv (k_{\mathrm{i}x}^2+k_{\mathrm{i}y}^2)^{1/2}$ と定義しておく．

一方で，(5.68)にあるように，それぞれの波数ベクトルの大きさは振動数によって決まっている．これを使うと図5.6の角度を計算できる．すなわち，

$$\sin\theta_{\mathrm{i}} = \frac{k_{xy}}{|\boldsymbol{k}_{\mathrm{i}}|} = \frac{\omega k_{xy}}{c}, \quad \sin\theta_{\mathrm{r}} = \frac{k_{xy}}{|\boldsymbol{k}_{\mathrm{r}}|} = \frac{\omega k_{xy}}{c}, \quad \sin\theta_{\mathrm{p}} = \frac{k_{xy}}{|\boldsymbol{k}_{\mathrm{p}}|} = \frac{\omega k_{xy}}{c'}$$

これらの比をとって計算してみると

$$\sin\theta_i = \sin\theta_r, \qquad \frac{\sin\theta_p}{\sin\theta_i} = \frac{c}{c'} = n' \qquad (5.72)$$

となる．ここで n' は前項で定義された $z > 0$ の媒質の屈折率である．

ここに至って，n' が電磁波が異なる媒質間を通るときにどれだけ曲がるかという指標を与える量であることが明らかとなる．(5.72) の前者は，入射角 θ_i と反射角 θ_r がいつも等しくなることを意味し，後者の式は**スネルの法則**とよばれ，光の屈折を記述する最も基本的な式となっている．

5.3.5 プラズマ中の電磁波の伝播

これまで誘電率の与えられた物質中の電磁波の伝播を見てきたが，この節では誘電率の簡単に計算できる物質の具体例として**プラズマ**を考える．プラズマとは中性原子ではなく，大部分が電子といくつかの電子が剥ぎ取られた原子核で構成されるような気体のことをいう．ここでは，このようなプラズマ中を伝播する電磁波の解について調べてみる．

波動として伝わる解を調べるので，5.3.2 項で学んだ真空中のときと同じように，すべての物理変数が $\exp[i(\boldsymbol{k}\cdot\boldsymbol{x}-\omega t)]$ の依存性をもっていると仮定して計算してみる．すなわち，

$$\boldsymbol{E} = \boldsymbol{E}_\omega e^{i(\boldsymbol{k}\cdot\boldsymbol{x}-\omega t)}, \; \boldsymbol{B} = \boldsymbol{B}_\omega e^{i(\boldsymbol{k}\cdot\boldsymbol{x}-\omega t)}, \; \boldsymbol{j} = \boldsymbol{j}_\omega e^{i(\boldsymbol{k}\cdot\boldsymbol{x}-\omega t)}, \; \rho = \rho_\omega e^{i(\boldsymbol{k}\cdot\boldsymbol{x}-\omega t)}$$

とする．これらをマクスウェル方程式に代入すると

$$\left.\begin{array}{l} i\boldsymbol{k}\cdot\boldsymbol{E}_\omega = \dfrac{\rho_\omega}{\varepsilon_0}, \qquad i\boldsymbol{k}\cdot\boldsymbol{B}_\omega = 0 \\[2mm] i\boldsymbol{k}\times\boldsymbol{E}_\omega = i\omega\boldsymbol{B}_\omega, \qquad i\boldsymbol{k}\times\boldsymbol{B}_\omega = \mu_0\boldsymbol{j}_\omega - \dfrac{i\omega}{c^2}\boldsymbol{E}_\omega \end{array}\right\} \qquad (5.73)$$

となる．プラズマ中を考えているので，真空中のときと違い，電荷密度や電流密度はゼロでない．いま電磁場が伝わる際に，電子と原子核は，同程度の電荷をもっているので，同じような力を受ける．しかし電子の方が圧倒的に軽いので，実際には電子のみが大きく運動して電流と変動する電荷密度をつ

5.3 電磁波

くる. すなわち, 運動するのは電子のみとしてよい.

いま, 電子の運動方程式を考えると

$$m_e \frac{d\bm{v}}{dt} = -e(\bm{E} + \bm{v} \times \bm{B}) \tag{5.74}$$

であるが, 電磁波を考えると $B = E/c$ であるので, 磁場による力は, v/c の因子程度, 電場による力に比べて小さい. したがって, ここでは磁場による力の項は無視することにする. $\bm{v}$ も $\exp[i(\bm{k}\cdot\bm{x} - \omega t)]$ の依存性をもつとして運動方程式を計算すると,

$$-i\omega m_e \bm{v}_\omega = -e\bm{E}_\omega \tag{5.75}$$

となり, $\bm{v}_\omega = -ie\bm{E}_\omega / \omega m_e$ を得る. ここで電流密度の定義から $\bm{j}_\omega = -en_e\bm{v}_\omega$ を使うと

$$\bm{j}_\omega = \frac{in_e e^2}{\omega m_e} \bm{E}_\omega \tag{5.76}$$

を得る. この $\bm{j}$ と ρ を電荷の保存の式 (3.8) に代入すると

$$-i\omega \rho_\omega + i\bm{k}\cdot\bm{j}_\omega = 0 \tag{5.77}$$

となり, これから電荷密度は

$$\rho_\omega = \frac{\bm{k}\cdot\bm{j}_\omega}{\omega} = \frac{n_e e^2}{\omega^2 m_e} i\bm{k}\cdot\bm{E}_\omega \tag{5.78}$$

となる.

いま,

$$\varepsilon \equiv \varepsilon_0 \left(1 - \frac{n_e e^2}{\varepsilon_0 \omega^2 m_e}\right) \tag{5.79}$$

を定義して (5.73) に代入して整理すると

$$\left. \begin{array}{ll} i\bm{k}\cdot\bm{E}_\omega = 0, & i\bm{k}\cdot\bm{B}_\omega = 0 \\ i\bm{k}\times\bm{E}_\omega = i\omega \bm{B}_\omega, & i\bm{k}\times\bm{B}_\omega = -\dfrac{i\omega}{c_p^2}\bm{E}_\omega \end{array} \right\} \tag{5.80}$$

となる．ここで $c_\mathrm{p}^2 \equiv c^2\varepsilon_0/\varepsilon$ である．これは真空中の電磁波の式 (5.52)，(5.53) で $c \to c_\mathrm{p}$ としたものに等しい．すなわちこの式は，電磁波がプラズマ中を $\boldsymbol{k}$ の方向に c_p で伝播していくことを示しており，ε がプラズマの誘電率として振る舞うことがわかる．

(5.54) で求めたように $\boldsymbol{k}$ と ω の関係を計算すると，文字を変えるだけでよいので，c_p を位相速度として

$$\boldsymbol{k}^2 = \left(\frac{\omega}{c_\mathrm{p}}\right)^2 = \left(\frac{\omega}{c}\right)^2 \left[1 - \left(\frac{\omega_\mathrm{p}}{\omega}\right)^2\right]$$

あるいは

$$\omega^2 = k^2 c^2 + \omega_\mathrm{p}^2 \tag{5.81}$$

と書ける．ここで ω_p は**プラズマ振動数**とよばれ，

$$\omega_\mathrm{p}^2 \equiv \frac{n_\mathrm{e} e^2}{\varepsilon_0 m_\mathrm{e}}$$

である．一般に，波動の振動数 ω と波数 k の間に成り立つ関係を**分散関係**という．(5.81) はプラズマ中の波動の分散関係である．

物理的なエネルギーの伝播速度は 2.2.6 項で見たように群速度で与えられる．プラズマ中では

$$V_\mathrm{g} = \frac{d\omega}{dk} = \frac{c^2 k}{\sqrt{c^2 k^2 + \omega_\mathrm{p}^2}} = c\sqrt{1 - \left(\frac{\omega_\mathrm{p}}{\omega}\right)^2}$$

である．(5.81) を使って波数の大きさ k を計算すると

$$k = \frac{1}{c}\sqrt{\omega^2 - \omega_\mathrm{p}^2} \tag{5.82}$$

となる．ここで注意すべきは，$\omega < \omega_\mathrm{p}$ では，k が純虚数になることである．この場合，電磁波の依存性 $\exp[i(\boldsymbol{k}\cdot\boldsymbol{x} - \omega t)]$ の $\exp(i\boldsymbol{k}\cdot\boldsymbol{x})$ の部分は，$\boldsymbol{x}$ にともなって指数関数的に減少する項になる．したがって，プラズマ振動数よりも低い振動数の電磁波は，プラズマに $2\pi/k = 2\pi c/\sqrt{\omega_\mathrm{p}^2 - \omega^2}$ 程度の深さしか侵入できないのである．

プラズマのこの性質は地球上での電波通信にとって大変重要である. $\omega < \omega_p$ の電波は地球上空の電離層には侵入できずに, 反射されて地表に戻ってくる. これによって直線的には直接に電波の届かない遠方の地点にも電波が届くことになる. また, 様々な人工衛星の電波を地表に届かせるためには $\omega > \omega_p$ の周波数の電波を用いる必要があることになる. 電離層での遅延効果は, GPS の計時補正で重要となる.

5.3.6 ポテンシャルによる記述とゲージ自由度

マクスウェル方程式は電場と磁場に関する 1 階微分方程式の組であるが, 第 I 部の力学で学んだ粒子・連続体の運動方程式は, 2 階微分方程式であった. したがって, 両者は全く異なる性質のものであるという印象をもったかもしれない. しかしながら, マクスウェル方程式をスカラーポテンシャルとベクトルポテンシャルを用いて書き直すと, 連続体の運動方程式とほとんど同じであることがわかってくる. この節では, まずこのことを見ていこう.

これまで見たように, E と B はスカラーポテンシャル ϕ とベクトルポテンシャル A を用いて

$$E = -\nabla\phi - \frac{\partial A}{\partial t} \tag{5.83}$$

$$B = \nabla \times A \tag{5.84}$$

と書くことができる. こうすると, マクスウェル方程式のうち, 右辺に電荷や電流などの源が現れない式

$$\nabla \cdot B = 0, \quad \nabla \times E = -\frac{\partial B}{\partial t}$$

はすでに満たされている.

マクスウェル方程式を満たすポテンシャル ϕ と A のとり方には次のような自由度が存在する. 実際, χ を t と x に関する任意関数として

$$\phi' = \phi - \frac{\partial \chi}{\partial t} \tag{5.85}$$

$$A' = A + \nabla \chi \tag{5.86}$$

のような ϕ' と A' を用いても，同じ E と B を与える．したがって ϕ と A には，任意関数 χ の微分を加える程度の任意性が存在することになる．このようなポテンシャルの変換を**ゲージ変換**という．

さて，真空を仮定して電荷や電流のある式に代入すると，

$$\nabla \cdot \left(-\nabla \phi - \frac{\partial A}{\partial t} \right) = \frac{\rho}{\varepsilon_0}$$

$$\nabla \times (\nabla \times A) = \mu_0 j + \varepsilon_0 \mu_0 \frac{\partial}{\partial t}\left(-\nabla \phi - \frac{\partial A}{\partial t} \right)$$

整理して

$$-\nabla^2 \phi - \nabla \cdot \frac{\partial A}{\partial t} = \frac{\rho}{\varepsilon_0} \tag{5.87}$$

$$-\nabla^2 A + \frac{1}{c^2}\frac{\partial^2 A}{\partial t^2} + \left[\nabla(\nabla \cdot A) + \frac{1}{c^2}\frac{\partial}{\partial t}\nabla \phi \right] = \mu_0 \rho v_{\text{e}} \tag{5.88}$$

を得る．

ここでゲージ変換の自由度を使って方程式を簡単化しよう．付加条件

$$\nabla \cdot A + \frac{1}{c^2}\frac{\partial \phi}{\partial t} = 0 \tag{5.89}$$

を満たすように χ をとることにすると，(5.87) と (5.88) は，

$$\frac{1}{c^2}\frac{\partial^2 \phi}{\partial t^2} - \nabla^2 \phi = \frac{\rho}{\varepsilon_0} \tag{5.90}$$

$$\frac{1}{c^2}\frac{\partial^2 A}{\partial t^2} - \nabla^2 A = \mu_0 \rho v_{\text{e}} \tag{5.91}$$

という方程式に帰着される．この方程式を導くときに使った付加条件(5.89)を**ローレンツゲージ**とよぶ．

5.3 電磁波

　このゲージ条件は，6.3節で明らかになるように，相対論的にどのような座標系を選んでも同じ形で成り立つ式であるため，ローレンツゲージで計算した ϕ や A は他の座標系に変換されてもやはり同じようにローレンツゲージの付加条件を満たすようになっている．そのため，非常に見通しが良い．

　また，(5.90) と (5.91) の形を見ると場の量 ϕ や A を，未知の連続体[3]の質量素片の空間的な座標の変位と見れば，弾性体内を速度 c で伝播する波の方程式と同じであることがわかる．このような見方をすると，この節で見たゲージ変換の自由度は質量素片の変移の座標を自由にとる自由度があることに対応しており，右辺の電荷密度や電流は，振動する質量素片に対してはたらく強制力と見なすことができる．このように見方を変えれば，マクスウェル方程式もまた 加速度 ∝ 力 という「運動方程式」の仲間であることがわかるであろう．

　ローレンツゲージの他に，4.2.2項で用いたように，クーロンゲージとよばれるものもよく使われる．クーロンゲージには，付加条件

$$\nabla \cdot A = 0 \tag{5.92}$$

を満たす χ を使って移ることができる．この場合，2つの式は

$$\nabla^2 \phi = -\frac{\rho}{\varepsilon_0}$$

$$\nabla^2 A - \frac{1}{c^2}\frac{\partial^2 A}{\partial t^2} = -\mu_0 \rho \boldsymbol{v}_\mathrm{e} - \frac{1}{c^2}\nabla\left(\frac{\partial \phi}{\partial t}\right) \tag{5.93}$$

となる．スカラーポテンシャルに関する式がポアソン方程式になっているので，この部分は静電場のときの問題と同様に解くことができる．ベクトルポテンシャルの方は，スカラー場の微分によって決まる電流成分が右辺に新たに現れ，これをもともとの電流の項に加えて解くことになる．

---

[3] 相対論以前では，この見方のために電磁波を伝える未知の媒質「エーテル」の存在が期待されていた．

章末問題

問題1 図のように，z軸の正の方向を向いた一様な磁場中に電気抵抗Rの円形のコイルを置く．このコイルをx軸を軸として角速度ωで回転させるとき，次の問いに答えよ．ただし，x軸はコイルの中心を通っているものとする．

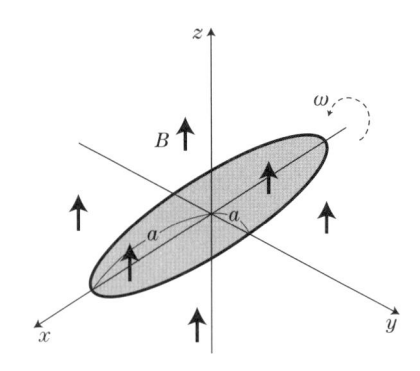

(1) コイルを一定の角速度ωで回転させ続けるとき，コイルに生じる誘導起電力を求めよ．
(2) コイルを一定の角速度ωで回転させ続けるときに必要なトルクを求め，単位時間当たりにコイルになされる仕事を求めよ．
(3) 発生するジュール熱を計算せよ．

問題2 本文で述べたように，導体中の電子はイオンとの相互作用で摩擦を受けるため，(5.7)のような力を受ける．本文では導線を考えたために磁場による力は無視したが，一般には無視できない．力のつり合いから，電場と電流密度の間に成り立つ関係を求めよ．

問題3 単位長さ当たりn_1巻き，半径a_1，長さlのコイルを，単位長さ当たりn_2巻き，半径a_2，長さlのコイルの中に，軸を共有し，端を合わせて入れる．このとき，この系の相互インダクタンスを求めよ．ただし，$l \gg a_1, a_2$とする．

問題4 図のような回路を考える．$t = 0$以前にコンデンサーには電荷はたまっ

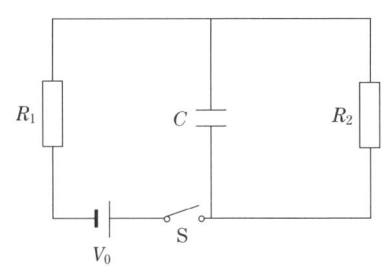

ていないとし，$t=0$ でスイッチ S を閉じる．このとき，コンデンサーにたまる電荷の増加する様子，抵抗に流れる電流の様子を微分方程式を解くことによって求めよ．

問題 5 図のようにコイルとコンデンサーを並列につないだ場合，この回路のインピーダンスと消費電力を求めよ．

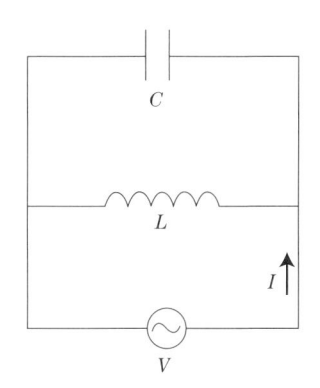

問題 6 図のような RC 回路を考える．この回路の左の入力端子に時間変動する電圧 $V_0(t)$ をかけ，右の端子での出力電圧 $V_C(t)$ を調べるとき，次の問いに答えよ．

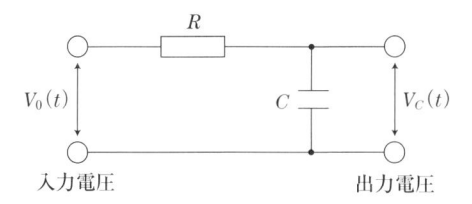

(1) $V_0(t)$, $V_C(t)$ のフーリエ変換を $F(\omega)$, $G(\omega)$ とするとき，F と G の間の関係式を求めよ．

(2) $H(\omega) \equiv G(\omega)/F(\omega)$ を周波数特性という．$|H|$ を ω の関数として求め，概略を図示せよ．

(3) 前問の結果から，この回路がある特徴的な周波数を境に周波数が大きくなると，出力が入力に対して著しく低下することがわかる．この特徴的な周波数を示し，この回路が周波数に関するフィルターとしてはたらくことを説明せよ．

問題 7 図のように鉄芯に左右 2 つのコイルを巻き付ける．左は N_1 巻き，右は N_2 巻きである．左のコイルの端子に $V(t) = V_0 \sin \omega t$ の交流電圧をかけるとき，右の抵抗にかかる電圧を求め，消費電力を求めよ．ただし，左のコイルによって生

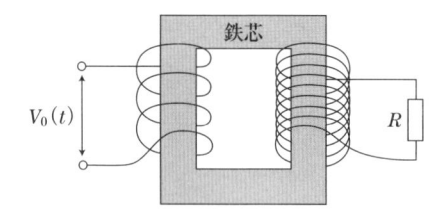

じる磁束は鉄芯の中で一定であるとする．

問題 8 平面波の電磁波の進行方向を z として，$z = 0$ で電場の様子を観察する．
$$E_x = E_1 \sin(kz - \omega t + \alpha_1), \qquad E_y = E_2 \sin(kz - \omega t + \alpha_2)$$
として，直線偏光のとき，E_1, E_2, α_1, α_2 の満たす関係を求めよ．また，円偏光のときはどうか．E_1, E_2, α_1, α_2 が任意の実数をとるときに電場ベクトルが進行方向から見て楕円を描くことを示せ．

問題 9 一辺の長さ a の正方形のループアンテナを考える．図のように，このアンテナの面の法線と角度 θ を成す方向から電磁波 $\boldsymbol{E} = \boldsymbol{E}_0 \cos(\boldsymbol{k}\cdot\boldsymbol{x} - \omega t)$ がやってくるとき，このアンテナに誘導される電圧 V を求めよ．ただし，電磁波は直線偏光しており，電場はアンテナと同じ面内で振動しているものとする．

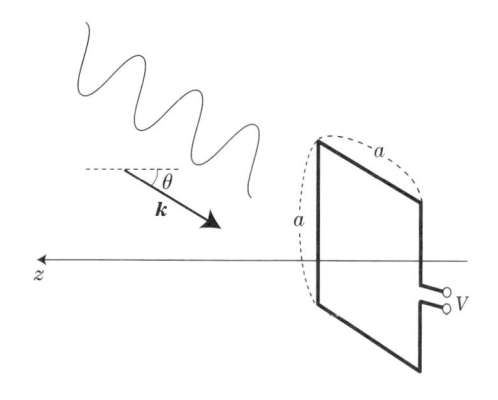

問題 10 与えられた電磁場 $[\phi(t, \boldsymbol{x}),\ \boldsymbol{A}(t, \boldsymbol{x})]$ 中を運動する非相対論的な荷電粒子（質量 m, 電荷 q）を記述するラグランジュ関数 L は，
$$L = \frac{1}{2}m\boldsymbol{v}^2 + q\boldsymbol{A}\cdot\boldsymbol{v} - q\phi$$
と書ける．このとき，粒子の運動方程式を導け．また，上記の 1 粒子のラグラン

ジュ関数の表式を用いると，荷電粒子群の運動を記述する作用積分 I は，荷電粒子群の電荷密度を $\rho(t, \boldsymbol{x})$，荷電粒子の速度場を $\boldsymbol{v}(t, \boldsymbol{x})$ として

$$I = \iint \left(\frac{1}{2} \frac{m}{q} \rho \boldsymbol{v}^2 + \rho \boldsymbol{A} \cdot \boldsymbol{v} - \rho \phi \right) d^3 \boldsymbol{x} \, dt$$

と書ける．このとき，ゲージ変換

$$(\phi, \boldsymbol{A}) \quad \rightarrow \quad \left(\phi - \frac{\partial \chi}{\partial t}, \boldsymbol{A} + \nabla \chi \right)$$

に対して作用 I が不変となる条件を導け．ここで χ は $t, \boldsymbol{x}$ に依存する任意関数とする．また，この条件はある物理量の保存則と関係している．それは何か？

第6章　特殊相対性理論と電磁気学

　電磁気学の内に埋もれていた特殊相対性理論を発見したのはアインシュタインである．これは1905年にアインシュタインが発表した輝かしい3編の論文のうちの1つとして著されたものであり，時間と空間に対する新しい考え方を提案するものであった．電磁気学の方程式はもともと特殊相対性理論的に正しいものであり，それまでのガリレイ変換 (1.3.2項) に基づく古典力学との整合がとれていなかった．この点を詳細に突き詰めることによって得られた新しい時間と空間の概念によって，物体の運動学と力学が書き換えられることとなった．この章が電磁気学のパートの最後に置かれている事情は6.3節で明らかになるであろう．

　相対性理論というととたんに敷居が高く感じられるものであるが (筆者もそうであった)，そこで使われる数学はかなりやさしい．むしろ困難は，その概念にある．では，順を追って時間と空間の概念を説明していこう．

6.1 時間と空間の概念

6.1.1 時間という概念と観測者

　普通われわれ人間は，時間というものは誰にとっても等しく同じように流れ過ぎていくものであると信じている．例えば私は毎朝の7時55分に和歌山駅で大学に行くために電車に乗るが，約1時間半 紀州路快速に乗っている間に腕時計が研究室や自宅の時計と比べてゆっくり時を刻んでいるとは，普通思わない．万人にとって普通の生活の場では，クオーツの時計を時報に合わせておけばどんな場所のどんな運動をしている人にとっても時間は同じように流れると考えて差し支えない．これは普通 感覚的・経験的に正しいと思っていることであり，実際にかなりの精度で正しい．先に1.3.2項で見たように，この感覚的・経験的に皆が正しいと思っている概念は，ガリレイ変換という形で表される．

6.1 時間と空間の概念

いま2つの慣性系があり，一方（x'-t'系，以下 O′ 系）が他方（x-t系，以下 O 系）の x 軸の正の方向に一定速度 v で運動しているとする．

2つの系がガリレイ変換

$$\left.\begin{array}{l} x' = x - vt \\ t' = t \end{array}\right\} \tag{6.1}$$

で結び付いているとすると，図 6.1 のように O 系の x-t 座標面内で，$x' = 0$ を表す t' 軸は傾き $1/v$ で原点を通る直線となる．一方，x' 軸は，$t' = 0$ を表すので $t' = t$ により完全に x 軸と一致する．同様に異なった時刻，例えば $t = 1$ もやはり $t' = 1$ と完全に一致する．このようにガリレイ変換では様々な慣性系での時間の流れ方が全く同じであることを要求する．この概念を**絶対的同時性**ということにする．

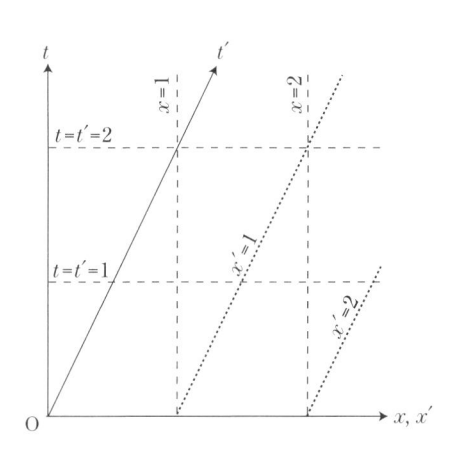

図 6.1　ガリレイ変換

もう1つ，後の議論との比較のために重要な概念として，速度の合成則がある．いま O′ 系で x' 軸の正の方向に一定速度 w で運動する物体を考えると，物体の運動の様子は，

$$x'(t') = x_0' + wt' \tag{6.2}$$

である．ここで x_0' は $t' = 0$ のときの物体の位置である．これをガリレイ変換を行って O 系の座標で見ると，

$$x(t) = x_0' + (w + v)t \tag{6.3}$$

を得る．ここで式の変形の中で $t = t'$ を使っていることに注意する．結果として，物体の O 系での速度は x 軸の正の方向に $v + w$ ということになる．このようにガリレイ変換が成り立つ場合には，異なる座標系から見た物体の

速度は座標系の相対速度の分だけベクトルの意味で異なるという，これもまた全く当然の結果となる．

これらの議論では直観と，数学的な抽象化の間に齟齬はなく，完全であるように思える．しかしこのガリレイ変換，特に $t' = t$ はどこまで厳密に正しいのであろうか．われわれはこの部分に関しては日常の体験から正しいと思っているが，それをどのようにして確かめることができるかに進むと自明ではないことに気づくのである．

6.1.2 光の速さの普遍性と新たな座標変換

これから先に進む前に，先ほどガリレイ変換のときにも示した図6.1のような時間と空間の図について少し説明しておく．図6.2のように縦軸に時間軸，横軸に空間軸をとった図を**時空図**とよぶ．空間座標は本来3次元であるが，このような図では理解を助けるためにしばしば1次元のみ取り出して表現する．また以後，時空図を用いる際には光速 c を t に乗じた ct を縦軸にとることにする．こうしておくと，x 軸の正の方向への光の伝播が図上で傾き $45°$ の直線として表現できる．またこの時空図上での，ある粒子の運動の軌跡をその粒子の**世界線**とよぶ．時空図上の1点は，時間座標も空間座標も決められており，時空内のただ1点を指し示す．このような1点を**事象（イベント）**とよぶ．事象という日本語に引きずられると，何か事件が起こらないといけない気もするが，すべての場所の一瞬一瞬がまさにそれしかないものであるので，このような用語が付いている．

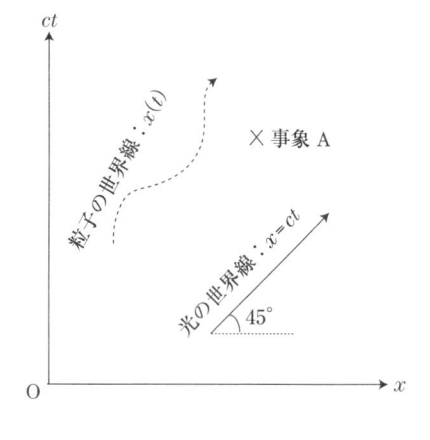

図 6.2 時空図

6.1 時間と空間の概念

さて，前節でわれわれの時空に対する理解は普通ガリレイ変換に基づいており，その根幹には $t' = t$ という離れた場所での絶対的同時性の概念があることを見た．また，この概念が単純な和による速度の合成則を導くことも示した．

ところが光の速度について，速度の合成則が成立しないことが実験で示されている．実験によると，光の速さは誰から見ても一定に見えるのである．この実験はマイケルソン‐モーレーの実験とよばれ，地球の運動速度と光の速度が合成されるかどうかを確かめた実験である．この事実は**光速度不変の原理**とよばれ，特殊相対性理論を支える 2 つの柱のうちの 1 つである．この原理を実験事実として受け入れる以上，これまでのガリレイ変換から導かれる速度の合成則と矛盾をきたすので，新たな，より正しい慣性系間の座標変換が存在するはずである．以後出てくる時間の伸びや長さの短縮などといった"奇妙な"現象は，およそすべてこの原理から導き出される．

この新しい座標変換は，われわれの日常的な速度の範囲ではガリレイ変換と大差なく一致し，一方で，運動の速度が光の速度に近づくとガリレイ変換と異なった性質をもつことが予想される．そこで以下では，光速度不変の原理を満たしつつ，光の速度よりもずっと小さい速度ではガリレイ変換とほとんど変わらないような座標変換を求めていくことにする．

まず座標変換の表式を求める前に，時空図上で互いに運動している観測者の座標軸をどのようにとるべきかを考えてみることにする．ガリレイ変換が破綻していることがわかっているので，時間座標が離れた場所のどの観測者にとっても同じであるという仮定，すなわち $t' = t$ に疑問符が付くことになる．すると観測者 O の時空図上に，観測者 O′ の座標軸，すなわち t' 軸：$x' = 0$ と x' 軸：$t' = 0$ を書き込むのが難しくなる．そこで，これまでガイドとしてきた $t = t'$ を捨て，新たに実験事実である光速度不変の原理を用いて $t' = 0$ と $x' = 0$ を書き込んでみることにする．また光の速度がどの観測者にとっても不変な定数なので，以下では，t や t' の代わりに光の速さ c

を乗じた ct や ct' を座標軸に用いることにする．

まず ct' 軸，すなわち $x' = 0$ の軌跡であるが，これは先のガリレイ変換のときと変わらない．O系でO'系の原点に静止した観測者の軌跡（すなわち $x' = 0$）を記述すると，

$$x = vt = \beta ct \tag{6.4}$$

となる．ここで $\beta \equiv v/c$ である．したがって，ct' 軸は傾き $1/\beta$ の原点を通る直線であることがわかる．また，x 軸の正の方向に進む光の軌跡は $x = ct$ であるので，傾き1の直線であることもわかる．

一方，問題があるのは x' 軸，すなわち $t' = 0$ の直線の位置である．ガリレイ変換のときには変換の定義から $t = 0$ の直線と一致することが自明であったが，今度はここを疑うということなので，これは使えない．そこで光速度不変の原理を用いて $t' = 0$ の線，すなわち x' 軸を探していく．

まず，O'系の x'-ct' 座標面上で x' 軸が光を使ってどのように規定できるかを考える．図6.3で，光が x' 軸の正の方向に時刻 $ct' = -a_1, -a_2, -a_3$ に $x' = 0$ から放射され，どこかの鏡で跳ね返ってそれぞれ時刻 a_1, a_2, a_3 で $x' = 0$ に戻ってきたとする．光は $\beta = \pm 1$ すなわち傾き $\pm 45°$ で進むので，図形の対称性から，鏡の位置は x' 軸上にあるべきであることがわかるであろう．このような性質から，x' 軸を，任意の a に対して「光が t' 軸上の $t' = -a$ を出て $t' = a$ に戻ってきたときの，反射したという事象の集まり」と規定することができる．

この定義をO系の x-ct 座標面内に適用したのが図6.4

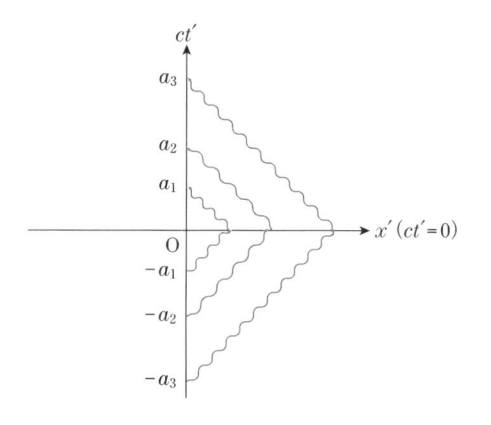

図 6.3 x' 軸を光によって決定する

である．この図では ct' 軸はすでに傾き $1/\beta$ の直線として決まっているので，ct' 軸上の任意の点から光が出て反射して，再び ct' 軸に戻ってくる様子を描いている．この場合，注意するべきは，光速度不変の原理から，この座標面でもやはり光の軌跡は傾き $\pm 45°$

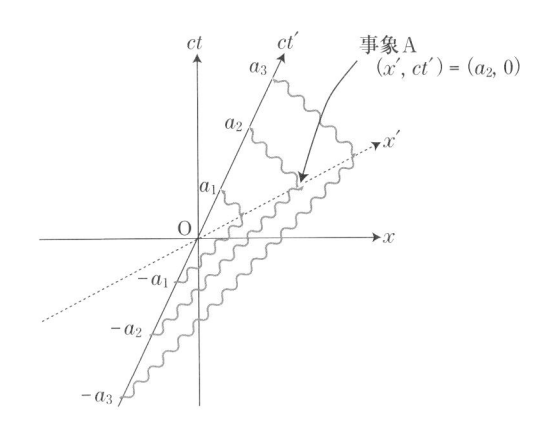

図 **6.4** O 系での x' 軸の位置

となることである．その結果，反射した事象のいるべき点を結んでいくと，図のように x' 軸が決まり，その x' 軸の傾きは β となっている．

6.1.3 絶対的同時性の破綻

前述のように，光速度不変の原理から決めた x' 軸は x 軸と一致せず，傾いている．これは $t' = t$ がいつも成り立つわけではないことを示している．実際，例えば図 6.4 で x' 軸上の点：$(x', ct') = (a_2, 0)$ という事象 A と，O 系で同時に起こる事象の集まりを考えると，これは $t = $ 一定の直線上にあるので，事象 A を通って x 軸に平行な直線上にあることになる．しかし明らかに，この直線上の A 以外の点での O′ 系での時刻は $ct' = 0$ ではない．$ct' = 0$ はすなわち x' 軸であり，x 軸と x' 軸は一致しないからである．したがって，時空図上の異なる 2 点で表される 2 つの事象が，ある座標系から見て同時に起こったとしても，他の座標系で見ると一般には違う時刻の出来事ということになっている．これが，**絶対的同時性の破綻**とよばれるもので，これまで見たように，光速度不変の原理のみから導き出される大変重要な結論である．

離れた場所で「同時」という言葉が使えるのは自明ではなく，光速度不変の原理を満たすように座標系を決めて，その中で話すときのみであることを頭に刻んでもらいたい．

6.1.4 ローレンツ変換

前項までに，2つの慣性系の座標軸がどのような関係にあるのかを見て，その結果，絶対的同時性というものは成り立たないことがわかった．この節では，2つの慣性系の座標 (ct, x, y, z) と (ct', x', y', z') が満たす代数的関係について調べていこう．

まず，この2つの座標は1次変換で結ばれなければならない．すなわち，

$$\begin{pmatrix} ct' \\ x' \\ y' \\ z' \end{pmatrix} = \begin{pmatrix} \Lambda_{00} & \Lambda_{01} & \Lambda_{02} & \Lambda_{03} \\ \Lambda_{10} & \Lambda_{11} & \Lambda_{12} & \Lambda_{13} \\ \Lambda_{20} & \Lambda_{21} & \Lambda_{22} & \Lambda_{23} \\ \Lambda_{30} & \Lambda_{31} & \Lambda_{32} & \Lambda_{33} \end{pmatrix} \begin{pmatrix} ct \\ x \\ y \\ z \end{pmatrix} \tag{6.5}$$

である．これは時間と空間の一様性から要求される．両辺の微分をとったときに，微小変化 $(c\,dt, dx, dy, dz)$ と $(c\,dt', dx', dy', dz')$ の関係が場所や時刻に依存してはいけないからである．

最初に y と z の変換性から考えよう．O′ 系はO系に対して x 方向に運動している．O′ 系で静止した任意の点 (x', y', z') を考えると，任意の時刻 t' で座標値 (x', y', z') は一定である．またこの点をO系から見ると，運動が x 方向なので，y, z は ct, x によらず一定である．この点の軌跡上で (6.5) の3行目の式と4行目の式を考えると，

$$y' = \Lambda_{20}ct + \Lambda_{21}x + \Lambda_{22}y + \Lambda_{23}z$$
$$z' = \Lambda_{30}ct + \Lambda_{31}x + \Lambda_{32}y + \Lambda_{33}z$$

であるが，それぞれの左辺は一定，右辺も第3項，第4項が一定なので，これが任意の x, ct に対して成り立つためには，第1項，第2項がゼロとならなければならない．したがって，y, z の変換則は ct, x によらない．一般に

6.1 時間と空間の概念

は，この変換には x 軸周りに回転する自由度があるが，y' と y の方向を揃えてとっておくと，

$$y' = \Lambda_{22} y, \qquad z' = \Lambda_{33} z \tag{6.6}$$

ととることができる．

次に，ct' 軸上の事象を考えよう．ct' 軸上，すなわち O' 系の原点 $(x', y', z') = (0, 0, 0)$ の軌跡は，O 系から見ると x 方向へ等速直線運動の軌跡であるので，$\beta ct = x$, $y = z = 0$ を満たす．したがって，(6.5) の 2 行目の式から，

$$\begin{aligned} 0 &= \Lambda_{10} ct + \Lambda_{11} x \\ &= (\Lambda_{10} + \beta \Lambda_{11}) ct \end{aligned} \tag{6.7}$$

となり，これが任意の時刻 t で正しいことから

$$\Lambda_{10} + \beta \Lambda_{11} = 0 \tag{6.8}$$

が言える．ここでは O' 系で見た点 $(0, 0, 0)$ の運動の軌跡（すなわち ct' 軸）を見ていたが，次に $(0, y', z')$ の軌跡を考えてみよう．

再び (6.5) の 2 行目を考えると

$$\begin{aligned} 0 &= \Lambda_{10} ct + \Lambda_{11} x + \Lambda_{12} y + \Lambda_{13} z \\ &= (\Lambda_{10} + \beta \Lambda_{11}) ct + \frac{\Lambda_{12}}{\Lambda_{22}} y' + \frac{\Lambda_{13}}{\Lambda_{33}} z' \end{aligned} \tag{6.9}$$

この右辺は任意の y', z' について成り立たなければならないから，$\Lambda_{12} = \Lambda_{13} = 0$ である．

次に x' 軸上の事象 $(0, x', 0, 0)$ を考えると，$ct = \beta x$, $y = z = 0$ であるので，(6.5) の 1 行目に代入すると

$$0 = \Lambda_{00} ct + \Lambda_{01} x = (\beta \Lambda_{00} + \Lambda_{01}) x \tag{6.10}$$

である．これが任意の x に対して成り立つためには

$$\beta \Lambda_{00} + \Lambda_{01} = 0 \tag{6.11}$$

でなければならないことになる．また，y' と z' が一定で，$ct' = 0$ を満たす事象の集まりを考えると，

$$0 = \Lambda_{00}ct + \Lambda_{01}x + \Lambda_{02}y + \Lambda_{03}z \tag{6.12}$$

$$= (\beta\Lambda_{00} + \Lambda_{01})x + \frac{\Lambda_{02}}{\Lambda_{22}}y' + \frac{\Lambda_{03}}{\Lambda_{33}}z' \tag{6.13}$$

これが任意の x, y', z' について成り立つから，$\Lambda_{02} = \Lambda_{03} = 0$ となる．

ここまでをまとめると，

$$\begin{pmatrix} ct' \\ x' \\ y' \\ z' \end{pmatrix} = \begin{pmatrix} \Lambda_{00} & -\beta\Lambda_{00} & 0 & 0 \\ -\beta\Lambda_{11} & \Lambda_{11} & 0 & 0 \\ 0 & 0 & \Lambda_{22} & 0 \\ 0 & 0 & 0 & \Lambda_{33} \end{pmatrix} \begin{pmatrix} ct \\ x \\ y \\ z \end{pmatrix} \tag{6.14}$$

となっている．残りの係数を決めていこう．まず原点から x 方向に光を飛ばしてその経路上を考えると，$ct' = x'$ かつ $ct = x$ なので，(6.14) の 1 行目と 2 行目は

$$ct' = \Lambda_{00}(ct - \beta x) = \Lambda_{00}(1-\beta)x$$
$$x' = \Lambda_{11}(-\beta ct + x) = \Lambda_{11}(1-\beta)x$$

上式の左辺は等しく，したがって右辺同士も等しいので，

$$\Lambda_{00}(1-\beta)x = \Lambda_{11}(1-\beta)x$$

となり，$\Lambda_{00} = \Lambda_{11}$ が結論される．

今度は，原点から y' 方向（$x' =$ 一定）に光を飛ばしてその経路上を考えると $ct' = y'$，$x' = 0$ である．しかし図 6.5 のように，O 系で見ると光の経路上で x は一定ではない．この光の経路上では $x' = 0$ であるので $x = \beta ct$ が成り立ち，$ct = \sqrt{y^2 + \beta^2(ct)^2}$ となる．これを使うと (6.14) の 1 行目と 3 行目は

$$ct' = \Lambda_{00}(1-\beta^2)ct = \Lambda_{00}\sqrt{1-\beta^2}\,y$$
$$y' = \Lambda_{22}y$$

であるが，やはり左辺同士が等しいことから $\Lambda_{00}\sqrt{1-\beta^2} = \Lambda_{22}$ となる．また，z 方向も同様なので，結局，$\Lambda_{00} = \Lambda_{11} = \gamma\Lambda_{22} = \gamma\Lambda_{33}$ を得る．ここで $\gamma \equiv 1/\sqrt{1-\beta^2}$ という量（しばしば**ローレンツ因子**とよばれる）を導入した．

6.1 時間と空間の概念 211

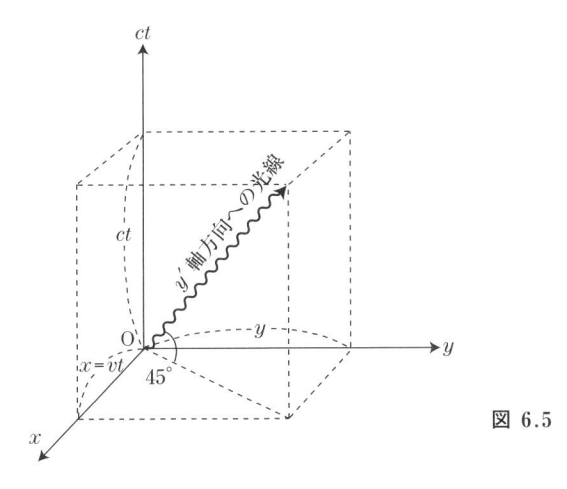

図 6.5

したがって，変換は Λ_{33} の自由度を1つ残して

$$\begin{pmatrix} ct' \\ x' \\ y' \\ z' \end{pmatrix} = \Lambda_{33} \begin{pmatrix} \gamma & -\beta\gamma & 0 & 0 \\ -\beta\gamma & \gamma & 0 & 0 \\ 0 & 0 & 1 & 0 \\ 0 & 0 & 0 & 1 \end{pmatrix} \begin{pmatrix} ct \\ x \\ y \\ z \end{pmatrix} \quad (6.15)$$

となる．

最後に，Λ_{33} が1であることを示そう．まず，この座標変換を特徴づけるパラメータは，O′系がO系に対して運動する速度を表す β のみである．したがって，$\Lambda_{33} = \Lambda_{33}(\beta)$ と書ける．一方，もう1つO系に対して x 方向に $-\beta$ で運動するO″系を考えると，O系での ct 軸上の任意の事象，すなわち，ある時刻 t，位置 $x = y = z = 0$ で表される事象のO′系とO″系での時計の読みは，空間の等方性から同じであるべきである．したがって，(6.15) の1行目と2行目の式，

$$ct' = \Lambda_{33}(\beta)\gamma(ct - \beta x), \qquad ct'' = \Lambda_{33}(-\beta)\gamma(ct + \beta x) \quad (6.16)$$

において，$x = 0$ で $ct' = ct''$ を要求すると，$\Lambda_{33}(\beta) = \Lambda_{33}(-\beta)$ となる．

さて，明らかに求めている変換は，$\beta \to -\beta$ とすると，逆変換となるべき

である．つまり，逆行列は (6.15) で $\beta \to -\beta$ とした行列に等しい．左辺に (6.15) の逆行列，右辺に (6.15) で $\beta \to -\beta$ とした行列を書くと，

$$\frac{1}{\Lambda_{33}(\beta)}\begin{pmatrix} \gamma & \beta\gamma & 0 & 0 \\ \beta\gamma & \gamma & 0 & 0 \\ 0 & 0 & 1 & 0 \\ 0 & 0 & 0 & 1 \end{pmatrix} = \Lambda_{33}(-\beta)\begin{pmatrix} \gamma & \beta\gamma & 0 & 0 \\ \beta\gamma & \gamma & 0 & 0 \\ 0 & 0 & 1 & 0 \\ 0 & 0 & 0 & 1 \end{pmatrix} \quad (6.17)$$

これより，$\Lambda_{33}(\beta)\,\Lambda_{33}(-\beta) = 1$ であるが，$\Lambda_{33}(\beta) = \Lambda_{33}(-\beta)$ であるので，$\Lambda_{33}(\beta) = \pm 1$ を得る．$\beta \to 0$ の極限で恒等変換に一致するためにはプラスが選ばれなければならない．結局，最終的に

$$\begin{pmatrix} ct' \\ x' \\ y' \\ z' \end{pmatrix} = \begin{pmatrix} \gamma & -\beta\gamma & 0 & 0 \\ -\beta\gamma & \gamma & 0 & 0 \\ 0 & 0 & 1 & 0 \\ 0 & 0 & 0 & 1 \end{pmatrix}\begin{pmatrix} ct \\ x \\ y \\ z \end{pmatrix} \quad (6.18)$$

となる．この1次変換のことを**ローレンツ変換**，あるいは x 方向への速度 v の**ブースト変換**とよぶ．x 方向ではない方向に運動する系との座標変換では，まず回転変換で速度の運動方向が x 方向に一致する座標に移り，その後ブースト変換を行えばよいのである．任意の方向へのブースト変換は，3次元座標の任意の回転変換と合わせて，数学的には**群**をなすことが知られているが，本書の程度を超えるのでこれ以上は立ち入らない．

また，ローレンツ変換の導出の過程でも用いたように，ローレンツ変換の逆変換は，速度を反転させたものである．ローレンツ変換を表す行列を $\boldsymbol{\Lambda}(\boldsymbol{v})$ と書くと，

$$\boldsymbol{\Lambda}^{-1}(\boldsymbol{v}) = \boldsymbol{\Lambda}(-\boldsymbol{v}) \quad (6.19)$$

という関係があるのである．

6.1.5　速度の合成

座標系の変換則が明らかになったので，これを用いて速度の変換法則を求

めよう．ガリレイ変換が正しいと思っている世界では，速度の合成は単に速度を測定する物体の速度と観測者の速度の，ベクトルの意味での和に過ぎない．しかし，ローレンツ変換が成り立つ現実の世界では少し違った合成則になる．変換則 (6.18) を微分すると，

$$c\,dt' = \gamma c\,dt - \beta\gamma\,dx \tag{6.20}$$
$$dx' = -\beta\gamma c\,dt + \gamma\,dx \tag{6.21}$$
$$dy' = dy \tag{6.22}$$
$$dz' = dz \tag{6.23}$$

この関係を $c\,dt$ と dx について解き，$c\,dt$ の式と dx の式の辺々を割ると，

$$\frac{1}{c}\frac{dx}{dt} = \frac{\beta\gamma c\,dt' + \gamma\,dx'}{\gamma c\,dt' + \beta\gamma\,dx'} = \frac{c\beta + \dfrac{dx'}{dt'}}{c + \beta\dfrac{dx'}{dt'}} = \frac{1}{c}\frac{v + \dfrac{dx'}{dt'}}{1 + \dfrac{v}{c^2}\dfrac{dx'}{dt'}} \tag{6.24}$$

$w_{x}' \equiv dx'/dt'$，$w_{x} \equiv dx/dt$ という量を定義して整理すると

$$w_x = (v + w_x')\left(1 + \frac{w_x'v}{c^2}\right)^{-1} \tag{6.25}$$

となる．

　この式の右辺の $w_x' = dx'/dt'$ がある物体の O' 系で見たときの x' 方向の速度を表しているとすると，左辺の $w_x = dx/dt$ は同じ物体を O 系で見たときの x 方向の速度になっている．これが x 方向に限った場合の速度の合成則である．この合成則は分子だけであればガリレイ変換のときと同等である．分母も，$v \ll c$ かつ $w_x' \ll c$ である場合には後ろの項を無視できておよそ1となり，相対論的な速度の合成則はガリレイ的な合成則に帰着する．

　しかし一方で，速度が光速に近づくと分母の効果で全く違った振る舞いとなる．まず $w_x' = c$，つまり O' 系で見て光速で運動する物体があったとすると，(6.25) に $w_x' = c$ を代入すれば，$w_x = c$ が得られる．これはどの観測者から見ても光の速さが不変であるという実験事実および相対性理論のよってたつ原理と整合的になっている．

また，この速度の合成則から**光の速度以下の速度をいくら合成しても光の速度を超えることはできない**ことがわかる．実際，

$$c - w_x = c - (v + w_x')\left(1 + \frac{w_x'v}{c^2}\right)^{-1}$$
$$= \frac{(c-v)(c-w_x')}{c\left(1 + \frac{w_x'v}{c^2}\right)} > 0 \quad (c > v,\ c > w_x')$$

となる．

一方，y方向とz方向の速度はどうであろうか．相対運動に直交するこれらの速度成分は，ガリレイ変換のときには何の変更も受けなかった．しかし，ローレンツ変換では事情が異なる．時間の進み方が異なるためである．x方向のときと同様に座標変換の微分を計算し，辺々を割ると，

$$\frac{1}{c}\frac{dy}{dt} = \frac{dy'}{\gamma c\, dt' + \beta\gamma\, dx'} \tag{6.26}$$

$$\frac{1}{c}\frac{dz}{dt} = \frac{dz'}{\gamma c\, dt' + \beta\gamma\, dx'} \tag{6.27}$$

$w_y' \equiv dy'/dt'$, $w_z' \equiv dz'/dt'$, $w_y \equiv dy/dt$, $w_z \equiv dz/dt$ などを用いて，これらを変形すると，

$$w_y = \frac{w_y'}{\gamma\left(1 + \frac{w_x'v}{c^2}\right)} \tag{6.28}$$

$$w_z = \frac{w_z'}{\gamma\left(1 + \frac{w_x'v}{c^2}\right)} \tag{6.29}$$

となる．この合成則は，$v \ll c$ かつ $w_x' \ll c$ のときには分母がほとんど1となり，ガリレイ変換の場合に一致する．しかし，相対論的な速度の現象を取り扱うときには，2つの座標の相対運動の速度に直交する成分の速度の変

換もガリレイ変換とは異なるのである．

6.1.6 世界間隔と不変双曲線

座標系の変換則を用いて，O′系のすなわち x' と ct' の軸に目盛を刻む作業をする．ここで**世界間隔**という量を導入する．世界間隔 Δs は，ある座標系 O での座標値が $(c\Delta t, \Delta x, \Delta y, \Delta z)$ だけ離れた 2 つの事象 A と B の間で以下のように定義される量である：

$$(\Delta s)^2 \equiv c^2(\Delta t)^2 - [(\Delta x)^2 + (\Delta y)^2 + (\Delta z)^2] \tag{6.30}$$

この世界間隔の 2 乗は，その正負によって 2 つの事象がどのように隔たっているかを記述することができる．

1．$(\Delta s)^2 > 0$ の場合

$\Delta l \equiv \sqrt{(\Delta x)^2 + (\Delta y)^2 + (\Delta z)^2}$ を用いると，$c^2(\Delta t)^2 > (\Delta l)^2$ なので，AB 間の時間間隔の間，光の速さで飛ぶと AB 間の空間的隔たり Δl よりも長い距離を飛ぶことができることになる．したがって，事象 AB 間は光の速度以下の速度で結び付けられることになる．このような場合に A と B は**時間的に隔たっている**という．光の速度以下で情報を伝えられることから，物理的な因果関係をもつことができるともいえる．

2．$(\Delta s)^2 < 0$ の場合

この場合には $c^2(\Delta t)^2 < (\Delta l)^2$ なので，1 の場合とは逆に，2 つの事象間を光速で飛んでも結び付けることができない．このような場合には A と B は**空間的に隔たっている**という．また，2 つの事象は情報をやり取りできないので物理的な因果関係にはない．

3．$(\Delta s)^2 = 0$ の場合

この場合には $c^2(\Delta t)^2 = (\Delta l)^2$ なので，AB 間はちょうど光の速度で結ばれる．このような場合に AB は**ヌル的に隔たっている**という．また，この領域は 1 と 2 の境界を表し，しばしば**光円錐**とよばれる．

ここで $(\Delta s)^2 < 0$ である場合には，Δs は虚数になるのに，「間隔」という名前が付いているのはおかしいと思う読者諸君もいると思うが，数学的定義によれば虚数になることもあるのであって，何の問題もない．実際に日本語で表現するにはこれよりも適当な言葉がないので「間隔」という単語を用いているのである．日常的な「間隔」という感覚に合致しないのは致し方ないので，そこは割り切って理解してほしい．[1]

さてこの世界間隔は，実はローレンツ変換で他の座標系に移ったときに，全く値が保存するという著しい性質がある．すなわち，座標系 O' でさっきと同じ事象 A と B の座標値の差が，$(c\Delta t', \Delta x', \Delta y', \Delta z')$ であるときに $(\Delta s')^2 \equiv c^2(\Delta t')^2 - [(\Delta x')^2 + (\Delta y')^2 + (\Delta z')^2]$ とすると，

$$(\Delta s)^2 = (\Delta s')^2 \tag{6.31}$$

が成立するのである．これを**世界間隔の不変性**とよぶ．これはローレンツ変換の式 (6.18) の両辺を微分して $\Delta s'$ の表式を計算してみれば簡単にわかる．またローレンツ変換は，世界間隔を不変に保つような変換と規定することもできる．

世界間隔の不変性は任意の 2 つの事象について言えることなので，いま O 系でのある事象，$(ct, x, 0, 0)$ と原点 $(0, 0, 0, 0)$ の世界間隔が a^2 であるような事象の集まりを考える．ここで a は正の実数である．式で表せば，

$$c^2 t^2 - x^2 = a^2 \tag{6.32}$$

となる．これは図 6.6 のように，x-t 座標面上で，$ct = \pm x$ を漸

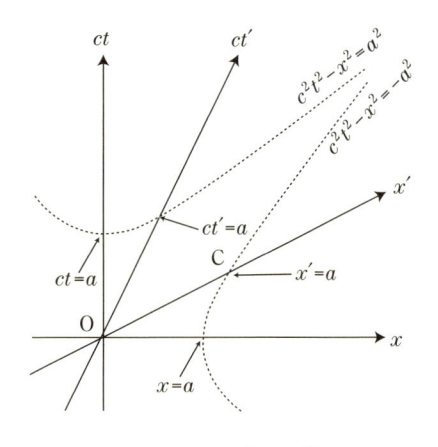

図 6.6 不変双曲線

---

[1] どうしてもいやな人は Δs を「へちま」と呼んでもよい．

近線とする双曲線で，ct 軸と $ct = \pm a$ で交わる．

さて，O 系で $(ct, x, 0, 0)$ の点が O' 系の座標で $(ct', x', 0, 0)$ に対応するとすると，世界間隔の不変性から，上記の双曲線上のすべての点で

$$c^2 t'^2 - x'^2 = a^2 \tag{6.33}$$

が成り立つ．このような性質から，この双曲線を**不変双曲線**とよぶ．

したがって，双曲線と ct' 軸とが交わる点で，$x' = 0$ なので $ct' = \pm a$ となり，ct' 軸に値 $\pm a$ の目盛を打つことができる．a の値を様々に変えれば，任意の値の目盛を ct' 軸上に書き込むことができるのである．

同様に

$$c^2 t^2 - x^2 = -a^2 \tag{6.34}$$

を考えると，これは x 軸と $\pm a$ で交わり，$ct = \pm x$ に漸近する双曲線である．この双曲線上の点は世界間隔の不変性から，

$$c^2 t'^2 - x'^2 = -a^2 \tag{6.35}$$

をも満たすので，この双曲線と x' 軸の交点は $x' = \pm a$ となり，ct' 軸と同様に x' 軸にも任意の値の目盛を打つことができるのである．

6.1.7 時間の伸びと長さの短縮

前項で述べたようにして打った目盛を用いて，運動する座標系での時間の伸びと運動方向への長さの短縮について議論する．再び慣性系 O と，O に対して x 軸の正の方向に一定速度 v で運動する O' を考える．O' 系の原点で静止している時計の図 6.7 の事象 A での読み，すなわち事象 A での ct' 軸の目盛の読みは 1 であるとする．このように，ある物体（いまは時計）に対して静止している系で測定した時間をその物体の**固有時間**という．固有時間の間隔 $\Delta t'$ は，$\Delta x' = \Delta y' = \Delta z' = 0$ であることから，$\Delta t' = \Delta s'/c$ と書くこともできる．

図 6.7 の原点と事象 A は，ともに $x' = 0$ 上にあって，O' 系の原点に静止している物体が通過する事象である．したがって，O' 系で事象 A と原点

の時間差は $c\,\Delta t' = 1$ である．一方，O 系で見た事象 A と原点の時間差は，A から ct 軸に下ろした垂線と ct 軸との交点での ct の読みである．図 6.7 では，B での ct の読みということになる．

一方，不変双曲線 $c^2 t^2 - x^2 = 1$ は，その性質から事象 A を通り，そ

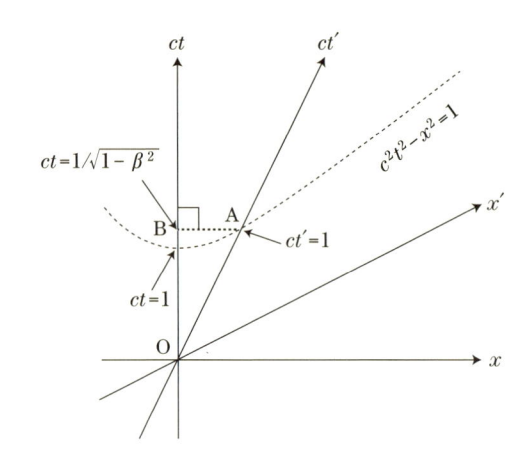

図 6.7 時間の遅れ

の ct 軸との切片は $ct = 1$ を通る．しかし双曲線の形状から，明らかに B では $ct = 1$ よりも ct の値が大きい．実際に B の値を計算してみると $ct = 1/\sqrt{1-\beta^2}$ となる．したがって，事象 A と原点の時間間隔が，観測者によって異なるということになる．これが運動する物体の**時間の遅れ**として知られる現象である．

一般に，O 系に対して速さ v で運動している O′ 系の時計の進み方は，O 系の時計に対して $\sqrt{1-\beta^2}$ の因子だけ遅れる．式で書くと，

$$\Delta t' = \Delta t \sqrt{1-\beta^2} \tag{6.36}$$

となる．これはもちろんローレンツ変換から直接求めることもできる．ローレンツ変換を微分した表式を書くと

$$c\,\Delta t' = \gamma c\,\Delta t - \beta\gamma\,\Delta x$$
$$\Delta x' = -\beta\gamma c\,\Delta t + \gamma\,\Delta x$$

原点と事象 A の間では $\Delta x' = 0$ なので，2 番目の式から $\beta c\,\Delta t = \Delta x$ が成り立つ．これを 1 番目の式に代入すると，再び (6.36) を得る．

時空図上での変換された座標軸の対称性から，時間だけではなく，空間方向の長さの概念も影響を受けることが予想される．いわゆる**ローレンツ収縮**

とよばれる現象は，時間の遅れの議論を空間軸方向に関して行う議論である．

いま，静止していると長さが1の棒があったとしよう（このように物体に対して静止している系で測定した長さを**固有長さ**という）．この棒がO系のx軸の正の方向に速さvで運動しているとしよう．このとき，O′系で測定した棒の長さは固有長さであるので1である．

次に，O系で棒の長さを測定することを考える．図6.8で灰色の領域が棒が掃く時空であるが，O系で長さを測定するということは，O系で同じ時刻での，棒の両端の空間座標値の差を読み取ることに他ならない．例えば図6.8でいえば，$ct = 0$でOBの長さを測定することになる．これは簡単な幾何学の計算を行うと，Bでのx座標の値として $x = \sqrt{1-\beta^2}$ を得る．

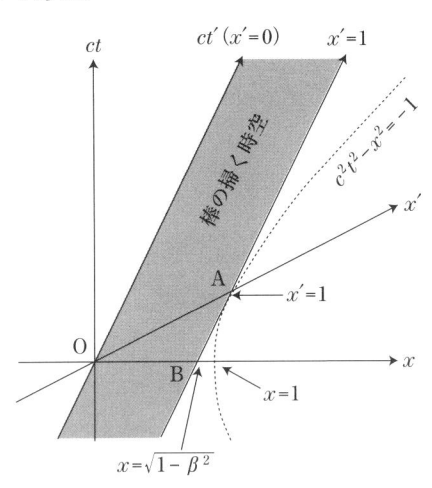

図 6.8 ローレンツ収縮

これは再び不変双曲線との位置関係から，明らかに固有長さ1よりも短い．このように，運動する物体はその運動方向に $\sqrt{1-\beta^2}$ の因子だけ縮んで観測される．式で書くと

$$\Delta x = \Delta x' \sqrt{1-\beta^2} \tag{6.37}$$

となり，これをローレンツ収縮というのである．これもまたローレンツ変換から直接容易に導くことができるので読者は確認してほしい．

6.1.8 パラドックス

ここまで来て，おそらく読者は気持ち悪さを感じているはずである．なぜなら，お互いに運動する2つの慣性系に優劣はないはずなのに，片方の時計

がもう一方よりも早く進んだり遅く進んだりするということが引っかかるからである.実際,すぐ後で相対性理論の2つの柱のうち,既出の光速度不変の原理ではない方の原理,いわゆる相対性原理が登場する.この原理の主張するところは,すべての慣性系は同等であって,物理法則はどの系でも同じ形で書ける,というものである.時間の遅れやローレンツ収縮が光速度不変の原理から導かれることに注意すると,相対性理論の根幹をなす2つの柱,すなわち光速度不変の原理と相対性原理は相矛盾する原理のように思えてしまう.この節では,この一見矛盾に見える問題について記述していこう.

運動している物体の時計が遅れることは

$$\Delta t = \frac{\Delta t'}{\sqrt{1-\beta^2}} \quad (6.38)$$

のように式に表れているが,このO系とO'系の役割を入れ替えると,O'系はO系に対して逆方向に速さvで運動しているのであるから,

$$\Delta t' = \frac{\Delta t}{\sqrt{1-\beta^2}} \quad (6.39)$$

となるべきである.この2式(6.38)と(6.39)は代数的に相矛盾するように見えるが,実はそうでないことを示す.

まず図6.9において点Aは,$x'=0$, $ct'=1$ を表す事象であり,事象OとAの時間間隔が,O'系で測定して $c\,\Delta t_{\mathrm{OA}}' = 1$ であるということができる.前の節で述べたように,これに対して,O系ではより時間が経ったように観測され,$ct = 1/\sqrt{1-\beta^2}$ となる.これはO系で測定した事象Oと事象Aの時間間隔が $c\,\Delta t_{\mathrm{OA}} = 1/\sqrt{1-\beta^2}$ であるともいうことができる.したがって,

$$\Delta t_{\mathrm{OA}} = \frac{\Delta t_{\mathrm{OA}}'}{\sqrt{1-\beta^2}} \quad (6.40)$$

が成り立っている.

次に,この逆を考えてみよう.すなわち,O系の原点に静止した物体に起

6.1 時間と空間の概念

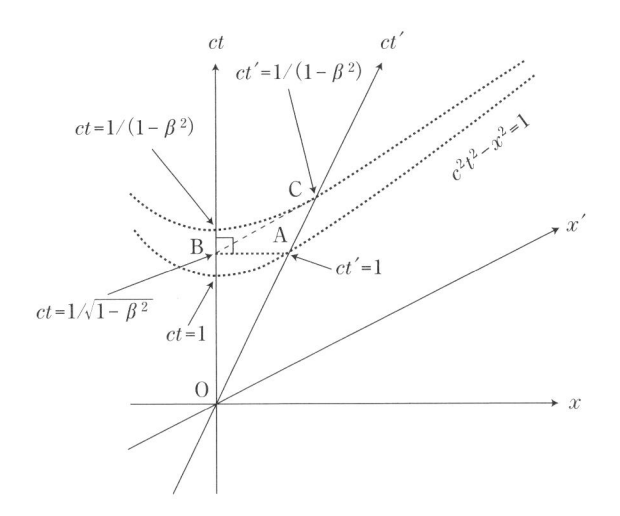

図 6.9 時間の
パラドックス

こる2つの事象の時間間隔を2つの座標系で調べてみる．この2つの事象として，図 6.9 の O と B をとってみる．ここで B は先に見たように A から ct 軸に下ろした垂線の足である．このときに，まず O 系での O と B の時間間隔は $c\Delta t_{\mathrm{OB}} = 1/\sqrt{1-\beta^2}$ となる．定義により，B は O 系で A と同時に起こるので，$c\Delta t_{\mathrm{OB}} = c\Delta t_{\mathrm{OA}}$ である．一方，O' 系でこの2つの事象間の時間差を見ると，O' 系では事象 B と同時で，かつ ct' 軸上の点は図 6.9 の事象 C である．したがって，$c\Delta t_{\mathrm{OB}}' = c\Delta t_{\mathrm{OC}}'$ である．C での ct' を不変双曲線の議論から求めると，$c\Delta t_{\mathrm{OC}}' = 1/(1-\beta^2)$ となるので，

$$\Delta t_{\mathrm{OB}}' = \frac{\Delta t_{\mathrm{OB}}}{\sqrt{1-\beta^2}} \tag{6.41}$$

が成り立っている．

先ほど代数的に矛盾があるように見えたのは，(6.38) と (6.39) で Δt や $\Delta t'$ という表式を，どの2つの事象間の時間差であるかを明示しなかったためである．上記の OA, OB の場合には，Δt はどちらも同じ値にとってある．すなわち，$\Delta t_{\mathrm{OA}} = \Delta t_{\mathrm{OB}}$ のように事象 AB が選ばれている．しかし $\Delta t_{\mathrm{OA}}' \neq \Delta t_{\mathrm{OB}}'$ なのであって，$\Delta t_{\mathrm{OA}}' < \Delta t_{\mathrm{OA}} = \Delta t_{\mathrm{OB}} < \Delta t_{\mathrm{OB}}'$ となっている．したがっ

て，議論の中に矛盾がないのである．

6.2 相対論的力学

6.2.1 相対性原理と数学的準備

6.1.6項で見たように，世界間隔は観測する座標系によらず，時空の2点間の「距離」を与える概念である．このような量は物理学においてとても性質の良い量であるといえる．なぜなら，測定する物理量が座標系によって異なるものであると，それらの量を使って書く物理法則も，一般には座標系ごとに異なった形で書かなければならないからである．

特殊相対性理論において重要な原理は，光の速さが観測者（座標系）によらず，いつも一定であることである．これは実験事実でもある．そして，特殊相対性理論にはもう1つの重要な原理がある．それは，「**すべての物理法則は座標系によらず，同じ形で書かれなければならない**」というものである．普通，これを**相対性原理**とよぶ．この原理については，1.3.2項（ガリレオの相対性原理）で詳しく見た．ガリレイ変換で結び付いた2つの座標系で運動方程式は同じ形で書ける，ということであった．しかし，電磁気学という物理法則を含めて相対性原理を成り立たせるために必要な，特殊相対性理論の要求する変換は当然ガリレイ変換ではなく，ローレンツ変換である．つまり，ローレンツ変換に対して方程式の形が変化しないように粒子の運動方程式も変更されねばならないのである．これについては6.2.2項および6.2.3項で述べる．

ここでは，その準備として座標変換に対して不変な概念を提供する数学的道具立てを導入する．

まず，**スカラー**という概念を導入する．これは世界間隔が1つの例となる．スカラー量とは，ある座標系O系での値がϕであるとき，任意のローレンツ変換で結ばれる他の座標系O′系での値ϕ'が，ϕに等しいような量である．

形式的に書けば
$$\phi = \phi' \tag{6.42}$$
である．つまり，スカラー量とはローレンツ変換に対して値を変えない，という性質まで付与された1個の量である．

次に，**ベクトル**という概念を導入する．これは A^μ などと表記され，4つの成分 A^0, A^1, A^2, A^3 から成り立っている．ベクトルとは，ある座標系O系での値が A^μ であるとき，任意のローレンツ変換で結ばれる他の座標系O′系での値 A'^μ が，ローレンツ変換そのもので結ばれるものである．変換性は
$$A'^\mu = \Lambda^\mu_\nu A^\nu \tag{6.43}$$
と表される．ここで Λ^μ_ν は $x'^\mu = \Lambda^\mu_\nu x^\nu$ を満たすローレンツ変換を表す変換行列である．したがって，このベクトル A^μ は単にバラバラな4つの数字の組ではなく，ローレンツ変換という変換則で絡み合った量である．

ところで，(6.43)の右辺では $\sum_{\mu=0}^{3}$ が省略されているが，これは**アインシュタインの和の規約**とよばれる表記の約束で，同じ文字の添字が上下に分かれて書かれているときには，その添字について自動的に和をとるという約束になっている．和の記号がたくさん現れると煩雑になるから省略するのである．

次に，このベクトル A^μ と関係するベクトル A_μ を導入する．A_μ は**共変ベクトル**とよばれ，A_μ と A^μ は双対の関係にあると表現される．A_μ はベクトル A^μ に対し，成分
$$A_0 = A^0, \quad A_1 = -A^1, \quad A_2 = -A^2, \quad A_3 = -A^3 \tag{6.44}$$
をもつ量である．この共変ベクトルは，$\eta_{\mu\nu}$ を使って
$$A_\mu = \eta_{\mu\nu} A^\nu$$
と書くこともできる．ここで $\eta_{\mu\nu}$ は
$$\begin{pmatrix} 1 & 0 & 0 & 0 \\ 0 & -1 & 0 & 0 \\ 0 & 0 & -1 & 0 \\ 0 & 0 & 0 & -1 \end{pmatrix} \tag{6.45}$$

の成分をもつテンソル量で，ローレンツ変換で結び付いたいかなる座標系でもこの値をもつものと定義されている．共変ベクトルの4つの数字の組がこのように定義されると，ローレンツ変換の逆変換 $(\Lambda^{-1})^\nu_\mu$ に対して

$$A_\mu{}' = (\Lambda^{-1})^\nu_\mu A_\nu \tag{6.46}$$

のように振る舞うことがわかる．逆に，このような変換性をもつ4つの数字の組は共変ベクトルであるともいえる．

この共変ベクトルとベクトルに関して，互いの内積 $A_\mu B^\mu$ が定義される．すなわち

$$A_\mu B^\mu = A_0 B^0 + A_1 B^1 + A_2 B^2 + A_3 B^3 \tag{6.47}$$

であるが，この量はスカラー量として振る舞う．なぜなら

$$\begin{aligned} A_\mu{}' B'^\mu &= (\Lambda^{-1})^\nu_\mu A_\nu \Lambda^\mu_u B^u \\ &= \delta^\nu_u A_\nu B^u \\ &= A_\nu B^\nu \end{aligned} \tag{6.48}$$

となり，ローレンツ変換の前後で値を変えないからである．

もう1つベクトルとよく似た量である2階の**テンソル**は，$4 \times 4 = 16$ 個の成分をもち，$A^{\mu\nu}$ などと表記される．2階のテンソルは，

$$A'^{\mu\nu} = \Lambda^\mu_u \Lambda^\nu_v A^{uv} \tag{6.49}$$

のような変換性をもつ量として定義されている．

同様に，添字が下に付いた2階の**共変テンソル** $A_{\mu\nu}$ も存在し，これは

$$A_{\mu\nu}{}' = (\Lambda^{-1})^u_\mu (\Lambda^{-1})^v_\nu A_{uv} \tag{6.50}$$

のような変換性をもつ16個の数字の組と定義される．

1つだけ添字が下に付いた2階の**混合テンソル** A^μ_ν は，

$$A_\nu{}'^\mu = \Lambda^\mu_u (\Lambda^{-1})^v_\nu A^u_v \tag{6.51}$$

のように変換する量である．このようにベクトルおよびテンソルの変換性は，上に付いている添字に関してはローレンツ変換 Λ^μ_ν によって変換し，下に付いている添字はその逆変換 $(\Lambda^{-1})^\mu_\nu$ によって変換すると覚えておけばよい．

このように，あらかじめローレンツ変換に対してどのように変換するかがわかっている量を用いれば，物理法則をローレンツ変換に対して不変な形で書くことができることが期待される．どういうことかというと，例えばある物理法則がある座標系で

$$A^\mu = B^\mu + C^\mu \tag{6.52}$$

という形で書かれたとする．ここで A^μ, B^μ, C^μ はいずれもベクトルである．すると両辺にローレンツ変換 Λ^μ_ν を作用させると，

$$\begin{aligned}\Lambda^\mu_\nu A^\mu &= \Lambda^\mu_\nu (B^\mu + C^\mu) \\ &= \Lambda^\mu_\nu B^\mu + \Lambda^\mu_\nu C^\mu\end{aligned} \tag{6.53}$$

となる．ところが A^μ, B^μ, C^μ はいずれもベクトルなので，いずれもローレンツ変換を受けると新しい座標系の値 A'^μ, B'^μ, C'^μ に変換される．すなわち

$$A'^\nu = \Lambda^\mu_\nu A^\mu, \qquad B'^\nu = \Lambda^\mu_\nu B^\mu, \qquad C'^\nu = \Lambda^\mu_\nu C^\mu \tag{6.54}$$

なので，元の方程式は

$$A'^\mu = B'^\mu + C'^\mu \tag{6.55}$$

という形に変換される．この方程式の形は変換前の座標系での方程式(6.52)にダッシュが付いただけで全く同じ形になっている．このようにベクトルやテンソルの和を用いて方程式を作ると，別の座標系に移っても方程式の形が変わらない．このような場合に，物理法則はローレンツ変換に対して不変な形をしていると言うのである．

6.2.2　運動量保存則とエネルギー保存則

数学的道具立てが整ったので，次にそれらを用いて粒子の力学の保存法則を構成することを考えてみる．粒子の力学の基本的な保存則は，運動量保存則とエネルギー保存則である．相対論的な運動をする粒子に関して，そのような保存則を求めることがこの項の目的である．ここでは，まず簡単な例として，ある質量 m_0 の粒子 0 が質量 m_1 の粒子 1 と質量 m_2 の粒子 2 に分裂

する問題を考える．

非相対論的な運動量の保存則は

$$m_0 \boldsymbol{u}_{(0)} = m_1 \boldsymbol{u}_{(1)} + m_2 \boldsymbol{u}_{(2)} \tag{6.56}$$

と書ける．ここで $\boldsymbol{u}_{(0)}$, $\boldsymbol{u}_{(1)}$, $\boldsymbol{u}_{(2)}$ は粒子 0, 1, 2 の速度を表す．この表式の左辺をまず見てみると，$m_0 \boldsymbol{u}_{(0)}$ は 3 次元のベクトル量であるが，明らかにローレンツ変換に対して 4 成分のベクトルのように変換する量ではないし，スカラー量でもない．したがって，この式は相対性原理を満たす式にはなっていない．また，エネルギー保存則は，

$$\frac{1}{2} m_0 \boldsymbol{u}_{(0)}^2 = \frac{1}{2} m_1 \boldsymbol{u}_{(1)}^2 + \frac{1}{2} m_2 \boldsymbol{u}_{(2)}^2 \tag{6.57}$$

という 1 成分の式で表されるが，これがスカラーの方程式かというとそうではない．なぜなら，$\boldsymbol{u}_{(0)}$ はある座標系での粒子 0 の速度なので，

$$\boldsymbol{u}_{(0)} = \frac{d\boldsymbol{x}_{(0)}}{dt} \tag{6.58}$$

である．

一方，x_0^μ がローレンツ変換に従うので，その微分もまたローレンツ変換に従い，

$$dx'^\mu_{(0)} = \Lambda^\mu_\nu \, dx^\nu_{(0)} \tag{6.59}$$

である．これを逆に解いて

$$dx^\mu_{(0)} = (\Lambda^{-1})^\mu_\nu \, dx'^\nu_{(0)} \tag{6.60}$$

を得る．さらに，この式を時間成分と空間成分に分けて書くと

$$dx^i_{(0)} = (\Lambda^{-1})^i_\nu \, dx'^\nu_{(0)} \tag{6.61}$$

$$c \, dt = (\Lambda^{-1})^0_\nu \, dx'^\nu_{(0)} \tag{6.62}$$

となり，これを (6.58) に代入し，ベクトルではなく添字の表記で書くと

$$u^i_{(0)} = \frac{c (\Lambda^{-1})^i_\nu \, dx'^\nu_{(0)}}{(\Lambda^{-1})^0_\nu \, dx'^\nu_{(0)}} \tag{6.63}$$

となる．しかし，この 2 乗から (6.57) の左辺を計算しても，一般には $m_0 \boldsymbol{u}'^2_0 / 2$

6.2 相対論的力学

と等しくはならないことは明白である．この式もスカラーの方程式ではなく相対性原理を満たさない．つまり，これまで学んだ非相対論的な式は相対性原理を満たさず，新しい式が必要になるのである．

では，どのような式がこれを満たすのであろうか．相対論的に正しい式を探すためのガイドラインとして2つのポイントがある．1つはもちろん相対性原理を満たし，ローレンツ変換に対して不変な形式をもっていることである．もう1つは，新たな式の非相対論的な極限をとると，(6.56)および(6.57)に一致することである．この2つの必要条件をクリアできる方程式が相対論的に正しいエネルギー・運動量保存則の候補といえる．

実は，これら2つの条件を満たす式は**4元運動量**という量の保存則で書き表される．まず，4元運動量とは

$$p^\mu \equiv mc\frac{dx^\mu}{ds} \tag{6.64}$$

で定義されるベクトルである．ds は 6.1.6 項で既出の世界間隔で，

$$ds^2 = dx^\mu dx_\mu \tag{6.65}$$

と定義されている．また $dx_\mu = \eta_{\mu\nu}dx^\nu$ であるから，$ds^2 = \eta_{\mu\nu}dx^\mu dx^\nu$ とも書ける．

特に p^μ の表式の中の $c\,dx^\mu/ds$ の部分を**4元速度**という．これら4元運動量，4元速度はいずれもベクトルとしての性質をもつ．なぜなら dx^μ はベクトル量であり，その他はすべてスカラー（定数を含む）であるので，その掛け算で定義される量もやはりベクトルとしての性質をもつからである．

4元運動量の著しい性質として，「長さ」が一定であるということがある．すなわち，

$$p^\mu p_\mu = m^2c^2\frac{dx^\mu}{ds}\frac{dx_\mu}{ds} = m^2c^2\frac{ds^2}{ds^2}$$
$$= m^2c^2 \tag{6.66}$$

となって，「長さ」は粒子の質量で決まるのである．p^μ をさらに書き換えると，

$$p^\mu = mc\frac{dx^\mu}{ds} = mc\frac{dx^\mu}{\sqrt{c^2dt^2 - d\boldsymbol{x}^2}}$$
$$= m\frac{1}{\sqrt{1-\boldsymbol{\beta}^2}}\frac{dx^\mu}{dt} = mc\gamma(1, \boldsymbol{\beta}) \tag{6.67}$$

ここで $\boldsymbol{\beta} \equiv (d\boldsymbol{x}/dt)/c$ および $\gamma = 1/\sqrt{1-\boldsymbol{\beta}^2}$ であり，γ はローレンツ因子である．エネルギーを $\varepsilon = cp^0$，運動量ベクトルを $\boldsymbol{p} = (p^1, p^2, p^3)$ と書けば，(6.66) は次のようになる．

$$\varepsilon^2 = \boldsymbol{p}^2 c^2 + m^2 c^4 \tag{6.68}$$

この 4 元運動量の保存則が成り立つとすると，先ほどの粒子の分裂の問題では，

$$p^\mu_{(0)} = p^\mu_{(1)} + p^\mu_{(2)} \tag{6.69}$$

が成り立つということになる．ここで括弧に入った下付の添字は再び粒子の番号を表す．この法則候補が，相対論的に正しい法則の満たすべき 2 つの必要条件を満たすかどうかを見ていこう．

まず，この式がベクトルの式であるために，ローレンツ変換に対して物理法則が同じ形に書けるべきであるという相対性原理は自動的に満たされる．後はこの式が非相対論的極限，すなわち $|\boldsymbol{\beta}| \to 0$ で元の式 (6.56) や (6.57) に戻ることを示す必要がある．

まず，時間成分を書くと

$$m_0 c \gamma_{(0)} = m_1 c \gamma_{(1)} + m_2 c \gamma_{(2)} \tag{6.70}$$

となる．非相対論的極限を見るために，両辺の γ を $|\boldsymbol{\beta}| \ll 1$ で展開すると，

$$m_0 c\left(1 + \frac{1}{2}\boldsymbol{\beta}^2_{(0)} + \cdots\right) = m_1 c\left(1 + \frac{1}{2}\boldsymbol{\beta}^2_{(1)} + \cdots\right) + m_2 c\left(1 + \frac{1}{2}\boldsymbol{\beta}^2_{(2)} + \cdots\right)$$

さらに両辺に c を掛けて整理し，$|\boldsymbol{\beta}|$ の 4 次以上の項を無視すると，

$$m_0 c^2 + \frac{1}{2}m_0 \boldsymbol{u}^2_{(0)} = m_1 c^2 + \frac{1}{2}m_1 \boldsymbol{u}^2_{(1)} + m_2 c^2 + \frac{1}{2}m_2 \boldsymbol{u}^2_{(2)} \tag{6.71}$$

という式が得られる．この式で，$\boldsymbol{\beta}^2$ の項も無視すると，質量の保存則 $m_0 = $

$m_1 + m_2$ が得られる．β^2 を無視しない式に戻って，$m_0 = m_1 + m_2$ を代入すると，

$$\frac{1}{2} m_0 \boldsymbol{u}_{(0)}^2 = \frac{1}{2} m_1 \boldsymbol{u}_{(1)}^2 + \frac{1}{2} m_2 \boldsymbol{u}_{(2)}^2 \tag{6.72}$$

となり，非相対論的なエネルギー保存則の式 (6.57) に帰着する．したがって 4 元運動量の保存則の時間成分は，非相対論的な極限でエネルギー保存則および質量の保存則に等価となることがわかった．

一方，(6.70) は，非相対論的極限をとらなければ，質量の保存則とエネルギーの保存則を個別に要求してはいないことに注意すべきである．もしも (6.70) や近似式 (6.71) を基本法則として要求するのであれば，質量は保存する必要はない．質量はエネルギーの 1 つの形態であり，運動エネルギーと合わせて保存する量であることになる．この一見奇妙に見える結論は，素粒子や原子核の反応において，実験的には完全に正しいことがわかっている．つまり，質量の保存則というのは非相対論的な場合にのみ成り立つものであり，力学の基本法則として保存するのは全エネルギーであり，質量はそのエネルギーの一部を担っているのである．

この驚くべき事実は，よく標語的に $E = mc^2$ という式で書き表せ，**アインシュタインの質量・エネルギーの関係**とよばれる．質量 m の物体は潜在的に mc^2 だけの**静止質量エネルギー**をもっているということである．このエネルギーは極めて大きい．例えば 1 g の物体のエネルギーを計算してみると，3×10^{13} J となる．300 W の普通の電気ストーブが 1 秒間に消費するエネルギーが 300 J に過ぎないことを考えると，わずかな質量から途方もないエネルギーが取り出せる可能性があることがわかる．

取り出す具体的な方法は全く別の議論が必要になる．物質の質量のほとんどを担っている原子核を融合させたり分裂させたりすることによって，質量の一部をエネルギーに変換することができる．これを利用しているのが原子力発電や太陽などの恒星であり，原子爆弾・水素爆弾などの核兵器もこれら

のエネルギーを取り出している．

次に，(6.69) の空間成分を取り出して調べてみる．(6.67) の表式を使うと，

$$m_0 c \gamma_{(0)} \boldsymbol{\beta}_{(0)} = m_1 c \gamma_{(1)} \boldsymbol{\beta}_{(1)} + m_2 c \gamma_{(2)} \boldsymbol{\beta}_{(2)} \tag{6.73}$$

となるが，さらに変形して

$$m_0 \gamma_{(0)} \boldsymbol{u}_{(0)} = m_1 \gamma_{(1)} \boldsymbol{u}_{(1)} + m_2 \gamma_{(2)} \boldsymbol{u}_{(2)} \tag{6.74}$$

を得る．これをやはり $|\boldsymbol{\beta}| \ll 1$ で展開すると，

$$m_0 \boldsymbol{u}_{(0)} \left(1 + \frac{1}{2}\beta_{(0)}^2 + \cdots\right) = m_1 \boldsymbol{u}_{(1)} \left(1 + \frac{1}{2}\beta_{(1)}^2 + \cdots\right) + m_2 \boldsymbol{u}_{(2)} \left(1 + \frac{1}{2}\beta_{(2)}^2 + \cdots\right)$$

括弧内の β^2 (式全体ではさらに $\boldsymbol{u}$ が掛かっているので β^3) 以上を無視すると，非相対論的な運動量保存の式

$$m_0 \boldsymbol{u}_{(0)} = m_1 \boldsymbol{u}_{(1)} + m_2 \boldsymbol{u}_{(2)} \tag{6.75}$$

に帰着する．したがって，(6.69) で表される４元運動量の保存則は，ローレンツ変換の下での相対性原理と，非相対論的極限での古典力学の理論との一致という２つの条件をクリアする式であるといえる．

ここまで議論してきた４元運動量の保存則が $|\boldsymbol{\beta}|$ の大きさが１に近いような相対論的な場合に正しいかどうかは実験によってのみ確かめられる．これまでのところ，ほとんど光の速さに粒子が加速されるような加速器の実験で，４元運動量の保存則が極めてよく成り立っていることが日々示されている．したがって，これを相対論的な粒子の基本法則とすることができるのである．

6.2.3 粒子の運動方程式と光の速さの壁

相対論的な運動方程式は，４元運動量の時間変化が力に等しいという形になるはずである．運動方程式は座標によらない概念でなければならないので，運動量の時間変化の項は，ある観測者の時計で微分したものではなく，物体とともに運動する座標系で測った固有時間 ($d\tau = ds/c$) で微分した，$dp^\mu/d\tau$ となることが予想される．これが**４元力** f^μ に等しいとした微分方程

6.2 相対論的力学

式が，相対論的な運動方程式となる．すなわち，

$$\frac{dp^\mu}{d\tau} = f^\mu \tag{6.76}$$

である．これまでの力学のニュートンの運動方程式では，力とは，運動量を変化させるものであって，その単位時間当たりの変化率を意味していた．同様に相対論的な運動方程式では，4元運動量を単位固有時間当たりにどれだけ変化させるかを与える変化率として定義される．

次に，f^μ の正体を見ていく．上式の左辺を変形して

$$c\frac{dp^\mu}{ds} = \gamma\frac{dp^\mu}{dt} = \left(\frac{\gamma}{c}\frac{dE}{dt}, \gamma\frac{d\boldsymbol{p}}{dt}\right) \tag{6.77}$$

ここで $\boldsymbol{p}$ は4元運動量の空間成分を表し，p^0/c が粒子のエネルギーであることから，これを E という記号で表している．この空間成分に現れる $d\boldsymbol{p}/dt$ は，3次元的な通常の力 $\boldsymbol{F}$ に等しいので，通常の力 $\boldsymbol{F}$ の γ 倍が，4元力の空間成分になることがわかる．

運動方程式の最も簡単な例として，観測者の系で見て，ロケットを一定の力で加速し続ける問題を考えてみよう．ロケットは時刻 $t=0$ で $\boldsymbol{v}=0$ であるとする．運動方程式 (6.76) の空間方向の成分を考える．(6.77) から，4元力は通常の力の γ 倍なので，この力を $\boldsymbol{F}$ とし，これを一定と考えると

$$\gamma\frac{d}{dt}(\gamma m\boldsymbol{v}) = \gamma\boldsymbol{F} \tag{6.78}$$

が成り立ち，これを解くと，$\gamma\boldsymbol{v} = \boldsymbol{F}t/m$ となる．$\gamma = 1/\sqrt{1-v^2/c^2}$ を用いて速さ v を求めると

$$v = c\frac{\frac{Ft}{mc}}{\sqrt{1+\frac{F^2t^2}{m^2c^2}}} \tag{6.79}$$

となる．この表式から明らかに $t\to\infty$ でも v は c を超えず，したがって，

速さが光の速さを超えられないことがわかる．

6.2.4 光のドップラー効果と光行差

ここでは相対論的な速度で運動している観測者から周りの景色がどのように見えるかを，光の4元運動量を使って計算してみよう．先に見たように，光の速さが c であることから，光の飛んだ経路上でいつも $ds^2 = dx^\mu dx_\mu = c^2 dt^2 - (dx^2 + dy^2 + dz^2) = 0$ が成り立っている．普通の粒子の4元運動量は (6.64) で与えられるので，光子の4元運動量も dx^μ に比例すると考えると

$$p^\mu p_\mu = 0 \tag{6.80}$$

となる．(6.66) の普通の粒子の関係式と比較すると，光子の質量はゼロと考えるべきであることがわかる．

また 6.2.2 項で見たように，時間成分 p^0 はエネルギーを光速 c で割ったものなので，光の振動数を ν とすると，$p^0 = h\nu/c$ と表される (8.7 節参照)．いま光が x 軸の正の向きに飛んでいるとすれば，$p^2 = p^3 = 0$ であるので，$p^\mu p_\mu = 0$ の条件を使えば，$p^1 = h\nu/c$ が得られる．したがって，

$$p^0 = p^1 = \frac{h\nu}{c}, \qquad p^2 = p^3 = 0 \tag{6.81}$$

である．

まずこの光子を，x 軸の正の方向（光子の飛ぶ方向と同じ）に $v = c\beta$ で運動する別の座標系 O' から眺めてみよう．p^μ は4元運動量であるのでローレンツ変換に従って変換される．したがって，O' 系で見た光子の4元運動量 p'^μ は，

$$p'^0 = \frac{h\nu}{c}\gamma(1-\beta)$$

$$p'^1 = \frac{h\nu}{c}\gamma(-\beta+1)$$

6.2 相対論的力学

$$p'^2 = p'^3 = 0$$

となる．この p'^μ は O′ の座標系で振動数 ν' の光として観測されるとすると

$$p'^0 = p'^1 = \frac{h\nu'}{c}, \qquad p'^2 = p'^3 = 0 \tag{6.82}$$

であるはずなので，2 つの観測者にとっての振動数の関係は，

$$\nu' = \nu\gamma(1-\beta) = \nu\sqrt{\frac{1-\beta}{1+\beta}} \tag{6.83}$$

となる．振動数の替わりに波長 λ, λ' を使って書くと

$$\lambda' = \lambda\sqrt{\frac{1+\beta}{1-\beta}} \tag{6.84}$$

となり，これが**光のドップラー効果**による光の振動数，あるいは波長の変化を表している．

いまの場合，光と観測者の運動する方向が同じなので，光は後ろの項 $(1-\beta)$ によって**赤方偏移**する．すなわち，振動数が小さくなる（あるいは波長が長くなる）．

次に，光の進行方向と観測者の運動方向が一致しない場合を考えてみよう．図 6.10 の左の図のように，まず xyz の座標系をもつ O 系で x 軸の正の方向から斜めに光がやってくるとする．光の方向と x 軸のなす角度を θ とすると，光の 4 元ベクトルは

$$p^0 = \frac{h\nu}{c}, \quad p^1 = -\frac{h\nu}{c}\cos\theta, \quad p^2 = -\frac{h\nu}{c}\sin\theta, \quad p^3 = 0 \tag{6.85}$$

これを x 軸の正の向きに $v = c\beta$ で運動する O′ 系（$x'y'z'$ 座標系）から見ると，ローレンツ変換して

$$p'^0 = \frac{h\nu}{c}\gamma(1+\beta\cos\theta), \qquad p'^1 = -\frac{h\nu}{c}\gamma(\beta+\cos\theta)$$

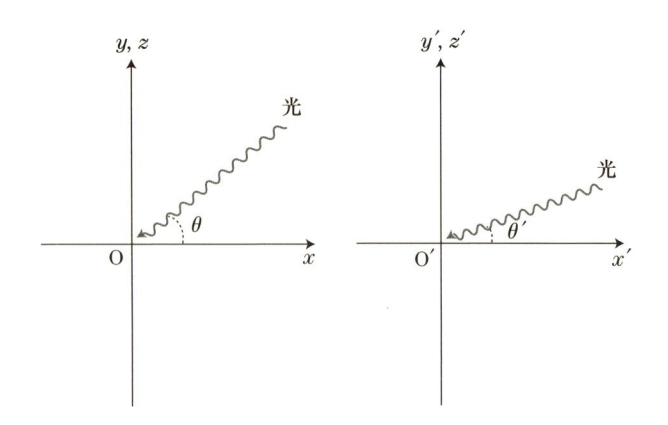

図 6.10 O 系と O′ 系で見た入射する光の方向

$$p'^2 = -\frac{h\nu}{c}\sin\theta, \qquad p'^3 = 0$$

となる.

一方，図 6.10 の右の図のように，O′ 系での光の入射する角度を θ' とすると

$$p'^0 = \frac{h\nu'}{c}, \qquad p'^1 = -\frac{h\nu'}{c}\cos\theta', \qquad p^2 = -\frac{h\nu'}{c}\sin\theta', \qquad p^3 = 0 \tag{6.86}$$

と書けるので，これらを比較すると

$$\nu' = \nu\gamma(1+\beta\cos\theta), \quad -\nu'\cos\theta' = -\nu\gamma(\beta+\cos\theta), \quad -\nu'\sin\theta' = -\nu\sin\theta$$

を得る．最初の式と 2 番目の式の辺々を割ると，ν, ν' を消去できて

$$\cos\theta' = \frac{\beta+\cos\theta}{1+\beta\cos\theta} \tag{6.87}$$

となる．この光の方向の変換則は**光行差**として知られている．例えば $\theta = \pi/2$，すなわち元の座標系では真横からやってくる光が，運動している人の座標系では $\cos\theta' = \beta$ からやってくるように見える．つまり真横からではなく，少し前からやってくるように見える．

6.2 相対論的力学

　図 6.11 は，周囲からやってくる光が β が大きくなるとどのように変化するかを表した図である．β が 1 に近づいていくと，後ろから来るはずの光が前方からやってくるように見える．非常に光の速さに近づいた状況では，(6.87) で $\beta \simeq 1$ と近似すると $\cos\theta' \simeq 1$ となり，光はすべてほぼ前方の 1 点のみからやってくるように見えるのである．

　観測者と光源の相対速度が光の伝播方向と一致していないこのようなケースでは，ドップラー効果による振動数の変化は

$$\nu' = \nu\gamma(1 + \beta\cos\theta) = \frac{\nu}{\gamma(1 - \beta\cos\theta')}$$

となる．音の伝播方向に対して音源が観測者から見て垂直に運動している場合には音のドップラー効果は起こらない．しかし光の場合には，上の式を見ると，$\theta' = \pi/2$ に対しても，観測光は $1/\gamma$ の因子だけ赤方偏移する効果があることがわかる．この効果は 2 つの座標系の時間の進み方の違いによるもので，**横ドップラー効果**とよばれている．

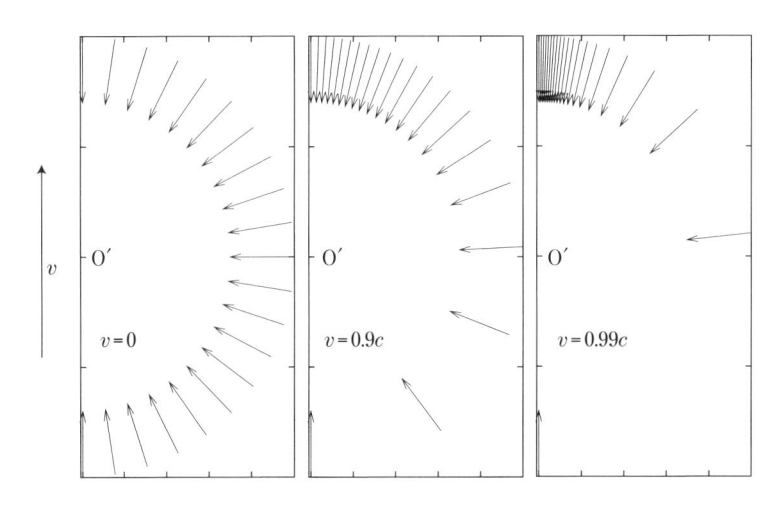

図 6.11 運動する観測者から見える光の方向．左は運動していない場合の光の方向で，中央および右側の図は光速に近い速度で運動している観測者 O' から見える光の方向である．

6.3 電磁気学とローレンツ変換

6.3.1 スカラーポテンシャルとベクトルポテンシャルの変換性

この節では，いよいよ電磁気学と特殊相対性理論の関係について見てみる．本書で電磁場の基本的な変数として扱ってきたポテンシャル ϕ と A がローレンツ変換に対してどのように振る舞うかを調べてみる．答えからいうと，ローレンツゲージ条件を満たすようなスカラーポテンシャル ϕ を時間成分とし，ベクトルポテンシャル A を空間成分とする量,

$$A^\mu = \begin{pmatrix} \phi/c \\ A_x \\ A_y \\ A_z \end{pmatrix} \tag{6.88}$$

が4元ベクトルとして振る舞う，という性質を電磁場は満たしている．

もう少しわかりやすく説明する．ある慣性系でローレンツゲージ条件のもとでマクスウェル方程式を解き，A^μ を解として得たとする．物理的に同じ問題について，別の慣性系でマクスウェル方程式を解き，A'^μ を解として得たとする．このときに Λ^ν_μ をローレンツ変換の行列として，

$$A'^\nu = \Lambda^\nu_\mu A^\mu \tag{6.89}$$

がいつも必ず満たされる，ということである．さらに別の言い方をすると，A^μ と A'^μ は同じ4元ベクトルを別の座標で見たときの成分になっているのである．

最も単純な具体例として，観測者 O の系で見て，一定速度 v で x 軸上を正の方向に運動する電荷 q の点粒子のつくる電磁場を考えてみよう．この解を異なる2つの座標系で解き，A^μ がローレンツ変換で移り変わることを示す．まず5.3.6項で示したように，ローレンツゲージをとって，マクスウェル方程式を組み合わせると，ϕ は偏微分方程式

$$\frac{1}{c^2}\frac{\partial^2 \phi}{\partial t^2} - \nabla^2 \phi = \frac{\rho(\boldsymbol{x})}{\varepsilon_0} \tag{6.90}$$

を満たす．ここで ρ は電荷密度である．

いま，一定速度 v で x 軸上を正の方向に運動する点電荷 q のポテンシャルを求めたい．この場合，ϕ は，3 つの変数 $x-vt$, y, z の関数であり，$\phi = \phi(x-vt, y, z)$ と書ける．なぜならば，電磁場は一定速度 v で運動する電子がつくり出しているものであるので，場自身も速度 v で引きずられていくはずだからである．したがって上記の方程式の左辺は，

$$\begin{aligned}\frac{1}{c^2}\frac{\partial^2 \phi}{\partial t^2} - \nabla^2 \phi &= \frac{v^2}{c^2}\frac{\partial^2 \phi}{\partial s^2} - \frac{\partial^2 \phi}{\partial s^2} - \frac{\partial^2 \phi}{\partial y^2} - \frac{\partial^2 \phi}{\partial z^2} \\ &= -\left[\left(1-\frac{v^2}{c^2}\right)\frac{\partial^2 \phi}{\partial s^2} + \frac{\partial^2 \phi}{\partial y^2} + \frac{\partial^2 \phi}{\partial z^2}\right]\end{aligned} \tag{6.91}$$

と計算できる．ここで $s \equiv x - vt$ で，

$$\frac{\partial \phi}{\partial t} = \frac{\partial \phi(s)}{\partial s}\frac{\partial s}{\partial t} = -v\frac{\partial \phi(s)}{\partial s} \tag{6.92}$$

$$\frac{\partial \phi}{\partial x} = \frac{\partial \phi(s)}{\partial s}\frac{\partial s}{\partial x} = \frac{\partial \phi(s)}{\partial s} \tag{6.93}$$

を用いた．

一方，右辺の一定速度 v で x 方向に運動する点電荷の電荷密度は，ディラックのデルタ関数を用いて，

$$\rho = q\,\delta_{\mathrm{D}}(x-vt)\,\delta_{\mathrm{D}}(y)\,\delta_{\mathrm{D}}(z) = q\,\delta_{\mathrm{D}}(s)\,\delta_{\mathrm{D}}(y)\,\delta_{\mathrm{D}}(z) \tag{6.94}$$

となる．ここで数学的に座標変換

$$X \equiv \frac{s}{\sqrt{1-\dfrac{v^2}{c^2}}} \tag{6.95}$$

を行って方程式を書き直すと，

第6章 特殊相対性理論と電磁気学

$$\frac{\partial^2 \phi}{\partial X^2} + \frac{\partial^2 \phi}{\partial y^2} + \frac{\partial^2 \phi}{\partial z^2} = -q \frac{1}{\sqrt{1-\frac{v^2}{c^2}}} \frac{\delta_D(X)\,\delta_D(y)\,\delta_D(z)}{\varepsilon_0} \quad (6.96)$$

となる．これは 3.5.1 項で調べたポアソン方程式であり，点電荷 $q/\sqrt{1-v^2/c^2}$ が原点にあるときのポテンシャルの満たす式である．したがって，答えはクーロンポテンシャルで，

$$\phi = \frac{q}{4\pi\varepsilon_0 R \sqrt{1-\frac{v^2}{c^2}}} \quad (6.97)$$

ただし，$R \equiv \sqrt{X^2+y^2+z^2}$ である．X の表式を元に戻して整理すると

$$\phi = \frac{q}{4\pi\varepsilon_0} \frac{1}{\sqrt{1-\frac{v^2}{c^2}}} \frac{1}{\sqrt{\frac{(x-vt)^2}{1-\frac{v^2}{c^2}}+y^2+z^2}}$$

さらに $\gamma \equiv 1/\sqrt{1-v^2/c^2}$，$\beta \equiv v/c$ の記法を用いると，最終的に

$$\phi = \frac{q}{4\pi\varepsilon_0} \frac{\gamma}{\sqrt{\gamma^2(x-\beta ct)^2+y^2+z^2}}$$

を得る．こうなると，何か相対論的な雰囲気が出てくる．

次にベクトルポテンシャル $\boldsymbol{A}$ であるが，これも 5.3.6 項で見たように，ローレンツゲージでマクスウェル方程式を組み合わせると，ϕ と同様の式

$$\frac{1}{c^2}\frac{\partial^2 \boldsymbol{A}}{\partial t^2} - \nabla^2 \boldsymbol{A} = \frac{\rho(\boldsymbol{x})\,\boldsymbol{v}}{c^2 \varepsilon_0} \quad (6.98)$$

を満たす．ここで $\boldsymbol{v}$ は荷電粒子の速度を表す．x, y, z の各成分が ϕ の式と数学的に同じなので，結局のところ ϕ と全く同じように解ける．荷電粒子の速度成分が $(v, 0, 0)$ であることを考慮すると，A_x の解は $\phi \to A_x$, $q \to qv/c^2$ とすればよく，A_y, A_z は $\phi \to A_y$, A_z, $q \to 0$ とすればよいはずである．その結果，

6.3 電磁気学とローレンツ変換

$$A_x = \frac{q}{4\pi\varepsilon_0}\frac{1}{c}\frac{\gamma\beta}{\sqrt{\gamma^2(x-\beta ct)^2+y^2+z^2}} \qquad (6.99)$$

$$A_y = A_z = 0 \qquad (6.100)$$

を得る.

結局 O 系で, 電磁ポテンシャル A^μ は,

$$A^\mu = \begin{pmatrix} \dfrac{q}{4\pi\varepsilon_0}\dfrac{1}{c}\dfrac{\gamma}{\sqrt{\gamma^2(x-\beta ct)^2+y^2+z^2}} \\ \dfrac{q}{4\pi\varepsilon_0}\dfrac{1}{c}\dfrac{\gamma\beta}{\sqrt{\gamma^2(x-\beta ct)^2+y^2+z^2}} \\ 0 \\ 0 \end{pmatrix} \qquad (6.101)$$

となり, この解 (6.101) は, ローレンツゲージの条件 (5.89) を満たしている.

一方で, 電荷とともに運動する系 O′ では, マクスウェル方程式の形がこの系でも変わらないとすると, ϕ', A' は以下の偏微分方程式を満たす.

$$\frac{1}{c^2}\frac{\partial^2\phi'}{\partial t'^2} - \nabla'^2\phi' = \frac{\rho(\boldsymbol{x}')}{\varepsilon_0}$$

$$\frac{1}{c^2}\frac{\partial^2 A'}{\partial t'^2} - \nabla'^2 A' = \frac{\rho(\boldsymbol{x}')\,\boldsymbol{v}'}{c^2\varepsilon_0}$$

ここで ∇' は x', y', z' による勾配の微分演算子である. O′ 系での A'^μ は, 電荷が運動していないので単なる静電場の点電荷の問題と考えることができる. したがって, 時間変動はなく時間微分の項はゼロである. すると ϕ' の式は O′ 系の原点にだけ点電荷があるポアソン方程式なので, 答えはクーロンポテンシャルとなる. A の方は, 電荷の静止系にいるので荷電粒子の速度がゼロだから, 右辺がゼロになる. A が無限遠でゼロになるように境界条件をとると, 必然的にいたるところ $A' = 0$ が解となる.

結局, 電磁ポテンシャルは,

第6章 特殊相対性理論と電磁気学

$$A'^{\mu} = \begin{pmatrix} \dfrac{q}{4\pi\varepsilon_0 c \sqrt{x'^2 + y'^2 + z'^2}} \\ 0 \\ 0 \\ 0 \end{pmatrix} \qquad (6.102)$$

となる．ただし，ここで ct', x', y', z' はこれまで同様 O′ 系での座標であり，ローレンツ変換の式 (6.18) で ct, x, y, z と結び付いている．この解もまた明らかにローレンツゲージの条件を満たしている．

この2つの系での A^{μ} が4元ベクトルとして結び付いていることは，実際に変換してみれば容易に確かめられる．(6.101) の表式にローレンツ変換 (6.18) の行列を作用させると

$$\Lambda^{\nu}_{\mu} A^{\mu} = \begin{pmatrix} \gamma & -\beta\gamma & 0 & 0 \\ -\beta\gamma & \gamma & 0 & 0 \\ 0 & 0 & 1 & 0 \\ 0 & 0 & 0 & 1 \end{pmatrix} \begin{pmatrix} \dfrac{q}{4\pi\varepsilon_0} \dfrac{1}{c} \dfrac{\gamma}{\sqrt{\gamma^2(x-\beta ct)^2 + y^2 + z^2}} \\ \dfrac{q}{4\pi\varepsilon_0} \dfrac{1}{c} \dfrac{\gamma\beta}{\sqrt{\gamma^2(x-\beta ct)^2 + y^2 + z^2}} \\ 0 \\ 0 \end{pmatrix}$$

$$= \dfrac{q}{4\pi\varepsilon_0} \dfrac{1}{c} \dfrac{\gamma^2}{\sqrt{\gamma^2(x-\beta ct)^2 + y^2 + z^2}} \begin{pmatrix} 1-\beta^2 \\ 0 \\ 0 \\ 0 \end{pmatrix}$$

$$= \dfrac{q}{4\pi\varepsilon_0} \dfrac{1}{c} \dfrac{1}{\sqrt{x'^2 + y'^2 + z'^2}} \begin{pmatrix} 1 \\ 0 \\ 0 \\ 0 \end{pmatrix} = A'^{\mu}$$

となって，確かに4元ベクトルとして変換していることがわかる．

ここで示したことは，**2つの慣性系 O と O′ で，全く同じ形のマクスウェル方程式を解くことによって導かれた A^{μ} と A'^{μ} が，ローレンツ変換でつながっている**ということである．マクスウェル方程式が同じ形式を保って，

4元ベクトルの意味で同じベクトルの解 A^μ と A'^μ を導くということは，マクスウェル方程式がローレンツ変換に対して不変であることを意味している．物理的実体は，人間が勝手に引いた座標系とは無関係に決まっている概念でなければならない．したがって，それらの量は変換のルールが決められているスカラーやベクトル，テンソルというような量でなくてはならないのである．

ここでは，ある特別の場合（一様運動する点電荷のつくる場）の解である電磁ポテンシャル A^μ が4元ベクトルとして変換することを示しただけであるが，A^μ はどんなときも4元ベクトルとして振る舞う．このように電磁気学の基礎方程式は，相対論的な時空の概念に移ると，何の変更も受けることなく正しい方程式になっているのである．次項で，マクスウェル方程式自身がテンソルの方程式で記述され，その結果，ローレンツ変換に対して不変となっていることがわかるであろう．

6.3.2 マクスウェル方程式のテンソル形式での記述

前項で，ローレンツ変換に対して A^μ が4元ベクトルとして変換することを見た．それはマクスウェル方程式が，ローレンツ変換に対して不変であることを意味しているが，この項ではあからさまに，マクスウェル方程式がテンソルの方程式で書き下せることを示す．

結論から言うと，真空中のマクスウェル方程式は以下の形で書き表される：

$$\frac{\partial F^{\mu\nu}}{\partial x^\mu} = \mu_0 j^\nu \tag{6.103}$$

まず，左辺の**電磁テンソル** $F^{\mu\nu}$ の共変成分 $F_{\mu\nu}$ は，

$$F_{\mu\nu} \equiv \frac{\partial A_\nu}{\partial x^\mu} - \frac{\partial A_\mu}{\partial x^\nu} \tag{6.104}$$

で定義される．$\partial/\partial x^\mu$ や A_μ が共変ベクトルとして振る舞うので，$F_{\mu\nu}$ は共変

テンソルである．上付きのテンソルの成分は $F^{\mu\nu} = \eta^{\mu\alpha}\eta^{\nu\beta}F_{\alpha\beta}$ であり，その成分は微分を実行すると，

$$F^{\mu\nu} = \begin{pmatrix} 0 & -E_x/c & -E_y/c & -E_z/c \\ E_x/c & 0 & -B_z & B_y \\ E_y/c & B_z & 0 & -B_x \\ E_z/c & -B_y & B_x & 0 \end{pmatrix} \quad (6.105)$$

となる．

次に，右辺の j^ν は **4元電流ベクトル** とよばれ，

$$j^\mu \equiv \rho_0 u^\mu \quad (6.106)$$

で定義される．ここで ρ_0 は荷電粒子の流れに対して静止した系で見た固有の電荷密度であり，u^μ は荷電粒子の流れの4元速度ベクトルである．その成分は，$(\rho c, \rho \boldsymbol{v})$ であるような量である．この量の4次元の意味での発散を計算してみると

$$\frac{\partial j^\mu}{\partial x^\mu} = \frac{\partial \rho}{\partial t} + \nabla \cdot (\rho \boldsymbol{v}) \quad (6.107)$$

となる．3.1.2項で学んだように電荷の保存則は右辺がゼロになることを意味するので，結局 $\partial j^\mu/\partial x^\mu = 0$ が電荷の保存則を表している．この表式は明らかに座標系によらず不変であるので，この電荷の保存則の表式は，座標系によらない物理的な概念を表していることがわかる．

さて，(6.103) は両辺とも4元ベクトルの式なので，どの座標系でも同じ形の式となる（単に両辺に Λ_ν^α を掛ければローレンツ変換された別の座標系での式になる）．一方，具体的に (6.103) の成分である4つの式を書き下すと，

$$\nu = 0: \quad \frac{1}{c}\nabla \cdot \boldsymbol{E} = \mu_0 \rho c$$

$$\nu = 1: \quad -\frac{1}{c^2}\frac{\partial E_x}{\partial t} + \frac{\partial B_z}{\partial y} - \frac{\partial B_y}{\partial z} = \mu_0 \rho v_x$$

$$\nu = 2: \quad -\frac{1}{c^2}\frac{\partial E_y}{\partial t} - \frac{\partial B_z}{\partial x} + \frac{\partial B_x}{\partial z} = \mu_0 \rho v_y$$

$$\nu = 3: \quad -\frac{1}{c^2}\frac{\partial E_z}{\partial t} + \frac{\partial B_y}{\partial x} - \frac{\partial B_x}{\partial y} = \mu_0 \rho v_z$$

これらの式は明らかに，マクスウェル方程式の2つの式

$$\nabla \cdot \boldsymbol{E} = \frac{\rho}{\varepsilon_0}, \qquad \nabla \times \boldsymbol{B} = \mu_0 \boldsymbol{j} - \frac{1}{c^2}\frac{\partial \boldsymbol{E}}{\partial t}$$

に等価である．また，マクスウェル方程式の残りの2つ

$$\nabla \cdot \boldsymbol{B} = 0, \qquad \nabla \times \boldsymbol{E} = -\frac{\partial \boldsymbol{B}}{\partial t}$$

に関しては，5.3.6項で述べたように，(5.83)や(5.84)あるいは全く等価な式(6.104)のように，電磁場をポテンシャルの微分で書くと自動的に満たされている．したがってこのような形式に整理すると，マクスウェル方程式がローレンツ変換によって形を変えないことをあからさまにすることができるのである．

6.3.3 観測者によって現れたり消えたりする電場

ローレンツ変換によって電磁場が変換することを見るための例として，ラーモア運動をもう一度調べてみよう．4.1.3項で見たようにz方向に一様な磁場$B\boldsymbol{e}_z$があった場合，電荷qをもつ質量mの粒子は，$\boldsymbol{e}_z$の方向には等速直線運動し，$\boldsymbol{e}_z$に直交する方向にはサイクロトロン振動数で円運動する：

ここでxy平面内の回転の中心を$(x,y)=(0,0)$にとり，v_zは時間的に一定であるz方向の速度であるとする．また，ここでは粒子の運動自身は相対論的ではないものとしておく．

この粒子の運動をyの負の方向に速さ$v_y(\ll c)$で運動する観測者(ct', x', y', z')から見てみよう．この場合，まず粒子の運動は対応するローレンツ変換によって以下のように変換される：

第6章 特殊相対性理論と電磁気学

$$\begin{pmatrix} ct' \\ x' \\ y' \\ z' \end{pmatrix} = \begin{pmatrix} \gamma ct + \beta\gamma y \\ x \\ \beta\gamma ct + \gamma y \\ z \end{pmatrix} \tag{6.108}$$

ここで $\beta = v_y/c$, $\gamma = 1/\sqrt{1-\beta^2}$ である．$x'(t')$, $y'(t')$, $z'(t')$ の形を求めるために x', y', z' の式から t を消去することを考えると，x', z' に関してはそのままだが，

$$y' = \beta\gamma ct + \gamma y = v_y t' + \frac{y}{\gamma} \tag{6.109}$$

ということになる．これは，$\gamma \simeq 1$ であれば，y' の正の方向に速さ v_y で粒子の回転中心がドリフトしていく運動になることを示している．

一方，電磁場は，$F^{\mu\nu}$ がテンソルとして変換するので，

$$F'^{\mu\nu} = \Lambda^\mu_{\ u} \Lambda^\nu_{\ v} F^{uv}$$

$$= \begin{pmatrix} \gamma & 0 & \beta\gamma & 0 \\ 0 & 1 & 0 & 0 \\ \beta\gamma & 0 & \gamma & 0 \\ 0 & 0 & 0 & 1 \end{pmatrix} \begin{pmatrix} 0 & 0 & 0 & 0 \\ 0 & 0 & -B_z & 0 \\ 0 & B_z & 0 & 0 \\ 0 & 0 & 0 & 0 \end{pmatrix} \begin{pmatrix} \gamma & 0 & \beta\gamma & 0 \\ 0 & 1 & 0 & 0 \\ \beta\gamma & 0 & \gamma & 0 \\ 0 & 0 & 0 & 1 \end{pmatrix}$$

$$= \begin{pmatrix} 0 & -\beta\gamma B_z & 0 & 0 \\ \beta\gamma B_z & 0 & -\gamma B_z & 0 \\ 0 & \gamma B_z & 0 & 0 \\ 0 & 0 & 0 & 0 \end{pmatrix} \tag{6.110}$$

となる．したがって，

$$\frac{E'}{c} = \beta\gamma B_z \bm{e}_{x'}$$

$$\bm{B}' = \gamma B_z \bm{e}_{z'}$$

となり，元の座標ではゼロだった電場が現れることになる．上の式で $\gamma \simeq 1$ と近似し，新たに現れた E' と B' を使って v_y を書くと

$$v_y = \frac{E}{B} \tag{6.111}$$

を得る．したがって，$t'x'y'z'$の系で粒子の運動は，$-y'$方向への一定速度E'/B'でのドリフトをともなう回転運動である，ということができる．

一方，このx'方向の一様電場が存在する条件で運動方程式を直接解くと，ラーモア運動の項4.1.3で見たように$-y'$方向への回転中心のドリフト速度E/Bをともなった円運動であり，これは上で導いたローレンツ変換による答えと一致するのである．このように，観測者によって電場や磁場は現れたり消えたりするが，ローレンツ力を受けて運動する荷電粒子の軌跡は，正しくローレンツ変換によって結ばれているのである．

6.3.4　一般相対性理論への序章

この節では，20世紀になってから明らかとなった時間と空間の新しい概念が，電磁気学の基礎方程式であるマクスウェル方程式に矛盾なく取り込まれていることを見てきた．一方で新しい時間と空間の概念は，電磁気学に固有の概念ではなく，もっと一般的なこの世界の描像を与える，より高位に位置する概念である．

もう一度復習すると，新しい時間と空間（時空）の概念は，基本的に2つの原理によって成り立っていた．1つは光速度不変の原理であり，もう1つは相対性原理である．このうち相対性原理は，すべての物理法則が互いに等速直線運動する慣性系において同じ形をとる，というものであった．マクスウェル方程式はこの意味で完全に相対性原理を満たしている．

しかしながら，物理法則を記述する座標系は慣性系である必要はない．例えば，加速度運動する車の中で考えるのは自由である．相対性原理をこのような一般の座標系に拡張するとどうなるであろうか．突然いろいろなことが変わってくる．例えばマクスウェル方程式は一般の座標系では異なった形をもつし，粒子の運動を記述するときには，いわゆる慣性力が登場する．

一見すると，このような一般座標変換を許すことは美しい物理法則の形を破壊してしまうように見えるかもしれない．しかし一方で，このような一般の座標変換に対する普遍性は，思わぬところに大きな意味をもっていた．

アインシュタインは，一般の非慣性系に移ったときに現れる慣性力が，その場所の近傍では重力と全く区別できないことに注目した．これは重力の源となる物体の質量と，加速度と力の比例定数である質量が同じものと見なせることによる．これを**等価原理**とよぶ．アインシュタインは一般の曲がった座標系での物体の運動の定式化を示し，さらにその中に重力を時空の歪みによる力として取り込んだ．また，その時空の歪みを決定する偏微分方程式（**アインシュタイン方程式**）を提示した．この理論体系は**一般相対性理論**とよばれ，古典的な重力場を記述する正しい理論であると考えられている．

一般相対性理論は，比較的弱い重力場中では，重力レンズ・水星の近日点移動・パルサーの連星の公転周期の変化などで正しさが確かめられている．非常に強い重力場，例えばブラックホールや中性子星の連星が合体するような状況ではいまだに確かめられていないが，現在，これらの天体から発すると考えられている**重力波**を検出する試みが続けられており，その発見が期待されている．

■ 章末問題

問題1 光の速度を超えて情報は伝わらないというが，例えば思考実験として巨大なハサミで遠方の紙を切ることができる．このとき，こちらでハサミを切る瞬間は遠方で紙が切れる瞬間に等しいと思われる．したがって，情報は無限の速度で伝わったことになる．この議論のどこに間違いがあるか述べよ．

問題2 固有長さ L の車が相対論的な速度 $v = c\beta$ で固有長さ $L/2$ の奥行きを持つガレージに入っていく．ガレージ静止系で見て車がガレージに「入った」といえるには，車の速さはどれほどでなければならないか？

問題3 1光年先の星まで速さ $c/2$ で飛ぶロケットに乗って旅行する．星につい

章末問題　　　　　　　　　　　　　　　　247

た瞬間にロケットは激しく逆噴射し，ロケットの固有時間で無視できる短い時間で同じ速さ $c/2$ で帰路につく．ロケットが地球に戻ってきたとき，地球で経過した時間とロケット旅行してきた人の時計で経過した時間を求めよ．

問題4　$\eta^{\mu\nu}$ のローレンツ変換に対する変換性を調べ，これがテンソルであることを示せ．

問題5　同じくクロネッカーのデルタ δ^ν_μ の変換性を調べよ．これによって δ^ν_μ がテンソルとして振る舞うことを示せ．

問題6　太陽は，その全質量の10%の水素がヘリウムに転化すると主系列星という段階を過ぎ，ほとんどその寿命を終える．太陽の全質量が 2.0×10^{30} kg，光度が 3.8×10^{26} J/s，水素の原子量が1.00783，ヘリウムの原子量が4.00260，光速が 3.0×10^8 m/s であるとして，太陽の寿命を計算せよ．

問題7　天体の中には，光速に近いジェットが地球の方に向かって吹いており，そのジェットが輝いていると考えられているものがある．問題を単純化し，速度 $v = c\beta$ でわれわれの方に向かって運動している点光源からの光について考える．点光源は光度 L[J/s] でエネルギーを自身に対する静止系で等方的に放射する．このとき，距離 R 離れた地球で観測されるフラックス（エネルギー流束）を求めよ．

問題8　実験室系で相対論的なエネルギー E をもった電子を，それよりも低いエネルギー ε の光子に正面衝突させる．このとき，衝突後の光子のエネルギーを求めよ．

問題9　実験室系で相対論的なエネルギー E をもった2つの電子を正面衝突させる．このとき，どちらかの電子の静止系から見て衝突してくるもう1つの電子のエネルギーはどのように見えるか？

問題10　$F_{\mu\nu}F^{\mu\nu}$ を計算し，E と B を用いて書け．

III

多体系の統計力学

第7章 統計熱力学

マクロな物体の現象では，全体としての運動や変形・振動などの力学的現象だけでなく，温度，比熱，相転移，拡散，電離，磁化，などの熱的，電気的性質の記述が重要である．これらの物性は多数の原子が演ずる統計的・協同的現象であるが，この法則性を掴み取るためには，多数の原子集団の全情報を力学や電磁気学で詳細に扱うだけでは不十分である．個々の原子に関する多くの情報を上手に捨てること，すなわち上手に"ぼかしてみる"手段が必要である．この"完全記述"でない統計的な記述法は，エントロピー概念に見るように，情報科学と関係をもつ．

7.1 理想気体

7.1.1 状態方程式

重さが一定量の理想気体では，体積 V は圧力 P に反比例し（**ボイルの法則**），温度 T に比例する（**シャルルの法則**）．この2つの関係は合わせて次の状態方程式で表される．

$$PV = nRT \tag{7.1}$$

この T は絶対温度であり，また比例定数は気体のモル数 n に比例するので nR と書いてある．R は**気体定数**とよばれる．

気体定数 R は他の量を測る単位によって次のように求めることができる．1 mol の理想気体は 0℃，1 気圧で 22.4 L の体積を占める．一方，1 気圧は 1 m² 当たり 1.013×10^5 N(ニュートン) の力に相当する．圧力の単位パスカル (Pa) は $1\,[\text{Pa}] = 1\,[\text{N/m}^2]$ であるから

$$R = \frac{1.013 \times 10^5 [\text{Pa}] \times 22.4 [\text{L/mol}]}{273 [\text{K}]} = 8.314 \left[\frac{\text{Nm}}{\text{Kmol}}\right] = 8.314 [\text{J/Kmol}] \tag{7.2}$$

となる．

大気圧

気圧とは地上での大気圧を基準にした単位だが，大気圧は詳細には天気予報で知られているように日々変化している．そこで，1 気圧 = 1.01325×10^5 [Pa] と定め，この標準大気圧に比べて高圧，低圧，「真空」などとよんでいる．

大気圧は地球上の大気の総量と関係している．地上の重力加速度 $g = 9.8$ [N/g] を使えば 1 気圧に相当する重量は，1 m^2 当たりの重量を σ [kg/m^2] として

$$\sigma = \frac{1.013 \times 10^5 [\text{Pa}]}{9.8 [\text{N/g}]} = 1.03 \times 10^4 [\text{kg/m}^2] \tag{7.3}$$

である．水の比重は 約 1 [g/cm^3] = 10^3 [kg/m^3] であるから，この重量に相当する水柱の高さは 1.03×10^4 [kg/m^2] ÷ 10^3 [kg/m^3] = 10.3 [m] となる．また地上での空気の密度は約 1.3 kg/m^3 であるから，相当する大気の高さは 1.03×10^4 [kg/m^2]/1.3 [kg/m^3] = 7.9×10^3 [m] となる．現実の大気の上層では密度は徐々に減少しているので"高さ"は決まらないが，この数字は大よその推定値になっている．

比体積と混合気体

気体の運動などを扱う場合には状態方程式が体積 V で表現されているのは都合がよくない．そのような場合には単位質量当たりの体積である比体積が用いられる．十分小さな体積 V が m の質量を含めば質量密度は $\rho = m/V$ であるから，比体積は $V/m = 1/\rho$ と表せる．気体の分子量が M で物質量が m [g] ならモル数 $n = m/M$ [mol] だから，状態方程式は

$$P = \frac{nRT}{V} = \frac{mRT}{MV} = \rho\, R_M T \tag{7.4}$$

と書ける．ここで $R_M \equiv R/M$ であり，次元は J/kg・K に変わる．

また，分子量 M の異なる成分の混じった混合気体を考えると，その圧力は各気体成分の分圧の和として次のように与えられる．

$$P = \frac{RT}{V}\sum_a \frac{m_a}{M_a} = RT\frac{m}{V}\frac{\sum_a m_a/M_a}{m} = \rho R_{\bar{M}}T \qquad (7.5)$$

ここで $m = \sum_a m_a$, $\bar{M}^{-1} = (\sum_a m_a/M_a)/m$, $R_{\bar{M}} = R/\bar{M}$, $\rho = m/V$ である.

乾燥空気（水蒸気を除いた空気）の成分は窒素（分子量 28, 重量比 78.084%），酸素（32, 20.946%），二酸化炭素（44, 3.5×10^{-2}%），ネオン（20, 1.8×10^{-3}%）であるから，空気の平均分子量が $\bar{M} = 28.96$ となる.

7.1.2　分子の集団としての気体

気体は多数分子の集団であるが，圧力や温度は1つ1つの分子の運動エネルギーと関係している．いま，一辺が L の立方体の中で分子が運動しているとし，箱の壁面に垂直に座標軸をとる．分子は箱の壁面に衝突して弾性衝突で跳ね返される．速度 $\boldsymbol{v} = (v_x, v_y, v_z)$, 質量 m の分子が x 軸に垂直な壁との衝突と跳ね返りで壁に及ぼす力積は $I = [mv_x - (-mv_x)] = 2mv_x$ である．一方，この分子が反対側の壁に跳ね返されて再び元の壁に力積を与えるまでの時間は $2L/v_x$ である．したがって，時間的に平均して考えれば力積による力は

$$\text{力} = \frac{\text{力積}}{\text{時間間隔}} = \frac{2mv_x}{2L/v_x} = \frac{mv_x^2}{L} \qquad (7.6)$$

となるので，多数の分子によるこの力の総和は

$$F = \sum_{i=1}^{N} \frac{mv_{ix}^2}{L} = \frac{mN}{L}\overline{v_x^2} \qquad \left(\overline{v_x^2} = \frac{1}{N}\sum_{i=1}^{N} v_{ix}^2\right) \qquad (7.7)$$

と表せる．ここで $\overline{v_x^2}$ は v_{ix}^2 の平均値である.

この力は面積 L^2 全体で受けるものだから，圧力は

$$P = \frac{F}{L^2} = \frac{mN}{L^3}\overline{v_x^2} \qquad (7.8)$$

となる．一方，分子の運動は平均して等方的だから $\overline{v_x^2} = \overline{v_y^2} = \overline{v_z^2}$ であり $\overline{v_x^2} = \overline{v^2}/3$, したがって $V = L^3$ と書いて (7.8) は

$$PV = \frac{1}{3}Nm\overline{v^2} = \frac{2}{3}N\bar{\varepsilon} \tag{7.9}$$

と書ける．ここで $\bar{\varepsilon} = m\overline{v^2}/2$ は分子の平均運動エネルギーである．

いま 1 mol の気体を考えれば，そこにアヴォガドロ数 N_A 個の分子があるから，(7.9) と状態方程式 (7.1) を比較すると $2N_A\bar{\varepsilon}/3 = RT$ となり，

$$\bar{\varepsilon} = \frac{3}{2}\frac{R}{N_A}T = \frac{3}{2}kT \qquad \left(k = \frac{R}{N_A}\right) \tag{7.10}$$

と表せる．ここで k は**ボルツマン定数**とよばれる．運動エネルギーについて空間 3 次元の 1 成分当たりに $kT/2$ の運動エネルギーが分配され，全平均エネルギーは $3(kT/2)$ となる．アヴォガドロ数の測定については次節で説明する．

こうして，温度は分子 1 個の平均エネルギーを決めていることがわかる．したがって，N 個の分子から成る系の**内部エネルギー** U は分子の運動エネルギーの総量として

$$U = N\bar{\varepsilon} = \frac{3}{2}NkT = \frac{3}{2}nRT = \frac{3}{2}PV \tag{7.11}$$

となる．

同じ T でも体積が小さいと圧力が大きいのは，分子の運動量は同じでも単位時間当たり，単位面積当たりの衝突回数が多くなるからである．また，各種類の分子の個数が N_a の混合気体では

$$PV = \sum_a N_a kT, \qquad U = \sum_a N_a \frac{3}{2}kT \tag{7.12}$$

と表せる．ここでは分子の種類が違っても平均エネルギー $\bar{\varepsilon}$ は同じであるという等分配の法則を前提にしているが，後の 7.5 節で再び議論する．

7.2 アヴォガドロ数

7.2.1 アヴォガドロ数の測定法

マクロな物体が含む原子（分子）の数を与えているのが**アヴォガドロ数** N_A である．その定義は，「12 g の炭素 C は N_A 個の炭素原子（質量数 12）から成る」である．こうして，マクロな物体の重さを測る単位である g が原子1個の重さ $m_C = 12\,[\mathrm{g}]/N_A$ と結び付く．アヴォガドロ数の個数の物質量を「1 **モル**（mole）の物質量」という．

異なった原子の重さの比を知るには，各々の原子を N_A 個集めてその重さを測ればよい．この目的に適しているのが理想気体として振る舞う気体である．状態方程式 $PV = RT$ で注目すべきは，気体定数 R が元素の種類によらないことである．いま P, V, T が同じ値であるいくつかの種類の気体を用意すれば，それらはすべて同じ粒子数 N を含んでいる．したがって，それらの全重量を測れば，1 粒子の質量の相対的な比が求まる．後は C を基準に質量を決め，アヴォガドロ数の定義，「圧力が 1 気圧（760 mmHg, 101325 Pa），温度が 273 K で 0.0224 m^3 の体積には N_A 個の粒子が含まれる」を用いればよい．ここで "粒子" とは原子が数個から成る分子のことであり，例えば 1 mol の重量は水素分子で 2 g，二酸化炭素で 48 g である．

物体は必ずしも理想気体の形態をとらないので，1 mol の量の定義を理想気体以外で決める手段が必要がある．歴史的には，アヴォガドロ数は次に述べるような特殊な現象を利用して測定されてきた．原子物理が進歩した現在では，イオン化した 1 個の原子の電磁場中での運動が測定できるから，各原子の相対的な質量比は直接測定できる．しかし，その重量をマクロの物体の重さの単位（kg）で表すには必ずアヴォガドロ数が必要である．

結晶での原子間隔

結晶では原子や分子は規則正しく配列している．したがって，基本単位となる配列の間隔を測定できれば，マクロな大きさの結晶に含まれる基本単位

の個数が計算できる．間隔はX線の干渉効果から推定される．例えば間隔dの正方格子の結晶では，図7.1のように，$2d \sin\theta = n\lambda$となる方向θへの**ブラッグ散乱**が強くなる．ここで，λはX線の波長，nは整数である．

いまNaClの結晶を考えると，NaとClは交互に一辺がdの立方体の頂点にある．1立方体には8個の頂点があり，NaとClが4個ずつある．したがって，1立方体当たりの原子数は各々1/2個となる．NaClの1 mol当たりの重量をM，密度をρ，アヴォガドロ数をN_Aとすると，

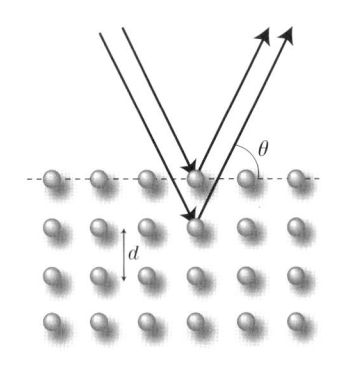

図7.1 結晶でのX線の反射

$$N_A = \frac{M/2}{\rho d^3} \tag{7.13}$$

の関係にある．1 molの重量はNaが0.023 kg，Clが0.0355 kgだから，$M = 0.0585$ [kg]，X線回折から$d = 0.2818$ [nm]である．$\rho = 2170$ [kg/m^3]より

$$N_A = 6.02 \times 10^{23} \tag{7.14}$$

と計算される．

ρはマクロサイズの単結晶の重量と体積の実測値から計算されるが，これが一番難しい．現在は国際kg原器と比較できるほどの重量をもつ大きさのシリコンの真球をつくる技術が向上して，N_Aの実測の精度が高まった．

電気分解

電解質溶液の電気分解では，発生した気体量と運ばれた電荷量は比例している．一方，電荷量は基本電荷（電子の電荷の大きさは既知であるとして）の個数で表すことができる．こうして，1 molの気体がたまるまでに流れた電荷量（電流×時間）からアヴォガドロ数を求めることができる．

まず素電荷は，ミリカンが電荷をもつ油滴に対する重力と電気力のバランスから $e = 1.6 \times 10^{-19}$ [C] と求めた．電荷の単位「C」（クーロン）は電気力の源としての単位であるが，電荷の単位には電極にたまる電荷の観点で定義された単位「F」（ファラッド）もある．1gの水素イオンを中性原子にするのに必要な電荷量が1Fと定義されているが，その実測値は96500Cである．したがって

$$N_A = \frac{96500}{1.6 \times 10^{-19}} = 6.03 \times 10^{23} \quad (7.15)$$

となり，(7.14)とほぼ同じ値を得る．この電気分解を使った N_A の推定法は原子的要素の数を基本電荷の数でカウントできることを利用している．

放射性崩壊で生じたヘリウム気体の量

電気分解と並んで，原子的要素の数を測れる現象に放射線のカウントがある．例えば放射性元素ラジウムはアルファ粒子を出してラドンになり，ラドンはまたアルファ粒子を出してポロニウムになる．放射線であるアルファ粒子はエネルギーを失ってヘリウム原子の気体となる．ヘリウム原子は化合しないので単体気体として蓄積できる．十分なラジウム量と長い蓄積時間をとれば，発生したヘリウム気体の体積がマクロに測れるほどになる．一方，アルファ粒子の発生率はある限られた立体角への限られた時間当たりのカウント数で実測でき，これから蓄積時間での総崩壊数は計算できる．こうして，蓄積した気体の原子数の計算からアヴォガドロ数が求まる．

現実には，1gのラジウムは1年で 11.6×10^{20} 個のアルファ粒子を放出し，これは標準気圧・温度で 43×10^{-6} m^3 の体積である．したがって，1 mol でのカウント数は 6×10^{23} と換算できる．1909年，ラザフォードはこのような推定をした．

7.2.2 ブラウン運動とボルツマン定数

前述の方法は「マクロの物質は原子から構成される」という前提で何れも

基本要素のサイズや個数を測るものである．一方，原子論には「構成要素が原子」というだけでなく，熱量を「原子の運動」として解釈することも含まれる．先に理想気体の状態方程式をこの観点で導いたが，状態方程式 $PV = RT$ や熱量 $U = (3/2)RT$ には粒子の数や1個の粒子のエネルギーは登場しない．

気体を構成する1個の粒子のエネルギーは等分配で $\varepsilon = (3/2)kT$ であるから，その個数は $N = U/\varepsilon = R/k$ と求まると考えるかも知れない．しかし，これは歴史的，論理的には正しくない．1つは前述のようにアヴォガドロ数を決めた後に気体定数からボルツマン定数が求められたことである．そして，もう1つは，1905年のアインシュタインのブラウン運動の考察である．アインシュタインは，ある温度での1分子の熱運動のエネルギーを直接測って k を実測し，k と R から N_A を推定した．

微粒子を突き動かす分子の熱運動

花粉に含まれている微粒子が溶液の表面に浮遊している様子を顕微鏡で観察すると，ジグザグ運動をしながら場所を移動するのが見える．これが**ブラウン運動**である．アインシュタインは，この"ジグザグ運動"が溶液の分子の熱運動によって駆動されるとした．微粒子のサイズは約 $1\,\mu\mathrm{m}$ で分子より1万倍は大きく，十分マクロの小物体として扱える．熱運動で突き動かされて走り出した微粒子は溶液の粘性に由来する摩擦力を受けて運動にブレーキがかかり，元に戻る．"突き動かされる"方向も大きさも毎回まちまちだが平均すれば等方的であり，また大きさは平均の熱運動に等しいと考えた．

微粒子の運動方程式は速度に比例する粘性力を受けるので

$$M\dot{v} = -gv \tag{7.16}$$

のようになる．初速度を v_0 とすると，$\tau = M/g$ として，$v(t) = v_0 e^{-t/\tau}$ のように減速する．したがって運動距離は $l(t) = \int_0^t v(t')\,dt' = v_0\tau(1 - e^{-t/\tau})$ となり，$t > \tau$ で $l \sim v_0\tau$ となる．流体中での球に作用する粘性力はストークスの法則（2.103）で与えられる．

ランダム・ウォーク

熱運動の1回の突付きで動く距離 l は推定できたが，毎回その方向はランダム（random）である．このようなランダムな動きを何回も繰り返すとどのような動きになるかを論じるのが**ランダム・ウォークの理論**である．

まず簡単のために，いま1次元の運動を考える．運動の方向は左右への移動となる．さらに「等方向」とは，いまの場合は左右に等確率であることを意味する．いま i 番目の移動を l_i とすると，原点から出発した位置は $X = \sum_i l_i$ で与えられる．一方，$l_i = \pm l$ だから，例えば，

$$X = \sum_i l_i = +l-l-l+l-l+l+l-l+l+\cdots \quad (7.17)$$

のようにプラス，マイナスの符号が等確率で現れる．いま両辺を2乗すると

$$X^2 = \sum_i \sum_j l_i l_j \quad (7.18)$$

ここで項の数 N が十分大きいとして確率平均をとれば，$i \neq j$ の項は互いに打ち消し合い，$i = j$ の項だけがゼロにならず残るから

$$\langle X^2 \rangle = l^2 N \quad (7.19)$$

となる．この関係は**ランダム・ウォークの関係**とよばれる．

この関係式は広い範囲の確率過程に応用できる．このような確率過程の研究は現在は確率微分方程式によって扱われ，遺伝情報の揺らぎによる生物進化の速度や株価変動の金融工学などで広く展開されている．

移動距離から分子の熱運動エネルギーの測定

ランダム・ウォークの関係をブラウン運動に応用する．「突付き」の回数 N は時間 t に比例する．また等分配よりエネルギーが大きければ周囲にエネルギーを与えて減速し，逆だとエネルギーをもらって「突付き」となると考えれば，回数は大よそ $N = t/\tau$ で与えられる．一方，初速度についての平均をバーで表せば

$$\overline{l^2} = \overline{v_0^2}\tau^2 = \frac{\tau \overline{v_0^2} M}{g} = \frac{2\tau \bar{\varepsilon}}{g} \qquad (7.20)$$

これらをランダム・ウォークの関係 (7.19) に代入すると

$$\langle X^2 \rangle = \overline{l^2} N = \frac{2\bar{\varepsilon}}{g} t \qquad (7.21)$$

となる．実際には溶液の表面での2次元運動だから，原点からの半径を $R(t)$ とすれば

$$\langle R(t)^2 \rangle = \langle X^2 \rangle + \langle Y^2 \rangle = \frac{M(\overline{v_x^2} + \overline{v_y^2})}{g} t = \frac{2kT}{g} t \qquad (7.22)$$

となる．ここで $\overline{v_x^2} = \overline{v_y^2} = \overline{v_z^2}$, $M(\overline{v_x^2} + \overline{v_x^2} + \overline{v_x^2})/2 = (3/2)kT$ を使った．こうして，移動距離 $\langle R(t)^2 \rangle$ から kT が実測できる．

1908年に，ペランはアインシュタインの理論に従って実験を行った．実験とは，与えられた T と g のもとで，t と $\langle R(t)^2 \rangle$ の関係を実測して k を測定することである．実験に使われる微粒子の半径は $1\,\mu\mathrm{m}$ 弱であり，観察時間 t は数百秒である．

7.3 熱的状態の変化

7.3.1 熱力学の第1法則と第2法則

マクロな物体は熱を内部エネルギーとして内包し，この内部エネルギー U は次のような原因で変化する

$$\Delta U = [熱量移動] + [仕事] + [物質量移動] + [反応熱] + \cdots$$

例えば，容器内の気体の系に熱い気体を注入すれば，熱量と物質量の両方が変化する．しかし，コンロでお湯を沸かすときのように，容器を熱源に接触させて系に熱量のみを注入する場合は物質量の変化はともなわない．また容器の蓋が一定圧力で抑えられていれば，変化した熱量と物質量に応じて同じ圧力に復帰するために体積が変化し，その際に仕事をする（される）．また外

力で圧縮しても内部の状態は変化する．あるいは，物質の化学反応を起こして系の熱量が変化するといったことも起こる．

反応による変化は，各物質量成分の変化にエネルギーがともなう特別の場合と見なせる．こうした関係を数式で

$$\Delta U = \delta Q + \delta W + \delta C \tag{7.23}$$

のように書く．ここで δQ, δW, δC はそれぞれ熱量移動，仕事，物質量移動にともなう変化である．数式で扱うには単位は統一しておかねばならない．前節で見たように，熱量とは分子の運動エネルギーであったから，熱量と力学的エネルギーは同じものである．熱量の単位は歴史的には**カロリー**で測られていたが，熱の仕事当量 $1\,[\mathrm{cal}] = 4.1885\,[\mathrm{J}]$ によって力学的エネルギーの単位 [J] に換算できる．

仕事は体積 V のような系全体を特徴付ける量 x_b と P のような内部の力学的量 X_b によって

$$\delta W = \sum_b X_b\,\delta x_b = -P\,dV + \sum_b{}' X_b\,dx_b \tag{7.24}$$

のように書ける．圧力による仕事は膨張 $(dV > 0)$ で U が減少するからマイナス符号が付く．X_b と x_b の他の例として，磁性の問題を後に 8.3 節で扱う．

物質量移動にともなう変化は個数 N_a の変化 dN_a を用いて

$$\delta C = \sum_a \mu_a\,dN_a \tag{7.25}$$

のように書く．ここで μ_a を**化学ポテンシャル**とよぶ．

仕事が P と V による項だけの場合は (7.23) は

$$\Delta U = \delta Q - P\,dV + \sum_a \mu_a\,dN_a \tag{7.26}$$

となる．これは諸種のエネルギーの総和の保存則を表現したもので，**熱力学の第 1 法則**とよばれる．**熱力学の第 2 法則**は，$dS = \delta Q/T$ で定義される

エントロピー S が状態量であり，状態変化にともなってエントロピーが減少することはない，というものである．すなわち

$$dS = \frac{\delta Q}{T} \geq 0 \tag{7.27}$$

である．$dS = 0$ の場合は可逆な過程であるが，それ以外では不可逆過程である．

7.3.2 等積過程と等圧過程

いま図 7.2 のような壁 A で遮られている 2 つの系 1, 2 において，壁が固定された**等積過程**を考える $(dV_1 = dV_2 = 0)$．また，粒子の移動はないとする $(dN_1 = dN_2 = 0)$．系 1＋系 2 は全体で孤立系だから $\delta U_1 + \delta U_2 = 0$．一方，(7.26) で $\delta Q = T\,dS$ とおき，$dV = dN_a = 0$ での変化をとれば

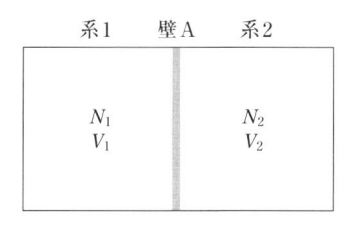

図 7.2 2 つの領域の熱平衡

$$\frac{\partial S}{\partial U} = \frac{1}{T} \tag{7.28}$$

である．熱力学の第 2 法則は

$$dS = \frac{\partial S}{\partial U_1}\delta U_1 + \frac{\partial S}{\partial U_2}\delta U_2 = \left(\frac{1}{T_1} - \frac{1}{T_2}\right)\delta U_1 \geq 0 \tag{7.29}$$

であるから，不可逆過程ではエネルギーは高温から低温に流れることがわかる．"流れ"は $T_1 = T_2$ の平衡状態まで続いて終わる．

次に，壁 A が左右に動くことができる**等圧過程**を考える．壁 A の左右では圧力の力学平衡が保たれている．簡単のために $T_1 = T_2 = T$ とすれば $dU_1 = dU_2 = 0$ だから（もちろん $dN_1 = dN_2 = 0$），(7.26) より

$$\frac{\partial S}{\partial V} = \frac{P}{T} \tag{7.30}$$

である．孤立系だから $dV_1 + dV_2 = 0$ であり，(7.30) を用いれば

$$dS = \frac{\partial S}{\partial V_1}\delta V_1 + \frac{\partial S}{\partial V_2}\delta V_2 = (P_1 - P_2)\frac{\delta V_1}{T} \geq 0 \tag{7.31}$$

となる．したがって，圧力の大きい方が膨張する．

7.3.3 拡散とエントロピー

図7.2で壁 A の両側に組成の異なる気体 a と気体 b があり，壁を通過して混合するとする．$T_1 = T_2$ であり，$dU = dV = 0$ の過程を考えれば (7.26) より

$$\frac{\partial S}{\partial N_i} = -\frac{\mu_i}{T} \quad (i = \mathrm{a, b}) \tag{7.32}$$

である．系1と系2の各気体分子の総数は変わらないから $\delta N_{\mathrm{a}1} + \delta N_{\mathrm{a}2} = 0$，$\delta N_{\mathrm{b}1} + \delta N_{\mathrm{b}2} = 0$ であり，また $P_1 = P_2$ より $\delta N_{\mathrm{a}1} = \delta N_{\mathrm{b}2}$ である．これらの関係を使えば，S の変化は，

$$dS = -\frac{1}{T}\left[(\mu_{\mathrm{a}1} - \mu_{\mathrm{a}2})\delta N_{\mathrm{a}1} + (\mu_{\mathrm{b}2} - \mu_{\mathrm{b}1})\delta N_{\mathrm{b}2}\right] \geq 0 \tag{7.33}$$

となり，化学エネルギーの大きい系から小さい系に粒子は移動して $\mu_{\mathrm{a}1} = \mu_{\mathrm{a}2}$, $\mu_{\mathrm{b}1} = \mu_{\mathrm{b}2}$ の平衡状態になる．

エントロピーの定義式 $dS = dU/T + PdV/T$ に理想気体の状態方程式 $PV = NkT$ と内部エネルギー $U = (3/2)NkT$ を用いると

$$dS = kN\, d\ln T^{3/2}\frac{V}{N}e^{5/2}, \quad \text{あるいは，} \quad S = -kN\ln T^{-3/2}\frac{N}{V} + 定数 \tag{7.34}$$

であることが示せる．これより化学ポテンシャルは $\mu = kT\ln T^{-3/2}N/V +$ 定数 と計算される．したがって，各気体の化学ポテンシャルが系1と系2

7.3 熱的状態の変化

で同じになる平衡状態とは $N_{a1}/V_1 = N_{a2}/V_2$, $N_{b1}/V_1 = N_{b2}/V_2$ のように, 等密度になることである. このような不可逆過程は**拡散**とよばれる.

初期に気体a（総数 N_a）が系1（体積 V_1），気体b（N_b）が系2（体積 V_2）にすべてあったとすれば，混合前のエントロピー S は

$$S_{前} = -kN_a \ln \frac{N_a}{V_1} - kN_b \ln \frac{N_b}{V_2} + 定数 \qquad (7.35)$$

である．一方，混合後では

$$S_{後} = -kN_a \ln \frac{N_a}{V_1+V_2} - kN_b \ln \frac{N_b}{V_1+V_2} + 定数 \qquad (7.36)$$

したがって

$$S_{後} - S_{前} = kN_a \ln \frac{V_1+V_2}{V_1} + kN_b \ln \frac{V_1+V_2}{V_2} > 0 \qquad (7.37)$$

となる．

7.3.4 比 熱

$V = $ 一定 の等積過程では仕事 $\delta W = 0$ であり，熱量の出し入れ δQ で気体の内部エネルギー U は変化する．**等積比熱** c_V とは気体1molの体積を一定に保ったまま，U の温度を1℃上げる熱量である．すなわち，

$$\delta Q = c_V \times 1[\mathrm{K}] = U(T+1) - U(T) = \frac{3}{2}R \times 1[\mathrm{K}] \qquad (7.38)$$

となる．

一方，$P = $ 一定 の等圧過程での**等圧比熱** c_P とすれば，$\delta Q = c_P \times 1\,[\mathrm{K}]$，$dU = c_V \times 1\,[\mathrm{K}]$，状態方程式から $P\,dV = d(PV) = d(RT) = R \times 1\,[\mathrm{K}]$ だから，熱力学の第1法則 $\delta Q - dU = P\,dV$ より

$$c_P - c_V = R \qquad (7.39)$$

したがって，$c_P = (3/2)R + R = (5/2)R$ となる．

等温過程では U は変化しないから $dQ - P\,dV = 0$ であり，熱量はすべて

仕事に結び付いているので，状態方程式から $PdV = nRT\,dV/V$ だから

$$dQ = nRT \int_{V_1}^{V_2} \frac{dV}{V} = nRT \ln \frac{V_2}{V_1} \qquad (7.40)$$

となる．

最後に，**断熱過程**とは $\delta Q = 0$ のことであり，U の変化は仕事によってだけ起こるので，

$$dU = c_V\,dT, \quad P\,dV = RT\frac{dV}{V} = (c_P - c_V)\,T\frac{dV}{V} \qquad (7.41)$$

となる．したがって，$dU + P\,dV = 0$ より次の**ポアソンの法則**を得る．

$$\frac{dT}{T} + (\gamma - 1)\frac{dV}{V} = 0, \quad \text{したがって } TV^{\gamma-1} = \text{一定} \qquad (7.42)$$

ここで $\gamma = c_P/c_V = 5/3$ は**比熱比**とよばれる．

7.3.5 カルノー・エンジン

エンジンは高温の熱源から熱量を受け取って外部に仕事をする仕組みである．この仕組みを何回も繰り返して続けて行うには，毎回，エンジン系の状

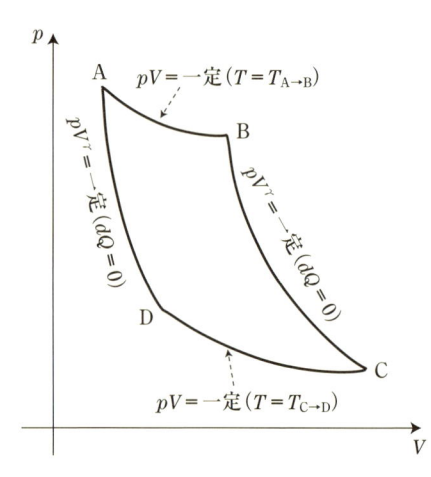

図 7.3 カルノー・エンジン

7.3 熱的状態の変化

態は元の状態に戻らねばならない．いま，次の4段階のサイクルで元に戻る**カルノー・エンジン**を考える（図7.3）．

第1段： 等温（$T_{A \to B}$）過程で状態 A から状態 B へ
第2段： 断熱過程で状態 B から状態 C へ
第3段： 等温（$T_{C \to D}$）過程で状態 C から状態 D へ
第4段： 断熱過程で状態 D から状態 A へ

1サイクルでの仕事は

$$W = nRT_{A \to B} \ln \frac{V_B}{V_A} + nc_V(T_{A \to B} - T_{C \to D})$$

$$+ nRT_{C \to D} \ln \frac{V_D}{V_C} + nc_V(T_{C \to D} - T_{A \to B})$$

$$= nRT_{A \to B} \ln \frac{V_B}{V_A} + nRT_{C \to D} \ln \frac{V_D}{V_C} \tag{7.43}$$

となる．また $Q_{A \to B} = W_{A \to B}$, $Q_{C \to D} = W_{C \to D}$ であり，また V_B と V_C，V_D と V_A は断熱過程のポアソンの法則で結び付いていて $V_B/V_A = V_C/V_D$ である．したがって，$Q_{C \to D}/Q_{A \to B} = W_{C \to D}/W_{A \to B} = -T_{C \to D}/T_{A \to B}$ であることが示せる．なお，$T_{A \to B} > T_{C \to D}$ なら $Q_{A \to B} > 0$, $Q_{C \to D} < 0$ である．

全過程で状態は元に戻ったのだから，外部に行った仕事は熱量の受け渡しに等しく $Q_{A \to B} + Q_{C \to D} = W$ である．この仕事 W の最初に投入した熱量 Q に対する比率，すなわち**熱効率**は

$$\eta = \frac{W}{Q_{A \to B}} = 1 + \frac{Q_{C \to D}}{Q_{A \to B}} = 1 - \frac{T_{C \to D}}{T_{A \to B}} \tag{7.44}$$

となり，接触させる2つの熱源の温度だけで決まることがわかる．

さらに，このサイクルは A → D → C → B → A のように逆に運転することもできる．このためには，各過程での体積変化が準静的にゆっくりと行われる必要がある．この逆準静過程では各段階の熱量と仕事は符号が反対になるだけだから $-Q_{A \to B} - Q_{C \to D} = -W$ であり，同じ関係が成り立つ．

この**逆エンジン**は仕事で熱をつくる装置になっている．

7.3.6 さまざまな熱力学関数

状態関数には内部エネルギー U を含めて

$$\text{エンタルピー} \quad H = U + PV \tag{7.45}$$
$$\text{ヘルムホルツ自由エネルギー} \quad F = U - TS \tag{7.46}$$
$$\text{ギブス自由エネルギー} \quad G = H - TS \tag{7.47}$$

の 4 つがあり，状態変化を表す状態関数の微分形は独立変数 (P, V, S, T, N) のとり方に依存して異なる．いま，$dN = 0$ の場合を考えると，熱力学の第 1 法則は $dU = TdS - PdV = TdS - d(PV) + VdP = d(TS) - SdT - PdV$ のように変形できるから，

$$dH(S, P) = TdS + VdP, \quad dF(T, V) = -SdT - PdV \tag{7.48}$$

$$dG(T, P) = -SdT + VdP \tag{7.49}$$

の微分形を得る．F の変化は等温過程 ($dT = 0$) での仕事量に直接結び付いている．"自由"の意味は仕事として"自由に取り出すことができる"の意味である．U の変化には，仕事になる部分と熱にしかならない部分が含まれる．

ϕ が状態関数であるとは，変数 x, y の関数 $\phi(x, y)$ になっていて，どの過程を経由してその状態になったかに依らないという意味である．したがって $d\phi(x, y) = A\,dx + B\,dy$ であれば $A = \partial\phi/\partial x$，$B = \partial\phi/\partial y$ の意味だから，

$$\frac{\partial A}{\partial y} = \frac{\partial B}{\partial x} \tag{7.50}$$

の関係が成り立つ（数学的には (1.17) と同じ条件である）．したがって，例えば $dU = TdS - PdV$，$dH = TdS + VdP$ から各々

$$\left(\frac{\partial T}{\partial V}\right)_S = -\left(\frac{\partial P}{\partial S}\right)_V, \quad \left(\frac{\partial T}{\partial P}\right)_S = \left(\frac{\partial V}{\partial S}\right)_P \tag{7.51}$$

のような**マクスウェルの関係式**が導かれる．

7.4 統計力学

　熱力学は多数個の要素の統計的な性質を扱っている．理想気体での温度は分子の平均運動エネルギーであり，圧力は衝突力積の時間平均であった．一方，熱力学の法則は理想気体以外の多くの系について成立するものであり，より一般的に原子のようなミクロの要素とマクロな系に対する熱力学の法則を結び付ける理論が必要とされる．熱平衡状態ではミクロの要素間で十分にエネルギーなどの物理量の授受が行われて，個々の要素の物理量は時間的に激しく変動するが，要素のマクロな数の集団の統計分布は定常的になると仮定することができる．ここでは，こういう熱平衡状態の統計力学を考える．

7.4.1 状態数とエントロピー

　ミクロとマクロをつなぐ基本の関係はミクロの状態数 W をエントロピー S に結び付ける**ボルツマンの公式**

$$S = k \ln W \tag{7.52}$$

である．ここで"ミクロの状態数 W"という概念を説明する．

　いま，考えやすいようにトビトビのミクロのエネルギー ε_i をとって考える．各 i 状態にそれぞれ n_i 個の要素が分布するとし，全状態の総和に総個数 $N=$ 一定 と総エネルギー $E=$ 一定 の条件が課されているとする．

$$\sum_i n_i = N, \qquad \sum_i \varepsilon_i n_i = E \tag{7.53}$$

また，エネルギーで分類した i 状態にはさらに別の物理量，例えばスピンなど細分化された G_i 個の状態があるとする．

　1つの分布 $(n_1, n_2, \cdots)$ を決めたときの状態数は次のように書ける．

$$W = \frac{N!}{n_1! \, n_2! \cdots} \times G_1^{n_1} G_2^{n_2} \cdots \qquad (7.54)$$

前半は1つの分布 $(n_1, n_2, \cdots)$ を N 個の要素で構成する場合の数であり，後半は i 状態の中の G_i 個状態に n_i 個を割り振る場合の数である．この2つの"場合の数"の積がミクロの状態数に当たる．

次に，どのようなミクロの分布 $(n_1, n_2, \cdots)$ をとれば (7.54) の W が最大になるかを考察する．ランダムにいろいろな分布をとったとき，場合の数が一番多い配置が実現される確率が高いと考えられる．後に議論するように，熱平衡状態とは，この W が最大の状態に当たると考えられるからである．すなわち，ここではエントロピー S が最大の熱平衡状態にあるときのミクロの分布を求めたいのである．

この分布を全エネルギーと全粒子数に関する2つの拘束条件 (7.53) のもとで求めるために，ラグランジュの未定定数法を用いる．一般に関数 F が x_0 で極値であれば，x_0 の近傍でテイラー展開した $F(x_0 + \delta x) = F(x_0) + (dF/dx)_0 \delta x + (d^2F/dx^2)_0 (\delta x)^2/2 + \cdots$ において，δx の係数はゼロでなければならない．なぜなら，ゼロでないと δx の正負によって $F(x)$ は増加も減少もして極値ではなくなるからである．多変数の変分に対して W が極値をとる条件は

$$\delta \ln W = -\sum_i \delta(n_i!) + \sum_i \ln G_i \, \delta n_i = 0 \qquad (7.55)$$

となる．

一方，2つの拘束条件 (7.55) が付いているので，δn_i のすべてが独立というわけではない．いま，2つの変数 α と β を増やして $K(n_i, \alpha, \beta) = S + \alpha N - \beta E$ なる関数をつくれば，$\delta W = 0$ の必要条件は $\delta K = 0$ である．n_i の個数を Z とすれば，K は $Z+2$ 個の変数を含み，拘束条件が2個あり，Z 個は自由にとれるから，Z 個の δn_i はすべて独立に任意の値をとれる．α と β は条件と合うように後から求められる．n_i が十分大きいとして，**スターリング**

の近似式 $n! \simeq n \ln n - n$ を用いると，

$$\delta S + \alpha\, \delta N - \beta\, \delta E = \sum_i \{-\delta[n_i(\ln n_i - 1)] + \ln G_i\, \delta n_i + \alpha\, \delta n_i - \beta \varepsilon_i\, \delta n_i\}$$

$$= \sum_i \left(-\ln \frac{n_i}{G_i} + \alpha - \beta \varepsilon_i\right)\delta n_i = 0 \qquad (7.56)$$

これが任意の δn_i について成立する条件はカッコ内がゼロであるから

$$n_i = G_i e^{\alpha - \beta \varepsilon_i} \qquad (7.57)$$

という分布則が導かれる．このような分布を**ミクロカノニカル分布**，この分布の集団を**ミクロカノニカル集団**という．"ミクロ"とはミクロの対象を前提とした個数 N を用いるからである．"カノニカル"とは，"正規の"とか"一番標準的な"とかいう意味である．

未定定数は熱力学の関係（(7.32) と (7.28)）を用いると

$$\alpha = -\left(\frac{\partial S}{\partial N}\right)_{UV} = \frac{\mu}{T}, \qquad \beta = \left(\frac{\partial S}{\partial U}\right)_{UN} = \frac{1}{T} \qquad (7.58)$$

となり，温度と化学ポテンシャルに関係することがわかる．

7.4.2 カノニカル分布と揺らぎ

ミクロカノニカル集団は (7.53) のように N と E が一定という孤立系の条件を付けているが，熱力学を使う現実の状況には強すぎる条件である．実際には，注目するマクロ系が温度一定のより大きな熱浴に接している状況が多いからである．そこで，全体としてミクロカノニカル集団を，注目する小部分系 I と残りの大きな部分 II（熱浴）に分ける．小部分系 I のエネルギーを E_n とすれば

$$W_{\mathrm{I+II}}(E_0) = \sum_n G_n W_{\mathrm{II}}(E_0 - E_n) \qquad (7.59)$$

となる．熱浴はほとんどミクロカノニカル集団であるから (7.52) より

$$W_{\mathrm{II}}(E_0 - E_n) = \exp\left[\frac{S_{\mathrm{II}}(E_0 - E_n)}{k}\right] \qquad (7.60)$$

と表せる．ここで $E_n \ll E_0$ として右辺をテイラー展開すると

$$S_\mathrm{II}(E_0 - E_n) \simeq S_\mathrm{II}(E_0) - E\frac{\partial S_\mathrm{II}}{\partial E_n} + \frac{E^2}{2}\frac{\partial^2 S_\mathrm{II}}{\partial E_n^2} + \cdots$$

$$= S_\mathrm{II}(E_0) - \frac{E_n}{T}\left(1 + \frac{E_n}{2Tc_V} + \cdots\right) \quad (7.61)$$

注目する系は小さいからカッコ内の第2項以下は無視して，(7.60) に代入すると

$$W_\mathrm{II}(E_0 - E_n) = \exp\left[\frac{S_\mathrm{II}(E_0)}{k}\right]e^{-\frac{E_n}{kT}} = W_\mathrm{II}(E_0)e^{-\frac{E_n}{kT}} \quad (7.62)$$

小部分系 I のエネルギーが E_n である確率は

$$P_n = \frac{G_n W_\mathrm{II}(E_0 - E_n)}{W_\mathrm{I+II}(E_0)} = \frac{G_n e^{-\frac{E_n}{kT}}}{Z} \quad (7.63)$$

で与えられる．ここで

$$Z = \sum_n G_n e^{-\beta E_n} \quad (7.64)$$

は**分配関数**または**状態和**とよばれる．

　この Z から諸種の熱力学量を計算できる．例えば，平均エネルギーは

$$\bar{E} = \sum_n E_n P_n = \frac{1}{Z}\sum_n E_n G_n e^{-\beta E_n} = -\frac{\partial \ln Z}{\partial \beta} \quad (7.65)$$

となる．また $\ln(P_n/G_n) = -\ln Z - E_n/kT$ であり，これに P_n を掛けて和をとれば

$$\frac{S}{k} = -\sum_n P_n \ln \frac{P_n}{G_n} \quad (7.66)$$

より，$S = \bar{E}/T + k\ln Z$ を得る．また，$S = (U - F)/T$ だから

$$F = -kT\ln Z \quad (7.67)$$

となる．

　ところで，系 I と系 II はエネルギーを交換しているのであるから，着目す

7.4 統計力学

る系 II のエネルギーはあくまでも統計集団の平均値であり，統計分布には平均値周りの分散がある．これの推定のために，まず比熱を Z から計算してみると

$$c_V = \left(\frac{\partial E}{\partial T}\right)_V = \frac{1}{kT^2}\left[\frac{1}{Z}\frac{\partial^2 Z}{\partial \beta^2} - \left(\frac{1}{Z}\frac{\partial Z}{\partial \beta}\right)^2\right] = \frac{1}{kT^2}(\overline{E^2} - \overline{E}^2)$$

$$= \frac{1}{kT^2}\overline{(E-\overline{E})^2} \equiv \frac{\Delta E^2}{kT^2} \approx kN \qquad (7.68)$$

となり，比熱は揺らぎ ΔE と関連していることがわかる．$\overline{E} \approx kTN$ だから，(7.68) より**揺らぎの大きさは**

$$\frac{\Delta E}{\overline{E}} \sim \frac{1}{\sqrt{N}} \qquad (7.69)$$

となる．

さらに，2つの系の間で粒子数も交換できる場合には状態数の関係は $W_\text{II}(E_0 - E_n, N_0 - N) = \exp[S_\text{II}(E_0 - E_n, N_0 - N)/k]$ となり，(7.63) に相当する確率は $P_{nN} = G_{Nn}e^{-\beta(E_n - \mu N)}/\overline{Z}$ となる．ここで $\overline{Z} = \sum_N \sum_n G_{Nn} e^{-\beta(E_n - \mu N)}$ は**グランド分配関数**とよばれる．

7.4.3 理想気体の速度分布とエントロピー

速度分布

ここでは熱エネルギーの正体が自由運動である理想気体を考える．分布則はエネルギーにより，状態数は運動量で決まる．「状態数」という概念は直感的には自明ではない．このような場合は，定義から逆にそれに実感を込めていくことが必要である．その「定義」は位相空間の体積に比例するということである（8.7 節を参照）．運動量が p_i と $p_i + \Delta p_i$ の区間にある状態数は

$$G_i = A(4\pi g p_i^2 \, \Delta p_i) \times V \qquad (7.70)$$

ここで A は比例係数，g は粒子のスピン自由度，V は体積である．この A は粒子の総数 N を与える拘束条件から後に決めることができる．

一般論では状態の区別をデジタル量で考えたが，ここでは状態を区別する運動量はデジタル量ではなく連続量であるから，足し算は積分に変わる．すなわち，

$$N = \sum_i G_i e^{-\beta(\varepsilon_i - \mu)} \quad \rightarrow \quad A(4\pi gV) \int_0^\infty e^{-\beta(\varepsilon - \mu)} p^2 \, dp \quad (7.71)$$

のようになる．理想気体ではエネルギーと運動量の間に $\varepsilon = p^2/2m$ の関係があるから，次のように定積分を実行できる．

$$\int_0^\infty e^{-\beta(\varepsilon - \mu)} p^2 \, dp = e^{\beta\mu} \int_0^\infty e^{-\frac{p^2}{2mkT}} p^2 \, dp = e^{\beta\mu} (mkT)^{3/2} \left(\frac{\pi}{2}\right)^{1/2}$$
$$(7.72)$$

これを元の (7.71) に用いれば $Ae^{\beta\mu}$ が N で与えられる．

ここで速度 v と $v + dv$ にある単位体積当たりの粒子数を $f(v)$ と書けば

$$V \times f(v) \, dv = 4\pi N \left(\frac{m}{2\pi kT}\right)^{3/2} v^2 e^{-\frac{p^2}{2mkT}} \, dv \quad (7.73)$$

したがって，粒子数密度を $n = N/V$ と書いて，

$$f(v) = 4\pi n \left(\frac{m}{2\pi kT}\right)^{3/2} v^2 e^{-\frac{mv^2}{2kT}} \quad (7.74)$$

となる．この速度分布は**マクスウェルの速度分布**とよばれる．

エントロピー

エントロピー S は状態数の対数で (7.52) のように決まる．このために「状態数が位相空間の体積に比例する」という定義ではエントロピーの絶対値は決まらず，付加項の不定性がある．しかし，熱力学状態の変化にともなう「エントロピーの変化分」は絶対値が確定できなくても決まっている．次章で述べるような量子論の物理学が明らかになった現在では，状態数の絶対値は次のように推定される．

量子論によれば，位相空間にはプランク定数 h で決まる最小単位の体積要素があり，位相空間の体積をこの最小単位で割れば状態数になる．運動量が

7.4 統計力学

p_i と $p_i + \Delta p_i$ の区間にある状態数は

$$G_i = \frac{4\pi g p_i^2 \Delta p_i \times V}{h^3} \tag{7.75}$$

となる．

以下では，これを用いて理想気体のエントロピーを計算するが，運動エネルギーを測るエネルギーの原点を調整する可能性を残して，エネルギーは

$$\varepsilon = \frac{1}{2m}p^2 + \Delta\varepsilon \tag{7.76}$$

と書いておく．これを (7.72) に代入して p について積分すると，次の結果を得る．

$$\mu - \Delta\varepsilon = kT \ln \frac{N}{gV}\left(\frac{h^2}{2\pi mkT}\right)^{3/2} \tag{7.77}$$

$\Delta\varepsilon = 0$ の場合，これを熱力学関数の関係に使えば

$$S = \frac{U + PV - \mu N}{T} = kN\left[\frac{5}{2} + \ln \frac{gV}{N}\left(\frac{2\pi mkT}{h^2}\right)^{3/2}\right]$$

$$= kN \ln \frac{gVe^{5/2}}{N}\left(\frac{2\pi mkT}{h^2}\right)^{3/2} \tag{7.78}$$

となる．

エントロピーの絶対値は量子統計力学によって初めて正確に定義できるものであり，この式も絶対値の不定さを残している．実際，この式は熱力学の第3法則「$T = 0$ で $S = 0$」という条件を満たしていない．状態数の計算 (7.54) では $n_i \ll G_i$ が仮定されている．これは可能な状態数の方がそこに入る要素の数よりもはるかに多いということで，その場合には 5/2 よりも対数項（ln の項）の方が大きい．すなわち大部分の状態は空いたままなので，量子統計でのボーズ統計とフェルミ統計の差が現れないのである．（この条件は S の対数項の引数が $1/n\lambda_T^3 \gg 1$ となることである．ここで $\lambda_T = h/\sqrt{2mkT}$ は平均エネルギーの粒子のド・ブロイ波長である．）

7.4.4 等分配と比熱

(7.34) や (7.78) に見るように,3次元の自由運動の場合には $S = kN \times \ln T^{3/2}V/N +$ 定数 である.これより等積比熱は

$$c_V = \left(\frac{\partial U}{\partial T}\right)_V = T\left(\frac{\partial S}{\partial T}\right)_V = \frac{3}{2}kN \tag{7.79}$$

等圧比熱は,状態方程式から $V \propto T$ だから $S = kN \ln T^{5/2} +$ 定数 となり,

$$c_P = T\left(\frac{\partial S}{\partial T}\right)_P = \frac{5}{2}kN \tag{7.80}$$

となる.

次に1次元の調和振動子の集団を考えると,エネルギーとその状態数は

$$\varepsilon = \frac{p^2}{2m} + \frac{K}{2}q^2, \qquad G = \frac{dp\,dq}{h} \tag{7.81}$$

N 個の振動子の分配関数は $Z_N = Z^N_1/N!$ である.ここで

$$Z_1 = \frac{1}{h}\int_0^\infty \int_0^\infty e^{-\beta\varepsilon}\,dp\,dq = \frac{A}{\beta} \tag{7.82}$$

なので,内部エネルギーは

$$\bar{E} = -\frac{\partial Z}{\partial \beta} = \frac{N}{\beta} = NkT \tag{7.83}$$

となる.一般に $\varepsilon = \sum_{j=1}^{f} \alpha_j q_j^2$($q_j$ は運動量または位置座標)の形をしていれば $G \propto dq_1\,dq_2 \cdots dq_f$ であり,状態数は T^f に比例するので等積比熱は $c_V = (f/2)kN$ となる.これまでの例で言うと,3次元の自由運動では $f = 3$, 1次元の振動子系では $f = 2$ であり,1自由度当たり $kT/2$ のエネルギーが等分配されると見なせる.自由運動する分子が剛体でなく,結び付いた2つの原子が振動運動をするとする.この場合には分子の重心の自由運動と振動運動が比熱に寄与する.したがって,$f = 3 + 2 = 5$ である.また,分子が棒状で回転運動の自由度があるとすれば,2つの角運動量が自由運動の運動量以外に付け加わるので,やはり $f = 5$ となる.

また固体では，分子は自由運動はせず，互いに結合した平衡位置の近傍で振動し，2.1.6項で見たような結合振動子となっている．この場合には基準振動の集団座標についての振動子の集団と見なせる．各基準振動数の振動子1個ずつから成り，1方向にN個結び付いた系なら，N個の基準振動数がある．3方向だと$3N$個の振動子なので$f = 2 \times 3N = 6N$となり，$c_V = 3kN$となる．これは**デュロン-プティの法則**とよばれる．低温での固体の比熱は$c_V \propto T^3$のようにゼロになることが実験で示されているが，等分配則と実験とのこの矛盾は，量子論の効果としてアインシュタインとデバイによって説明されている．

7.5 熱現象の法則と情報の科学

7.5.1 運動法則と情報の法則

　熱現象の解明では2つのことが明らかになった．第1のポイントは，マクロな現象も力学法則で記述されるミクロな原子・分子の膨大な数の集団が示す性質だということである．熱も原子・分子の運動エネルギーであり，圧力の力もその運動の力積であり，マクロな物体の運動が摩擦で止まる現象も，電流や化学反応での熱の発生も，すべて背後にミクロな原子や電子の力学的運動があることが明らかになっている．

　また，アヴォガドロ数のような膨大な数のミクロの要素の振る舞いをコンピュータの中でシミュレートすることも将来可能になるかもしれない．しかしこのミクロの膨大な生の情報を提供されても，そのままではマクロな現象の解明に有用な情報とはならない．すなわち，背後に原子・分子の力学運動があることには違いないが，それをありのまま見るのではなく，マクロな記述の関心に合うような新たな見方が必要になっているのである．これは情報処理の課題と関係している．このことが熱現象の解明でわかった第2のポイントである．すなわち，マクロの現象の背後にある原子にも力学法則は貫徹

しているが，マクロの法則性を引き出すには力学法則だけでは不十分だと言うことである．

　熱，仕事，反応熱，などのさまざまな形態のエネルギーが熱力学の第1法則で1つの方程式に結び付けられているのは，すべてのエネルギーの背後に原子・分子の運動と力の法則という共通の基盤があるからである．これが上に述べた第1のポイントである．一方，マクロの熱をともなう現象は必ず時間的に非可逆的である．それに対して，運動法則は可逆的である．可逆な過程をいくら厖大な数集めても可逆なはずである．だから熱力学の第2法則（エントロピーの増大則）は運動法則からは決して導くことはできない．この法則は力学法則とは別ものの法則性である．それが情報に関する科学の法則である．力学法則から統計法則が出てくるのではないし，また，その逆でもない．両者は別ものなのである．このように熱現象の法則は原子・分子が従う運動法則だけからは導けないものなのである．

情報不足の拡大

　ボルツマンによるエントロピーの公式 $S = k \ln W$ を見て気づくことは，S の次元である．ボルツマンがこの公式に到達する以前に［温度］と掛けて［エネルギー］となる量としてエントロピーが定義されていたので，たまたま係数 k の変な次元になっているだけで，エントロピーは本質的には無次元である．この無次元性がエントロピーの本質を見抜く上で大変重要である．このことは，ミクロの状態数 W が「場合の数」という本来無次元の量で定義されていることにも表れている．

　運動法則で扱う対象は時間空間的な存在である．このために，登場する物理量は［時間］，［空間］，［エネルギー（あるいは質量）］の3つの次元から組み立てられる次元をもった量である．だからエントロピーや状態数といった無次元の量は運動法則とは違う異質なものであることを肝に銘ずる必要がある．「無次元」であるとは，時間空間とも関係しないもっと広い概念だということである．すなわち，これが情報の統計法則なのである．そして，運動法

則に従うものを統計法則にのせる仕方を扱っているのが統計力学であると言える．

「ミクロ」の生の全情報のデータを加工して平均値や標準偏差といった「マクロ」量に情報を変換することはできるが，「マクロ」量から「ミクロ」の情報は再現できない．すなわち，「ミクロ」→「マクロ」は可能でも，その逆である，「マクロ」→「ミクロ」は不可能なのである．不可能なのは，同じ「マクロ」状態に対応する無数の可能な「ミクロ」状態が併存しているからである．「可能な状態」の内のどれであるかは，情報不足のために，ピンポイントに絞ることができないのである．「できない」というよりは，情報量の縮減のために積極的に「区別しないでまとめて扱う」という手法なのである．そして，エントピーとはまさにこの絞りきれない（絞りきらない）「ミクロ」状態数の対数のことであった．その意味ではエントロピーとは，「情報不足の程度」あるいは「無知（未知）の程度」を数量的に表す指標であるといえる．大きなエントロピーは「無知の程度」が大きいことを表す．

「無知の程度」というエントロピー解釈で言うと，熱力学の第2法則であるエントロピー増大則は「無知の程度」が時間的に増大するという意味になる．可逆な運動法則の場合は1つの「ミクロ」状態は必ず1つの状態に移行するから，「無知の程度」が増加することはない．ところが，「マクロ」量で指定された状態には多くの「ミクロ」の可能な状態が混在して含まれる．いま，気体中のある1つの原子に着目してその状態変化を考えてみよう．他の原子群から受ける力が決まれば，運動は一義的に決まる．ところが，情報不足のために「他の原子群」の状態は1つには絞られていないから，「受ける力」にも多くの場合が含まれる．このために移行先の状態の数はより増加する．すなわち，エントロピーは増加するのである．「無知の程度」は，解消されていくことは絶対になく，拡大していく一方なのである．

このようにエントロピー増大則は，力で決まる運動法則などとは直接関係しない，「情報不足は拡大する」という情報量に関する至極もっともな法則性

を原子・分子のマクロな集団系に応用したものと見なすことができる．このような情報量に関する法則性は，現在では，情報科学において広く研究されている．物理学における熱現象を対象とした統計力学は，その意味では情報科学の先駆者であったといえる．

7.5.2 情報と確率
シャノンのエントロピー

熱現象ではマクロ量を定めても情報不足でミクロ状態は確定できず，その「無知の程度」をエントロピーで表すという形で情報の法則と結び付いていることを見てきた．一方，こうした情報の法則は情報通信の分野でも広く使われており，確率 p_i を用いてシャノンのエントロピー S という概念が次のように定義されている．

$$S = -\sum_i^N p_i \ln p_i \tag{7.84}$$

まず，「情報不足の程度」は確率で表されることを見ておく．「サイコロを振ってどの目が出るか？」でまず可能な状態は $i = 1, 2, \cdots, 6$ の $N = 6$ であり，各々の目が出る確率を p_i とする．当然，$\sum_i^N p_i = 1$ である．もしサイコロが理想的なら，確率は等確率 $p_i = 1/6$ だから

$$S = -6 \times \left(\frac{1}{6} \ln \frac{1}{6}\right) = \ln 6 = 1.79\cdots \tag{7.85}$$

となり，この等確率の場合，「エントロピーは状態数の対数である」という熱力学での定義と同じになっている．すなわち，状態数が W であって等確率であれば，すべての i に対して $p_i = 1/W$ であるから

$$S = -\sum_i^W p_i \ln p_i = -W \times \left(\frac{1}{W} \ln \frac{1}{W}\right) = \ln W \tag{7.86}$$

となる．これは，ボルツマン定数 k を除いて，熱力学でのボルツマンのエントロピーの定義と一致する．この意味では (7.52) は (7.86) の特殊な場合

7.5 熱現象の法則と情報の科学

と見なせる．

次に，サイコロの作り方が下手で，どれかの目がでやすい偏りがあるとする．何回も投げてみて統計をとれば各目が出た分布が得られるから，それから p_i が推定できる．例えば $p_1 = 1/2$, $p_2 = p_3 = p_4 = p_5 = p_6 = 1/10$ であったとすれば

$$S = -\frac{1}{2}\ln\frac{1}{2} - 5 \times \frac{1}{10}\ln\frac{1}{10} = 1.49\cdots \tag{7.87}$$

となり，等確率の場合より S は小さい．この偏りの傾向が極端な場合は必ず決まった1つの目が出ることであるが，その場合には

$$S = -1\ln 1 - 5 \times 0\ln 0 = 0 \tag{7.88}$$

のようにエントロピーはゼロとなる．

いま簡単のため2状態を考えると $S = -p_1\ln p_1 - (1-p_1)\ln(1-p_1)$ と与えられるが，これを図示すると図 7.4 のようになる．等確率 $p_1 = 1/2$ の場合に最大値 $S = \ln 2$ となる．

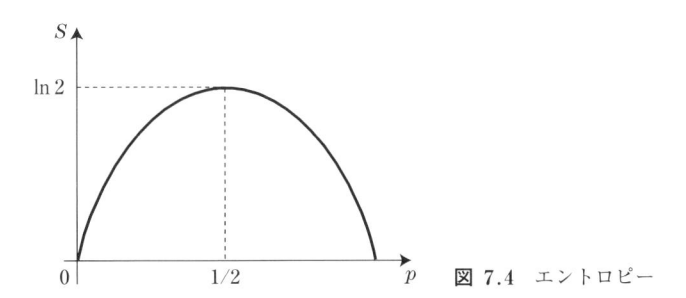

図 7.4 エントロピー

次に，熱現象に戻って，エネルギー2状態のカノニカル分布では

$$p_1 = \frac{1}{1 + e^{-E/kT}}, \qquad p_2 = 1 - p_1 \tag{7.89}$$

と与えられる．いま温度 T を確率の偏りを表すものと見なせば，$p_1 = 1/2$ となるのは $T = \infty$ の場合であり，$T \to +0$ で $p_1 \to 1$，$T \to -0$ で $p_1 \to 0$ の関係にある．$0 \leq p_1 \leq 1/2$ は負の温度に対応する．通常の正の

温度の範囲では，確率は，低温なら基底状態（$E = 0$ の状態）に偏り，高温（$kT > E$）なら基底状態と励起状態で均等になることがわかる．

このように確率に偏りがあるということは，推定する上で「有用な情報」を手にしているということである．こう考えると，「有用な情報」は負のエントロピー（ネゲントロピー）と見なすこともできる．前のサイコロの例で言えば，(7.87) の偏りによる「有用な情報」は $I = 1.47 - 1.79 = -0.32$ のネゲントロピーに相当する．

気体での状態数

気体の熱力学で導入されたエントロピーが情報の理論のシャノンのエントロピーの特殊な場合であると述べたが，あまりにも掛け離れたものに見えるかもしれない．その理由は，考えている状態数が桁外れに違うからである．上の例では状態数は 6 や 2 であったが，気体の場合にはその数は $10^{20 \sim 30}$ の $10^{20 \sim 30}$ 乗である．

さらに，違和感があるのは数字の大きさだけではない．位相空間の各点の状態がなぜ運動によって等確率に実現するのかという疑問であろう．実はこの前提は**エルゴード仮定**とよばれ，多くの数理的研究がなされた研究課題なのである．

次章で見るように，状態数の絶対値は量子論のプランク定数を使って大よそ次のように書ける．

$$W \sim \left[\frac{V}{N} \frac{(mkT)^{3/2}}{h^3} \right]^N \tag{7.90}$$

これに $1\,\mathrm{m}^3$ の常温の空気の $N \sim 10^{23}\,\mathrm{m}^{-3}$，$T \sim 300\,\mathrm{K}$ などの数字を入れると

$$\ln W \sim 10^{23} \ln 10^{26.5} \tag{7.91}$$

となり，想像を絶する数字である．この数字の見方は，$N \sim 10^{23}\,\mathrm{m}^{-3}$ 個の分子 1 個当たりの状態数が $10^{26.5}$ ということである．1 個の分子のとり得る状態数が G 個あり，N 個の分子が独立に G のどれかをとれれば，全体のとり

得る状態数が G^N である．このうち，低温，高密になると G は 1 の程度まで減少する．このような場合には量子統計によって扱われる．**ボーズ–アインシュタイン凝縮**などという現象はこうした量子現象である．

マクスウェルのデーモン

気体の分子論が登場した 19 世紀後期，マクスウェルは次のような議論をした．気体の入った箱を二分して，両方をつなぐ出入り口で，出入りする分子のエネルギーをチェックして出入りを管理する小デーモン（魔物）を考える．小デーモンは片方の箱に高速の分子が入れないようにチェックし，引っかかれば反射板を出して跳ね返す．こうしていけばその部分には低速の分子が集まり，他方には高速の分子が集まる．すなわち，温度に差をつけることができてしまう．これは明らかに，温度の違う系を接触させれば必ず等温に向かうという熱力学の第 2 法則に反する．

しかし，小デーモンがこの分別作業を行うために必要な「有用な情報」を得るためには，エネルギーをともなう作業が必要である．これにともなうエントロピーの増加を $\Delta_d S$，箱の気体のエントロピーの減少を $\Delta_b S(<0)$ とすれば，全エントロピーの変化

$$\Delta S = \Delta_d S + \Delta_b S > 0 \tag{7.92}$$

は増加することが示される．このように，分子系のエントロピーは減少しているように見えても，それを可能にしている装置の部分まで含めると，全体のエントロピーは必ず増加するのである（冷蔵庫の発熱を思い起こせばよい）．生物や環境の問題では，このような「部分系での S 減少と全体系での S 増加」の視点が重要になる．

■ 章末問題

問題 1 大気の重みは圧力差で支えられている．もし鉛直方向で温度が一定であれば，密度分布が次式で与えられることを示せ．

$$\rho(z) = \rho_0 e^{-z/H}, \qquad H = \frac{kT}{g\overline{M}}$$

ここで $1/\overline{M} = \sum_i (\rho_i/m_i)/\rho$ は平均分子質量である．

問題 2 1gの水の温度を0℃から100℃に高める間に増加するエントロピーを計算せよ．

問題 3 0℃の一定量の気体を断熱的に元の体積の1/100に圧縮したときの温度を求めよ．比熱の比は $\gamma = 1.5$ とせよ．

問題 4 理想気体の分子の平均速度が地上の脱出速度になる温度を求めよ．

問題 5 ある温度でのカルノーサイクルのエンジンの効率が1/7であった．低温側の温度を30℃下げたら効率が1.5倍になった．元の高温側，低温側の温度は各々何度か．

問題 6 図のようなオット・エンジンを考える．A → Bではガスが断熱的に圧縮，B → Cではガスが爆発で体積一定のまま加熱，C → Dではガスは断熱的に膨張（エンジンの衝撃），D → Aではガスは体積一定で冷却である．ガスを理想気体として，このエンジンの効率を V_A/V_B と比熱 c_V の関数として求めよ．

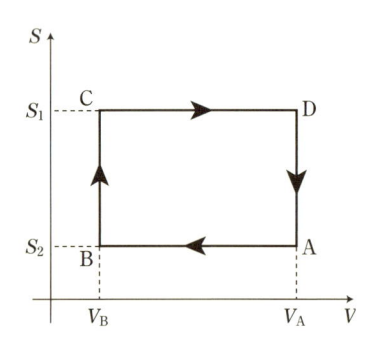

問題 7 太陽光はほとんど平行なエネルギー流 $s_0 [\text{W/m}^2]$ として地球を照射しているが，雲の反射があるので入射するのは $s_0(1-a)$ である（a はアルベトとよばれる）．地球が受け取ったエネルギーは気象現象で一様に均され，地球全表面から等方的に黒体放射で冷えているとすると，温度は次のようになることを示せ．

$$T = \left[\frac{s_0(1-a)}{4\sigma}\right]^{1/4}$$

ここで $s_0 = 1367\,[\text{W/m}^2]$, $a = 0.3$, シュテファン-ボルツマン定数 σ を用いると $T = -18\,[℃]$ となる．この温度は実際と合わないが，その差は大気中の温暖化

ガスの温室効果で説明される.

問題 8 太陽表面の温度は光球約 6000 K, 黒点で約 4400 K である. 成分はすべて水素として, イオン化度を求めよ. ただし, 水素原子の電離エネルギーは $I = 13.6\,[\text{eV}]$ である.

問題 9 医師が午前 2 時に現場について遺体の温度を測ると 27℃であった. 室温は 10℃と一定で, 捜査して 5 時に引き上げる時には 24.5℃まで冷えていた. 生きている体温を 37℃として, 死亡時間を推定せよ.

問題 10 相互作用のない多数個 N の粒子を考える. これらは 2 つのエネルギー状態 0 と $E(>0)$ の何れかにある. 0 状態にある数を n_0, E 状態の数を n_1 とすれば, 状態和は

$$Z = \frac{N!}{n_0!\,n_1!}$$

である.

(1) スターリングの公式を用いて, S が次のように書けることを示せ.

$$S = k\left[N\ln N - \frac{U}{E}\ln\frac{U}{E} - \left(N - \frac{U}{E}\right)\ln\left(N - \frac{U}{E}\right)\right]$$

(2) $$\frac{1}{T} = \left(\frac{\partial S}{\partial U}\right)_N$$

により温度を求め, 温度が負になる条件を論じよ.

第8章　物性と原子の物理

マクロな物体の相変化，磁性，弾性，粘性，電気伝導，などの物理的性質は物性とよばれ，物体の熱的状態の変化と密接に関係している．一方，空気や電気分解の研究から，物体は化学的性質の異なるいくつかの元素から成ることがわかったが，20世紀になって1個の原子の重さや大きさが明らかにされ，そこでは量子論の新しい法則性が明らかになった．

8.1　相平衡

水は気体，液体，固体の3つの相状態で存在し，熱的状態の変化によって相状態が変わる．これを**相転移**という．地上で液体の水面を通して平衡にある水蒸気の気体状態を考える．いま一定の物質量 m の系に着目し，熱力学の第1法則を比体積 $\alpha = V/m = 1/\rho$ を用いて書けば $du = T\,ds - P\,d\alpha$ となる．ここで $u = U/m$, $s = S/m$ は各々比内部エネルギー，比エントロピーである．力学的，熱的に平衡にあるから，2つの相1と相2は同じ圧力 P，同じ温度 T である．相転移にともなう相1と相2の差を Δ と書けば，熱力学の第1法則 $\Delta u = T\Delta s - P\Delta\alpha$ は

$$\Delta(u - Ts + P\alpha) = 0 \tag{8.1}$$

となる．

次に，温度と圧力が $T + dT$ と $P + dP$ であるときの u, s, α の変化は，上式を用いれば，$\alpha_1\,dP - s_1\,dT = \alpha_2\,dP - s_2\,dT$ の関係を満たすことが示せる．したがって，相1を液体，相2を気体とすれば

$$\frac{dP}{dT} = \frac{s_{気体} - s_{液体}}{\alpha_{気体} - \alpha_{液体}} = \frac{L}{(\alpha_{気体} - \alpha_{液体})T} \tag{8.2}$$

となる．ここで $L = (s_{気体} - s_{液体})T$ は気体が液体になる際に発生する潜熱である．この関係は**クラウジウス – クラペイロンの式**とよばれる．

$\alpha_{気体} - \alpha_{液体} \approx \alpha_{気体}$ と近似でき，また気体の状態方程式 $\alpha P = R_m T$ を用いれば $dP/dT \approx L/T\alpha_{気体} = LP/R_m T^2$ となる．R_m は物質量 m の気体定数である．したがって (8.2) は

$$\frac{dP}{dT} \approx \frac{L}{T\alpha_{気体}} = \frac{PL}{R_m T^2} \tag{8.3}$$

となる．この式を T について積分すれば

$$P = A e^{-L/R_m T} \tag{8.4}$$

となる．この P は T での**飽和蒸気圧**とよばれる．

水蒸気の場合は $L = 2.50 \times 10^6 \,[\text{J/kg}]$，$R_m = 451 \,[\text{J/kg·K}]$ であり，積分定数は実測から 0 ℃ で 6.11 hPa から決めることができる．飽和蒸気圧は温度の上昇とともに急に大きくなることがわかる．例えば 20 ℃ では P は約 20 hPa であり，大気圧 約 1000 hPa の約 2% である．大気圧の空気は 1 m³ 当たり約 1 kg であるから，飽和水蒸気は約 20 g となる．あるいは 1 m³ の乾いた空気は約 20 g の水を水面から吸い取る能力をもっており，これが気候サイクルの降雨を支えているのである．

8.2 反応平衡

溶液での化学反応が平衡にある状態を考える．例えば A ↔ B + C のように分子 B と分子 C が分子 A に結合・解離する反応が平衡状態にあるとする．この反応の前後で温度と圧力には変化がないから，ギブスの自由エネルギー $\Delta G = 0$ である．一方，$dN_A = -dN_B = -dN_C \equiv -dN$ であるから，$dG = \sum_i \mu_i \, dN_i = \mu_A \, dN_A + \mu_B \, dN_B + \mu_C \, dN_C = (\mu_B + \mu_C - \mu_A) dN$ となり，各分子の化学ポテンシャルの間に次の関係が存在する．

$$\mu_A = \mu_B + \mu_C \tag{8.5}$$

電離平衡

化学反応ではないが，高温の気体では原子の一部は電離している．いま，水素原子 H，水素イオン H^+，電子 e^- が $H \leftrightarrow H^+ + e^-$ の反応平衡にあるとすれば，化学ポテンシャルの間に $\mu_H = \mu_{H^+} + \mu_{e^-}$ の関係が成り立つ．一方，静止状態で，H は H^+ と e^- に電離した状態のエネルギーよりも $\Delta\varepsilon = -I$ だけエネルギーが低い．ここで $I(>0)$ は原子をイオンと電子に乖離するのに必要な電離エネルギーである．したがって，化学ポテンシャルの式 (7.77) と平衡の条件式 (8.5) を用いて

$$-I + kT \ln n_H A_H = kT \ln n_{H^+} + kT \ln n_e A_e \tag{8.6}$$

すなわち

$$\frac{n_{H^+} n_e}{n_H} = \frac{A_H}{A_{H^+} A_e} e^{-I/kT} \approx \left(\frac{2\pi m_e kT}{h^2}\right)^{3/2} e^{-I/kT} \tag{8.7}$$

となる．ここで，H と H^+ の質量はほぼ同じなので $A_H \approx A_{H^+}$ とした．

8.3 磁性

磁性体に外部から磁場をかけると，ミクロの磁石が整列して磁化する (4.4.1項を参照)．磁化にともなう仕事を考察すると，熱力学の第1法則は

$$dU = T\, dS + \mu_0 H\, dM \tag{8.8}$$

となる．

ミクロの磁石のエネルギー $\varepsilon = \bar{\varepsilon} - \mu_0 \boldsymbol{m} \cdot \boldsymbol{H}$ は磁場と関係しない部分 $\bar{\varepsilon}$ と磁気能率 $\boldsymbol{m}$ と磁場の作用の項からなる．したがって，分配関数は $Z = Z_1^n Z_{m1}^n$ のように $\bar{\varepsilon}$ による部分 Z_1 と磁場に関係した部分 Z_{m1} の積になる．単位体積当たりで計算するとして，n は個数密度である．Z_{m1} の計算での"すべての状態についての和"とは，$\boldsymbol{m}$ と $\boldsymbol{H}$ のなす角度についての和である．$K = \mu_0 m H$ と書いて

$$Z_{m1} = \frac{1}{4\pi}\int_0^\pi e^{\beta K\cos\theta}2\pi\sin\theta\,d\theta = \frac{1}{2}\int_{-1}^1 e^{\beta Kz}\,dz = \frac{\sinh(\beta K)}{\beta K} \tag{8.9}$$

これからエネルギー密度 $\bar{E} = -\partial \ln Z/\partial\beta$ が計算できて

$$\bar{E} = \frac{nf}{\beta} - n\mu_0 mH\coth(\beta\mu_0 mH) \tag{8.10}$$

ここで右辺第 1 項は Z_1 の自由度による比熱を与える項である（7.4.4 項を参照）．また，磁化密度 $\bar{M}$ は次式で計算できる．

$$\bar{M} = n\frac{\partial \ln Z_{m1}}{\partial(\beta H)} \tag{8.11}$$

熱力学の第 1 法則を $dG = -S\,dT - \mu_0 M\,dH$ と書くと，マクスウェルの関係から $(\partial S/\partial H)_T = \mu_0(\partial M/\partial T)_H$ である．一方，

$$dS = \left(\frac{\partial S}{\partial T}\right)_H dT + \left(\frac{\partial S}{\partial h}\right)_T dH = \frac{C_H}{T}dT + \mu_0\left(\frac{\partial M}{\partial T}\right)_H dH \tag{8.12}$$

となるから，断熱過程では

$$\left(\frac{\partial T}{\partial H}\right)_S = -\mu_0\left(\frac{\partial M}{\partial T}\right)_H \frac{T}{C_H} \tag{8.13}$$

となる．M は高温になると減少するから，上式の右辺はプラスである．したがって，磁場を減少させると温度も減少することがわかる．すなわち，いったん磁化して断熱的に磁場を切ると低温になる．この効果を用いたものに**断熱消磁冷却法**がある．

8.4 ゴム弾性

　固体を押し潰したり，金属を引っ張って伸ばしたりするのには大きな力を要する．それに比べ，ゴムの場合は数千分の一の力で伸ばすことができる．それも数倍の長さまで伸ばせたりする．このことは，ゴムの弾性力は原子間

の結合力が支配する金属の弾性と根本的に違う原因によることを示している．実は，ゴムの弾性はエントロピーに起因するのである．

ゴムの素材は炭素が…-C-C-C-…のように長く連なった高分子鎖である．そして1つのユニット C-C の間隔を変えたりはできないが，次のユニットの方向は自由に（エネルギーをともなわずに）変わっていてもよい．そういう長い鎖のようなものである．このために，全体の長さは折り畳まれている様子で決まっている．逆に，ある長さの与える折り畳み方の場合の数を計算すれば，それがその長さでのエントロピーを与えることになるのである．

いま，長さが λ のユニットが N 個連なった鎖を考える．プラスの方向に向いたものが A 個，反対向きのものが B 個とすれば，全体の長さ x は $x = |A\lambda - B\lambda|$, $A+B=N$ である．これより，$A = (N+x/\lambda)/2$, $B = (N-x/\lambda)/2$ となる．一方，場合の数は，N, A, B が大数としてスターリングの公式を使えば，

$$W = \frac{N!}{A!B!} \text{ より, } \ln W \approx N\ln 2 - \frac{x^2}{2N\lambda^2} \tag{8.14}$$

となる．これを3次元の曲がりに拡張すると，ゴムの長さが r になる確率は

$$P(r)dr \propto 4\pi r^2 dr \times e^{-\beta r^2}, \qquad \beta = \frac{3}{2N\lambda^2} \tag{8.15}$$

エントロピーは，状態数が $P(r)$ に比例するから次のようになる．

$$S = k\ln P(r) = \text{constant} - k\beta r^2 \tag{8.16}$$

一方，r の変化による仕事は自由エネルギー F に等しいから，$fdr = dF = d(U-TS) \approx -d(TS)$ となり，

$$f \approx \frac{2RT\beta}{N_A} r \tag{8.17}$$

と求まる．ここで r の変化で結合力に関係した U がほとんど変化しないと仮定している．このようにしてエントロピーに起因するフックの法則に従うゴム弾性が説明される．弾性力 f は温度が高いと大きくなり，N が大きいと

小さい（よく伸ばせる）ことがわかる．

8.5 輸送現象 —拡散・粘性・熱伝導—

　マクロな物体で起こる拡散，粘性，熱伝導などは分子の熱運動が引き起こすものであり，**輸送現象**とよばれる．空間的に一様でない気体のある位置での密度 $n(\boldsymbol{x})$，流れの速度 $V(\boldsymbol{x})$，温度 $T(\boldsymbol{x})$ といったマクロな量は，多数の分子を含む小体積で平均された量である．一方，分子はランダムな熱運動で飛び回っているから，平均値を算出するための小体積から絶えず出たり入ったりしている．また分子同士は衝突を繰り返すが，衝突と衝突の間は自由に走行できる．この長さは**平均自由行程** l とよばれる．

平均自由行程

　いま，分子の数密度 n，平均熱速度 $\bar{v}$，衝突断面積 σ とすると，

$$l = \frac{1}{n\sigma}, \qquad \tau = \frac{l}{\bar{v}} \tag{8.18}$$

と書ける．ここで τ は**平均衝突時間**である．上の定義を $(\sigma l)n = 1$ と書けば，σl は断面積 σ のものが l だけ動いたときに掃く体積である．この体積に密度を掛けて 1 個となるという条件から l が決まっている．例えば，空気中では，分子半径 $0.25\,\mathrm{nm}$，数密度 $3 \times 10^{25}\,\mathrm{m}^{-3}$ とすれば，$l \sim 1.7 \times 100\,\mathrm{nm}$ となる．

拡　散

　いま，x 軸に垂直な平面（面積 A）を通過して単位時間にどれだけ熱運動で原子が移動するかを考えると，その流量は $nA\bar{v}/6$ と推定される．なぜなら，速度方向はランダムであるが，ある立方体の 6 面から出ていく様子を想定すると，ある指定した面を通過するのは全体の約 1/6 であると考えてよいからである．次に，この A に垂直な方向に l だけ離れた地点から分子が飛び込んでくるので，その位置での密度は面のある $n(x)$ ではなく $n(x \pm l)$ であ

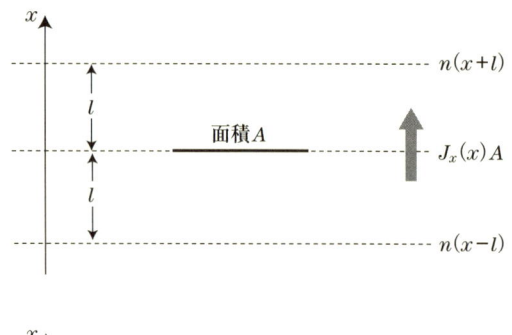

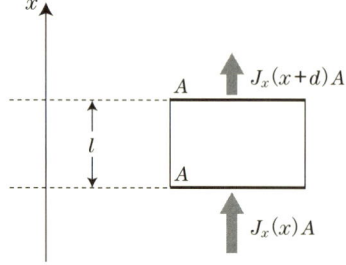

図 8.1 面積 A を熱運動する分子が上に，下に横切る．

る．これらのことを考慮すると，面 A を通過する正味の流量は次のように推定できる．

$$J_x(x)A = \frac{(-\bar{v})}{6}n(x+l)A + \frac{\bar{v}}{6}n(x-l)A$$

$$\approx -\frac{\bar{v}l}{3}\frac{dn}{dx}A = -D\frac{dn}{dx}A \tag{8.19}$$

このような熱運動による分子の移動は**拡散**といい，$D = \bar{v}l/3$ は**拡散係数**とよばれる．単位面積当たりの流れ $J_x(x)$ の方向は密度勾配 dn/dx と反対の方向である．すなわち，密度の不均一を打ち消す方向に拡散は起こるのである．

いま，x 方向に幅 d だけ離れた 2 つの面に囲まれた小体積内の個数 $n(x, t)Ad$ の x 方向の密度勾配で出入りする正味の個数変化は $[J_x(x+d) - J_x(x)]A$ だから，

$$\frac{\partial n(x,t)}{\partial t} = -D\frac{\partial^2 n(x,t)}{\partial x^2} \tag{8.20}$$

という**拡散方程式**が得られる．この方程式を次元だけで見ると Δt の間に Δx 拡散するとすれば，$\Delta t \sim \Delta x^2/D$ であり，上式から $\Delta x^2 \sim l^2(\Delta t/\tau)$ という (7.19) のランダム・ウォークの関係であることがわかる．

粘性と熱伝導

密度の勾配の場合と同様に，流体の流れの速度の勾配についても同じような考察ができる．面 A を通しての正味の運動量の流量は

$$F_v = m\left[\frac{(-\bar{v})n}{6}V(x+l)A + \frac{\bar{v}n}{6}V(x-l)A\right] \approx -\frac{m\bar{v}ln}{3}\frac{dV}{dx}A \tag{8.21}$$

となる．ここで $\eta = mln\bar{v}/3$ は**粘性係数**とよばれる．

温度の勾配についても同様な考察ができる．1 分子当たりの体積の熱容量を c_V とすれば，熱の正味の流れは

$$F_T = \left[\frac{(-\bar{v})n}{6}c_V T(x+l)A + \frac{\bar{v}n}{6}c_V T(x-l)A\right] \approx -\frac{\bar{v}ln}{3}\frac{dT}{dx}A \tag{8.22}$$

となる．ここで $K = (ln\bar{v}/3)c_V$ は**熱伝導率**とよばれる．

8.6 原子と原子核

半径約 0.1 nm のサイズをもつ**原子**は中心の**原子核**とその周りの電子の雲で構成されており，「原子の大きさ」とは，この雲のサイズのことである．原子核のサイズはこれより約 10 万分の 1 と小さいが，原子の重量の大半は原子核が背負っている．原子核は**陽子**と**中性子**から構成されるが，陽子の数を示す**原子番号** Z は化学元素の種類を決定している．基本電荷の単位で，原子核はプラス Z，電子の雲はマイナス Z であり，全体として原子は電気的に中

性である．電子の雲と原子核は電磁力で結ばれている．

同じ化学元素でも中性子数 N は一定でなく，それらは**アイソトープ**（同位元素）とよばれ，$A = Z + N$ は**質量数**とよばれる．いま陽子の質量 m_P，中性子の質量 m_n，電子の質量 m_e と書けば，原子の質量 M_A は原子核の質量 m_A と電子の質量の和であり

$$M_A = m_A + Zm_e, \qquad m_A = Zm_p + Nm_n - \frac{\Delta E}{c^2} \qquad (8.23)$$

と書けるが，電子の質量は原子核の質量 m_A の約千分の1以下である．ここで原子核の質量にある $\Delta E/c^2$ は陽子と中性子の結合エネルギー ΔE がアインシュタインの質量・エネルギーの関係（(6.68)で $p = 0$ とおけば $\varepsilon = mc^2$）を通じて質量に影響を及ぼすことを表す．

地上の物質ではアイソトープの混じり具合はほぼ一定なので，その比率で混合した質量をその元素の原子量とよぶことになっている．例えば1 mol の定義は質量数 12 の炭素で定義されているが，自然界の炭素は $A = 12$ が 98.93％，$A = 13$ が 1.07％の比率である．このため，炭素の原子量は 12.0107 になる．

ウラニウムのような重い元素の多くは放射線を出して安定な核に崩壊する**放射性元素**である．放射性元素の数は平均寿命を τ として

$$N(t) = N_0 e^{-t/\tau} \qquad (8.24)$$

のように減少していく．数が半分に減少する時間（**半減期**）$t_{1/2}$ は $N(t_{1/2})/N_0 = 1/2$ から $t_{1/2} = \ln 2 \times \tau$ となる．質量数 A の大きい原子核の多くは放射性元素であり，その寿命は短くなる．このため，自然界に存在する元素の原子番号には上限がある．しかし，人工的にこれを上回る原子番号の短寿命の原子核をつくることは可能である．また，原子核の陽子と中性子の比率は，軽い元素ではほぼ同数だが，重くなるに連れて中性子の割合が増えてくる．

素 粒 子

原子を形作っている電子（e^-），陽子（p），中性子（n）は素粒子の一種で

ある．電子と陽子は単体でも安定であるが，中性子は単体では不安定であり，半減期約 10.16 分で次のように崩壊する．

$$n \to p + e^- + \nu_e \tag{8.25}$$

ν_e は**電子ニュートリノ**であり，安定な素粒子の一種である．

原子核の陽子と中性子の集団を結合する力は電磁力ではなく，湯川秀樹の中間子論から発見された**強い力**であり，中性子のベータ崩壊は E. フェルミの理論から発見された**弱い力**である．原子核を形作っている力を媒介するものとして，新たな素粒子**パイ中間子** π が登場する．しかし，それらは原子核の外では

$$\pi \to \mu + \nu_\mu, \quad \mu \to e + \nu_e + \nu_\mu \tag{8.26}$$

のように安定な電子 e^- と**ニュートリノ**に崩壊する．μ は**ミューオン**とよばれる電子の仲間であり，ν_μ はミュー・ニュートリノである．

素粒子の種類は，比較的長寿命のものに限ると数種類に限られるが，短寿命のものまで含めると"素"粒子とは言えないくらいの無数の種類がある．現在それらは**バリオン**（陽子，中性子などの重粒子族），**メゾン**（パイ中間子などの中間子族），**レプトン**（電子，ミューオン，ニュートリノなどの軽粒子族）に分類される．そして，バリオンとメゾンは，さらに基本的な**クォーク**から構成されていることがわかっている．今日まで発見されているのは，基本構成子は各々 6 種類の，クォークとレプトンである．

これら基本構成子の間には重力，電磁力，強い力，弱い力の 4 つの作用があり，各々を媒介する力の粒子は**グラビトン**，**光子**，**弱ボゾン**，**グルーオン**とよばれている．重力を除いた 3 つの力（電磁力，強い力，弱い力）については，電弱理論と量子色力学という完成した理論があり，これらは**標準理論**とよばれている．そこでは，クォークとレプトンに質量を附与する**ヒッグス粒子**も登場する．

8.7 原子と光子の量子論

量子論の発端は黒体放射のスペクトルを従来の熱統計力学で説明できなかったことに遡るが，1900年に，まずプランクがこの説明のために量子仮説を導入した．次いでアインシュタインやボーアはこれを光電効果や原子スペクトルの説明に拡大し，ハイゼンベルクとシュレーディンガーによる量子力学が1927年頃までに完成した．

放射のエネルギー

黒体放射とは，壁の物体と熱平衡になった放射のことである．いま，一辺が L の1次元の箱の中の波動を考えると $A(0,t) = A(L,t) = 0$ という境界条件から，波数 k は

$$k_n = \frac{\pi n}{L} \quad (n \text{ は整数}) \tag{8.27}$$

の値をとる．放射は電磁ポテンシャル $A(x,t)$ の波動であり，これを次のようにフーリエ級数で展開する．

$$A(x,t) \quad \to \quad \sum_{n=1} [\alpha_n(t)\, e^{ik_n x} + \alpha_n^*(t)\, e^{-ik_n x}] \tag{8.28}$$

次に，箱内での放射のエネルギー U を計算すると

$$U = \int_L (E^2 + H^2)\,dx = \int_L \left(\dot{A}^2 + \frac{dA}{dx}\right) dx \quad \to \quad \sum_{n=1}(\dot{\alpha}_n \dot{\alpha}_n^* + \omega_n^2 \alpha_n \alpha_n^*) \tag{8.29}$$

となり，U は調和振動子の集団と見なせる．ここで $\omega_n = ck_n$，$*$ は複素共役である．

波長の短い方を制限する根拠がないので，n はどこまでも大きな値をとり得る．このため，振動子の自由度の数は無限大となる．一方，1つの振動には kT のエネルギーが等分配されるから（7.4.4項を参照），体積内の電磁放射の総エネルギーは無限大となって矛盾をきたす．

波動の状態数

一辺が L の 3 次元の箱の中の波動を考える．振動数が ν と $\nu + d\nu$ の間にある波動の状態数（自由度）を求める．電磁波では $\nu = \omega/2\pi = ck/2\pi$ であり，$\boldsymbol{k}$ は x, y, z の 3 つの方向の成分 k_x, k_y, k_z で決まり，その大きさは $k = \sqrt{k_x^2 + k_y^2 + k_z^2}$ である．ベクトル $\boldsymbol{k}$ の成分は (8.27) より

$$\frac{\pi n_x}{L}, \quad \frac{\pi n_y}{L}, \quad \frac{\pi n_z}{L} \tag{8.30}$$

と書くことができる．

いま，k_x, k_y, k_z をデカルト座標の軸とする $\boldsymbol{k}$ **空間**を考える．すると，π/L の間隔ごとに 1 つの状態（1 つの $\boldsymbol{k}$，1 つの ν）がある．したがって，$\boldsymbol{k}$ 空間の体積要素を $(\pi/L)^3$ で割れば，そこに含まれる**波動の状態数** N となる．

$$dN = \frac{4\pi k^2 \, dk}{8(\pi/L)^3} = \frac{k^2 \, dk}{2\pi^2} L^3 = 4\pi \frac{\nu^2 \, d\nu}{c^3} L^3 \tag{8.31}$$

ここで，k_x, k_y, k_z の変域は正の領域だけであるから，その部分は半径 k と $k + dk$ の間の球殻の体積の 1/8 となることを考慮してある．放射の場合は，例えば進行方向 z の波動に対しては電磁ポテンシャルは xy 面上のベクトルであり，電磁波には 2 つの偏りの自由度があることになる．このことを考慮すると，単位体積当たりのエネルギースペクトルは

$$f(\nu) \, d\nu = \frac{U(\nu) \, d\nu}{L^3} = \frac{8\pi kT}{c^3} \nu^2 \, d\nu \tag{8.32}$$

で与えられる．

プランクの量子定数

一方，実験データから得られている黒体放射のスペクトルは

$$f(\nu) \, d\nu = \frac{8\pi}{c^3} \frac{h\nu}{e^{h\nu/kT} - 1} \nu^2 \, d\nu \tag{8.33}$$

であった．h は，作用の次元をもつ定数で，**プランク定数**とよばれている．振動数 ν の振動子の平均エネルギー $\bar{\varepsilon}(\nu)$ を，等分配の $\bar{\varepsilon}(\nu) = kT$ ではなく，

$$\bar{\varepsilon}(\nu) = \frac{h\nu}{e^{h\nu/kT} - 1} \tag{8.34}$$

ととれば，実験式と合う．h の大きさは黒体放射の実験結果から推定された．

1900年，プランクはこの $\bar{\varepsilon}(\nu)$ を次のような仮定のもとに導いた．振動数 ν の振動子のエネルギーが $h\nu$ の整数倍に限られると仮定すれば，平均エネルギーはボルツマン分布を使って，

$$\bar{\varepsilon}(\nu) = \frac{\sum_{l=0}^{\infty} lh\nu e^{-h\nu l/kT}}{\sum_{l=0}^{\infty} e^{-h\nu l/kT}} = -\frac{d\ln \sum_{l=0}^{\infty} e^{-h\nu l/kT}}{d(1/kT)}$$

$$= \frac{h\nu e^{-h\nu/kT}}{1 - e^{-h\nu/kT}} = \frac{h\nu}{e^{h\nu/kT} - 1} \tag{8.35}$$

となる．このスペクトルを全振動数で積分すると，温度と放射密度の関係が導かれる．

$$\frac{U}{L^3} = \int_0^\infty f(\nu) d\nu = \frac{8\pi^5}{c^3} \frac{(kT)^4}{h^3} \int_0^\infty \frac{x^3}{e^x - 1} dx = a_B T^4 \tag{8.36}$$

ここで $a_B = 8\pi^5 k^4/15c^3 h^3$ である．また，単位面積当たりの放射率は $F = \sigma T^4$ で与えられる．ここで $\sigma = a_B(c/4)$ は**シュテファン - ボルツマン定数**とよばれる．

力学運動の量子化

この ε が $h\nu n$ の値だけをとるというプランクの仮定は振動子の振幅が連続的な値をとり得ず，離散的になることを意味する．この仮定は解析力学での断熱不変量 J に関して，J はプランク定数の整数倍である，すなわち，

$$J = \oint p \, dq = hn \quad (n \text{ は整数}) \tag{8.37}$$

という量子化条件に一般化された．量子仮説とは，作用次元の量にはプランク定数 h の最小単位があるとするものである．そして，量子論でない従来の物理法則は古典論とよばれた．

光電効果と光子

1905年にアインシュタインは，量子仮説を光の光量子説に展開した．振動数 ν の放射を，あたかも1個のエネルギーが $h\nu$ の光の粒子の数多くの流れのように考える．すなわち，エネルギー流は粒子の流束と各粒子のエネルギー $h\nu$ の積で与えられる．光電効果とは金属の表面に紫外線を照射すると電子が飛び出す現象であるが，実験結果によれば，飛び出す電子のエネルギーは $\varepsilon = h\nu - \phi$ のように $h\nu$ に依存する．ここで ϕ は金属から電子が飛び出すのに要するエネルギーであり，金属の種類で決まる．また飛び出す電子の個数は光の粒子の流束で決まっていて，$h\nu$ には依存しない．

もし光が波動であれば，光の電磁場によって電子が激しく揺さぶられることでエネルギーを得て飛び出すと考えられるが，その力は波の振幅と振動数の両方に依存し，また空間的に広がって存在するどの電子にも同じようにはたらく．ところが，実際は弱い光でも，決まったエネルギーの数少ない電子が放出される．つまり，光が波であれば，空間的に広がったエネルギーが1個の電子に集中すると考えなければならず，矛盾をきたす．

光が完全に粒子として振る舞うことは，コンプトンによって光の粒子と電子の衝突によってエネルギーと運動量のやりとりが観測されたことで確立した．光の粒子は**光子**とよばれ，そのエネルギー ε と運動量 p は

$$\varepsilon = h\nu, \qquad p = \frac{h\nu}{c} = \frac{h}{\lambda} \tag{8.38}$$

で与えられる．相対論的な ε と p の関係は $\varepsilon = \sqrt{m^2c^4 + p^2c^2}$ であるから，光子は質量 m がゼロの粒子であると言える．

8.8 原子模型

1913年，ボーアは実験で知られていた原子からのスペクトル線を説明するために，原子の内部構造について量子論の仮説を応用した．電荷 Ze の原子

核の周囲を電荷 e の電子が回転していて，電気力と遠心力がつり合っているとすれば

$$\frac{mv^2}{r} = \frac{Ze^2}{r^2}\frac{1}{4\pi\varepsilon_0} \tag{8.39}$$

であるから，電子の全エネルギーは

$$W = \frac{m}{2}v^2 - \frac{Ze^2}{r}\frac{1}{4\pi\varepsilon_0} = -\frac{1}{2}\frac{Ze^2}{r}\frac{1}{4\pi\varepsilon_0} \tag{8.40}$$

のように，軌道半径 r で決まる．

原子線スペクトル

量子化条件 (8.38) を使えば

$$\begin{aligned}J &= \oint p\,dq = \oint p_\phi\,d\phi \\ &= m_e vr \times 2\pi = hn\end{aligned} \tag{8.41}$$

であるが，これと (8.39) より軌道半径は整数 n に対して，

$$r_n = a_B(n^2 Z), \qquad a_B = \frac{h^2\varepsilon_0}{e^2 m_e \pi} \tag{8.42}$$

となる．ここで $a_B \simeq 5.3 \times 10^{-11}\,m_e$ は**ボーア半径**とよばれる．この半径 r_n での (8.40) のエネルギーは

$$W_n = -\frac{1}{n^2}\left(\frac{\pi Z^2 e^4 m_e}{2h^2\varepsilon_0^2}\right) \tag{8.43}$$

となる．

このように量子化条件は許される軌道（したがってエネルギー）を限られたものに制限しているのである．n が大きいほど外側の軌道であり，結合エネルギー（$|W_n|$）は小さくなる．エネルギーを縦軸にとってエネルギー準位（レベル）を図示すると図 8.2 のようになり，最低のエネルギー状態を**基底状態**，その上を**励起状態**という．

さらにボーアは，ある準位 n から"下の"準位 $m(<n)$ に電子が軌道を乗

り換える際に $W_n - W_m$ のエネルギーが1個の光子として放出されると仮定して，原子から放出される線スペクトルを見事に説明した．一方，この"決まった"波長の光子の放出は"上から下への遷移"であるが，"決まった"波長の光子を原子に当てることで"下から上へ"の遷移，すなわち光子の吸収も起こる．

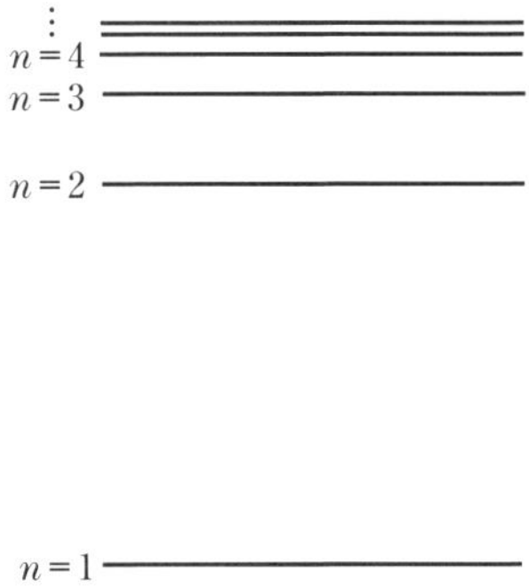

図 8.2 原子のエネルギー準位

例えば，水素原子の場合で $n > 2$ の準位から $n = 2$ の準位に遷移する（移り変わる）際に放出される光子の波数 ($k = 2\pi\nu/c$) は

$$k_n = R\left(\frac{1}{2^2} - \frac{1}{n^2}\right) \quad (n = 3, 4, \cdots) \tag{8.44}$$

で与えられる．ここで R はリドベルグ定数とよばれ，分光実験によって $109678\,\mathrm{cm}^{-1}$ と測定されている．ボーア理論は，これを

$$R = \frac{\pi^2 e^4 m_\mathrm{e}}{ch^3 \varepsilon_0^2} \tag{8.45}$$

のように電子の電荷と質量，それにプランク定数で表すことに成功した．この $n = 2$ の線スペクトルの系列は**バルマー系列**，$n = 1$ の系列は**ライマン系列**とよばれる．バルマー系列は可視光だが，ライマン系列は紫外線領域になっている．基底状態 ($n = 1$) にある水素原子 ($Z = 1$) に $\varepsilon (> |W_1|)$ の光子を当てれば，電子はイオン化されて $\varepsilon - |W_1|$ のエネルギーで飛び出すことになる．

周期表と殻構造

水素原子以外は1個の原子に複数の電子が存在する．これらがどの軌道を占めるのかが問題になる．一般に結合エネルギーの和が大きいほど安定だから，すべての電子が基底状態を占めればよいことになる．しかし，実際には

「1つの軌道に2個の電子しか占められない」という**パウリ**の**排他律**があり，下から上の方に順に詰まっている．その後，この"2個"とは**スピン**（自転）の自由度が2個であることに由来することがわかり，スピンの自由度も含めて電子の状態を区別するなら，電子は「1個しか同じ状態を占めることができない」というフェルミ統計に従う粒子である，と理解されている．

このように多電子の安定な原子では，エネルギーの低い内側の軌道から順番に電子が埋められている．内側の軌道が占めておればそこに他の電子は移動できないから，原子の電子配置は安定なのである．そして，この多電子の配置の規則性から，周期表に整理されている元素の性質が説明される．

水素（$Z=1$）では $n=1$ 状態（**K 殻**とよばれる）に電子が1個入っているが，もう1個入る余地がある．ところが，ヘリウム（$Z=2$）ではK殻に2個入っていてすでに満杯である．「それ以上入る余地がない」と言う意味で**閉じた殻**とよばれる．次のリチウム（Li）の3個の電子は2個は閉じたK殻を占め，残り1つは $n=2$（**L 殻**）に入っている．このため，この原子の性質は水素の場合と似ている．次のベリリウム（Be）でL殻も閉じるが，$n=2$ には他に軌道角運動量の異なる3種の状態があり，各々にスピンの自由度があるので，このL殻が満杯になって閉じるまでにはあと6個の電子が入れる．そうすると，$n=2$ の状態が完全に閉じるのは原子番号が $10(=2+2+6)$ のネオン（Ne）となる．実際，ヘリウムとネオンは不活性という化学的性質が似ている．

原子間力と弾性力

原子同士が電気力で結び付いて固体ができている．原子は全体として電気的に中性であるが，原子内での正負の電荷の分布が違うので，近傍では電気力による結合力が生ずる．十分近づけば電子の雲同士の反発力が効いて斥力になるが，その外で引力になる場合がある．そして，力のポテンシャルが最低となる平衡点の距離で原子が配列し，固体ができている．固体を圧縮したり引き伸ばしたりすると引き戻す弾性力が生ずるのは，この平衡点からわず

かな距離だけずれるためである．平衡点の距離を a とすれば，体積弾性の大きさは $K \sim (\alpha/a^3)(e^2/4\pi\varepsilon_0)$ の程度になる．ここで α は1の程度の数係数である．NaCl 結晶では，$a = 2.8 \times 10^{-10}$ [m] で，$K \sim 2.4 \times 10^{11}$ [N/m²] である．

8.9 電気伝導と固体中の電子

電 流

金属の導線の両端に電位差 V をかけると，$I = GV$ で決まる電流 I が流れる．コンダクタンス G の逆数は電気抵抗 R で，$V = RI$ の関係を満たす．導線の断面積を A，線の長さを L とすれば，電流密度は $i = I/A$，電場の強さは $E = V/L$ である．ここで導線という電気部品の性質ではなく，導線という金属内で起こっているミクロな現象について考えてみる．

電流は電子の集団が移動することで生ずるものだから，電子数密度 n_e，ドリフト速度 u として，

$$i = e n_e u \tag{8.46}$$

と表せる．ここで u は電子の速度そのものではない．電子はもともと電場をかけなくても熱運動でランダムな方向に動いているが，平均すれば，この運動では電荷は運ばれない．ドリフト速度は電場によって一定方向に生じた速度ではあるが，電子が自由に電場で加速されたのでは，ドリフト速度は等加速で増加することになる．しかし，ドリフト速度は時間的に一定であり，加速され続けるわけではない．これは，固体中の電子は，すぐに固体の原子に衝突するからである．加速で得たエネルギーを失い，ドリフト速度は振り出しに戻ってまた加速される．こういうことを繰り返しながら，全体として定常的に電子が移動しているものと考えられる．すなわち，電子は固体の原子の抵抗を受けて運動しているのである．

電気抵抗

電子の平均衝突時間を τ とすれば，電子のドリフト速度は

$$u = e\frac{V\tau}{mL} \tag{8.47}$$

であり，したがって導線を流れる電流の大きさは

$$I = iA = \frac{e^2 n_e \tau}{m}\frac{A}{L}V = \sigma\frac{A}{L}V = GV \tag{8.48}$$

となる．ここで $\sigma = e^2 n\tau/m = en\mu$ は**ドリューデの式**，μ は**移動度**とよばれる．ドリフト速度は $u = \mu E$ である．

電気抵抗のある導線を電流が流れると，5.2.1 項で見たように，

$$W_J = IV = \frac{I^2}{G} = RI^2 \tag{8.49}$$

の発熱がある．電力の送電では，この発熱による電力の損失を小さくするためにコンダクタンスの大きな金属が必要になる．ドリューデの式を用いると

$$\frac{W_J}{AL} = \frac{mu^2 n}{\tau} \tag{8.50}$$

と書き直せる．この式は，金属中の単位体積当たりの発熱がドリフト速度の運動エネルギーを平均時間 τ で失う率に大体等しいことを示している．

ここまでは電流に寄与する電子，伝導電子をあたかも気体の電子のように考えてきた．しかし金属ではびっしりと原子が接して配置されており，電子は各原子に束縛されているのだから，電場がかかると"自由に動き出す"状況とは程遠いと思われる．ところが，金属では原子を構成する電子の一部は個々の原子の束縛を脱してほとんど自由に金属中を飛び回っており，微弱な電場によってドリフト速度が生ずるとする前述の議論の大筋は正しいのである．ただし，ここで電子の量子論が必要になる．

電子の量子論 ―粒子性と波動性―

ボーアの原子模型では量子仮説を角運動量の量子化条件として導入した

が，伝導電子の場合には波動性とフェルミエネルギーという概念が欠かせない．古典論では波動であった光の粒子性が量子論で成功したように，古典論では粒子であった電子の波動性が量子論では現れてくる．すなわち，運動量 p，エネルギー ε の電子は

$$p = \hbar k, \quad \varepsilon = \hbar \omega \quad \left(\hbar \equiv \frac{h}{2\pi}\right) \tag{8.51}$$

の関係で決まる波数 k, 振動数 ω の波動であるとする．この波動はシュレーディンガーの波動方程式

$$i\hbar \frac{\partial \varphi}{\partial t} = \left[-\frac{\hbar^2}{2m}\frac{\partial^2}{\partial x^2} + V(x)\right]\varphi \tag{8.52}$$

に従う．ここで H は第 1 章で述べたハミルトン関数 $E = H = (1/2m)p^2 + V(x)$ から，$p \to i\hbar(\partial/\partial x)$, $E \to i\hbar(\partial/\partial t)$ のおきかえで導かれる作用素である．このあたりのことは量子力学を学ぶ際に，より詳しく明らかになる．

力のポテンシャルがない $V = 0$ の場合，すなわち自由粒子の波動方程式の解は

$$\varphi = Ae^{i(kx-\omega t)} + Be^{i(-kx-\omega t)} \quad \left(\hbar\omega = \frac{\hbar^2 k^2}{2m}\right) \tag{8.53}$$

と表せる．ここで A, B は任意係数とし，$E\varphi = i\hbar(\partial\varphi/\partial t) > 0$ の解をとった．右辺第 1 項は右，第 2 項は左に進む粒子を表す．k に幅をもたせて重ね合わせた波の群速度は (2.76) から

$$v_{\mathrm{g}} = \frac{d\omega}{dk} = \frac{d(\hbar k^2/2m)}{dk} = \frac{\hbar k}{m} = \frac{p}{m} \tag{8.54}$$

となり，古典論の粒子速度と等しくなる．

電子の状態数とフェルミエネルギー

前の黒体放射の議論では，箱の中の波動の状態の数を計算した．波数の大きさが k と $k + dk$ の間にある波動の状態数は(8.31)より $dN = L^3 k^2 dk/2\pi^2$ であるから，$k = 0$ から k_{F} までの総数は

$$N = L^3 \frac{1}{2\pi^2} \int_0^{k_F} k^2 \, dk = L^3 \frac{1}{6\pi^2} k_F^3 = \frac{L^3 (4\pi/3) p_F^3}{h^3} \qquad (p_F \equiv \hbar k_F)$$
(8.55)

となる．ここで $\hbar = h/2\pi$ である．最後の表式は，位相空間の6次元体積を作用次元の最小単位 h^3 で割ったものが状態の個数であることを示している．運動量空間の体積 $(4\pi/3)p_F^3$ は半径 k_F の球の体積に当たるから，この運動量空間の球を**フェルミ球**，また表面を**フェルミ面**とよぶ．

多電子原子の説明で，1つの状態に電子は1個しか入れないというパウリの排他律を見たが，その法則をいまの箱内の自由電子の問題にも適用しなければならない．上で計算した状態数はエネルギー状態の数であるが，電子のスピンの自由度のために，1つのエネルギー状態に2個の電子が入れる．したがって，密度 n の電子を下のエネルギー準位から詰めていくと最高の波数 k_F は，$nL^3 = 2N$ より $k_F = (3\pi^2 n)^{1/3}$ となり，エネルギーは

$$\varepsilon_F = \frac{1}{2m}(\hbar k_F)^2$$
(8.56)

となる．ここで $p_F = \hbar k_F$ は**フェルミ運動量**，ε_F は**フェルミエネルギー**とよばれる．パウリの排他律に従う電子のような粒子を**フェルミ粒子**，フェルミ粒子の従う統計を**フェルミ－ディラック統計**という．

7.4節では，温度とはいくつかのエネルギー準位への確率的なバラつきを表すことを見たが，フェルミ粒子についてはその確率は

$$f(\varepsilon) = \frac{1}{e^{(\varepsilon-\mu)/kT} + 1}$$
(8.57)

で与えられる．ここで化学ポテンシャル μ は密度で決まる定数である．低温の近似 $(\mu/kT \gg 1)$ では，$\varepsilon < \mu$ では $f(\varepsilon) \approx 1$，$\varepsilon > \mu$ では $f(\varepsilon) \approx 0$ となるから $\mu \approx \varepsilon_F$ となる．

伝導電子

電気伝導の課題に戻る．例えば，原子番号 11 のナトリウムでは 10 個の電子が閉殻を作って各原子に強く束縛されているが，11 番目の最外殻の電子は自由に運動して電流を運ぶ伝導電子と見なせる．したがって，11 g のナトリウム固体にはアヴォガドロ数の伝導電子が存在していることになり，11 g のナトリウムの体積から伝導電子の数密度 n が推定できる．

これから導かれる ε_F は約 2 eV，また常温（〜300K）での熱運動のエネルギーは約 0.02 eV であり，ε_F の 100 分の 1 と小さい．$\varepsilon_F \gg kT$ であるから，"低温近似"の状態にある．この近似で，状態に空きがあるのは，$f(\varepsilon) < 1$ という条件から $\varepsilon_F < \varepsilon < \varepsilon_F + kT$ という狭いエネルギー状態に限られることがわかる（図 8.3 を参照）．この範囲の電子数は

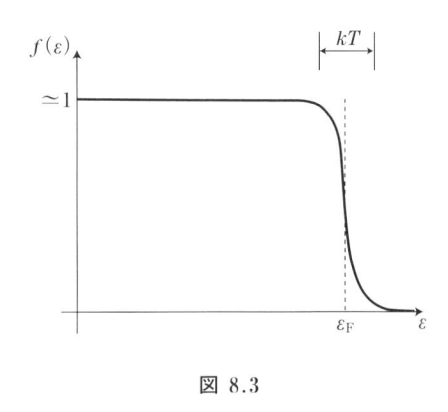

$$n_e \approx n \frac{kT}{\varepsilon_F} \tag{8.58}$$

図 8.3

となる．

伝導電子の大部分は，温度がゼロであってもフェルミエネルギーで運動している．そこに電場がかかってその方向に τ 時間だけ加速されるとドリフト速度を得るが，その大きさは速度全体に比べれば微々たるものである．一方，フェルミ粒子では新たな運動量状態に空きがなければ，その変化自体が禁止されていることを意味する．このために，ε_F よりも下の方のエネルギー準位を占めている電子は電流を運ぶ役目には寄与しない．寄与するのはフェルミ面付近のエネルギー幅 kT の部分であり，ドルーデの関係に登場する電子密度は (8.58) の n_e であると結論される．ここでは $n_e \approx 10^{-2} n$ である．

この密度を用いて実測されている電気抵抗から移動度を推定して衝突行程 τv_F を推定すると，原子間距離の数百倍になる．このことは，ここで言う"衝突"が単純な粒子同士の衝突ではないことを示唆している．整然と原子が並んだ固体内では力のポテンシャルも周期的な対称性をもち，次項で見るように，完全に周期性をもつなら固体内を波は自由に伝播する．しかし，現実には固体の原子は力の平衡点の周辺を振動している．これは**格子振動**ともよばれ，温度が高ければその振幅はより大きい．この振動は固体中の音波であり，これを量子化して考えたものが**フォノン**（音量子）である．ドリューデの式に出てくる電子の衝突行程は，いまの場合はこの周期性の乱れによって自由粒子の波動関数に乱れが生ずる長さであると解釈される．

電子のエネルギー準位

金属のような固体内で伝導電子も完全な自由運動ではなく，結晶の原子による周期的なポテンシャル $V(x) = V(x+d)$（d は原子間隔）の影響を受けている．一方，このような周期ポテンシャルの中での波動関数は，位相因子を A として，$\phi(x+d) = A\phi(x)$ の周期性をもつから，$\phi(x+nd) = A^n \phi(x)$ である．$L = Nd$ として，$\phi(x) = \phi(x+L) = A^N \phi(x)$ という境界条件から $k_n = 2\pi n/L$ なる k_n に対して $\phi_n(x+d) = e^{ik_n d} \phi_n(x)$ と表せる．$\phi_n = e^{ik_n x} u_n(x)$ と書けば，$u_n(x) = u_n(x+d)$ である．

このように周期ポテンシャルでの波動関数は自由運動のそれに補正 $u_n(x)$ が入る．この補正は特にブラッグの反射条件 $n\lambda = d\sin\theta$ を満たす波動で大きくなる．それは構造の周期性に波の周期性が同期して定在波となることを意味する．（同期していなければ，"影響"がプラスだったりマイナスだったりして全体では打ち消される．）その場合，同じ k の波の位相の違った重ね合わせの効果で，2つのエネルギーの違った状態が実現される．この結果として，ε は特別な k のところにエネルギーギャップをもつことになる．

群速度の加速度 a は

$$a = \frac{dv_\mathrm{g}}{dt} = \frac{d}{dt}\left(\frac{d\omega}{dk}\right) = \frac{d^2\omega}{dk^2}\frac{dk}{dt} = \frac{1}{\hbar}\frac{d^2\omega}{dk^2}\frac{dp}{dt} \tag{8.59}$$

であるから，$m^*a = dp/dt$ で定義される有効質量 m^* は

$$m^* = \hbar\left(\frac{d^2\omega}{dk^2}\right)^{-1} \tag{8.60}$$

となる．これよりギャップ付近の k では電子は非常に重くなり（$m^* \gg m$），電流の担い手としては寄与しないことがわかる．これは，このギャップ付近の k での定在波は電流を運ばないという見方と一致する．

導体・半導体・絶縁体

このように固体内の電子のエネルギー準位は所々にギャップのある構造をもつ．ボーアの原子模型でのエネルギー準位にもギャップはあったので，固体内の電子のエネルギー準位の特徴は原子スペクトルの線（ライン）が幅の広いバンドに拡がったことだと言ってもいい．すなわち，原子スペクトルのライン構造に対して，伝導電子の特徴は**バンド構造**であると言える．

固体の電気的性質は，このバンド構造のどこまで電子が詰まっているかによって大まかに決まっている．準位を下から詰めて一番上のフェルミ面がバンドの中であれば金属である．あるバンドがちょうど一杯になっていて，上の準位に上がるギャップが大きい場合は絶縁体になる．その中間の場合が半導体である．半導体に異種の原子を混ぜる（ドーピングする）ことで，ギャップの途中に中継地点を作ったりして人工的に電気的性質に手を加えることができる．これが今日の半導体テクノロジーの隆盛をもたらした．

8.10 レーザー

原子と放射

古典論での電磁波の放出は電荷分布の加速度的な変化によって起こる．3.1.9項で見たように，原子は電荷がプラスの原子核とマイナスの電子雲か

ら成り，全体としては中性だが，電荷が存在する空間が重なり合っていないので電気双極子モーメントはゼロではない．電磁波が原子に当たれば電子雲が揺さぶられて電気双極子モーメントが変動し，新たな電磁波を放出する．このため，入射波は原子の存在によって影響を受ける（原子核は重いので電子の方が動く）．しかし，入射波が原因で影響が決まるので，原子の集合体である物体中を伝わる電磁波は入射波に対して位相関係がきちんと保たれる．電波が広く通信に利用されているのはそのためである．

アインシュタインの A と B

ボーアは，原子のエネルギー準位の間を電子が遷移する際に光子の放出・吸収が起こると仮定してスペクトル線の規則性を説明したが，1917年には，アインシュタインがこの遷移について確率を導入した理論を提案した．

ボーアの原子模型での光の吸収・放出は，古典的な電磁波と原子の作用とは大きく違っている．いま簡単のために，原子は2準位で各々 E_1 と E_2，そのエネルギー差を $\hbar\omega_0 = E_2 - E_1$ とする．この各々の準位にある原子数を N_i とすれば，熱平衡においては

$$\frac{N_2}{N_1} = e^{-(E_2-E_1)/kT} \tag{8.61}$$

という関係が成り立つ．

次に，放射の放出と吸収の平衡条件は次のように書くことができる．

$$A_{21}N_2 + B_{21}U_T(\omega_0)N_2 = B_{12}U_T(\omega_0)N_1 \tag{8.62}$$

ここで A, B は放出と吸収の割合を決める係数で**アインシュタインの A と B** とよばれる．左辺は光子を放出して準位2から準位1に遷移する単位時間当たりの割合，右辺は逆に準位1から準位2に光子を吸収して遷移する割合を表している．$U_T(\omega)$ は ω での黒体放射の強度である．高温では $N_2 \to N_1$ であるから，その場合でも上式が成り立つためには $B_{12} = B_{21}$ でなければならない．これを折り込むと，(8.61) と (8.62) から

$$U_T(\omega_0) = \frac{A_{21}}{B_{21}}(e^{\hbar\omega_0/kT} - 1) \tag{8.63}$$

ここで

$$\frac{A_{21}}{B_{21}} = \frac{\hbar\omega_0^3}{\pi^2 c^3} \tag{8.64}$$

とおけば, 黒体放射の $U_T(\omega)$ と一致する. 黒体放射は連続スペクトルであり, 正確にいうと, ω_0 と $\omega_0 + d\omega$ の間に含まれるエネルギー密度が $U_T(\omega_0)\,d\omega$ である.

このようにアインシュタインは A, B という確率係数を導入することで黒体放射を説明したわけだが, この考え方は決して黒体放射に特有なことではなく, 一般の場合についても適用される.

自然放出と誘導放出

ここで放出メカニズムには, (8.62)の左辺の A_{21} に比例する自然放出と B_{21} に比例する誘導放出の2つがある. (8.64)からわかるように $A \propto \omega^3 B$ であるから, 可視光に比べて ω の小さい電波やマイクロ波では誘導放出の比率は高くなる. しかし, 熱放射について見ると, 誘導放出と自然放出の比率は (8.63) より

$$\frac{B_{21}\,U_T(\omega_0)}{A_{21}} = \frac{1}{e^{\hbar\omega_0/kT} - 1} \tag{8.65}$$

となり, 可視光を出す典型的な熱放射では自然放出が圧倒的に多いことがわかる.

熱放射から外れて一般の場合を考えると, 放射がなくても上の準位に電子がある原子の個数 $N_2(t)$ は

$$\frac{dN_2}{dt} = -A_{21}N_2, \quad \text{すなわち}\quad N_2(t) = N_{20}\exp(-A_{21}t) \tag{8.66}$$

と自然放射で減少することを示している. すなわち, 準位2は不安定な状態であり, 放置すれば全部が準位1になってしまう.

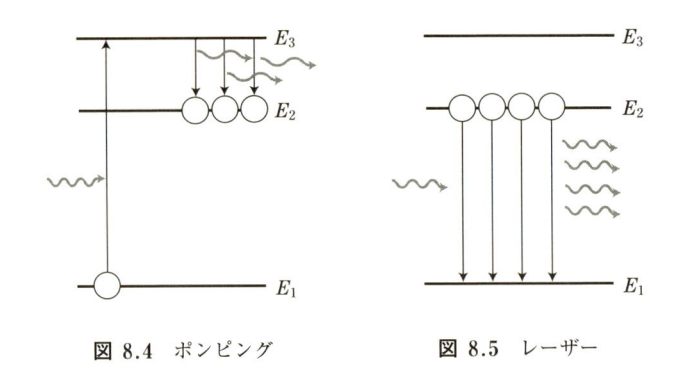

図 8.4 ポンピング　　図 8.5 レーザー

　一方，準位1に放射を吸収させて戻そうと強い放射を当てても誘導放出も強くするから，同じ数にするのが精一杯である．2つの準位だけ考えていたのでは見えてこないが，実際は数多くの準位が存在するから，そこを経由させることで準位2にある原子の数が準位1にあるものより多くすることも可能である．これが**ポンピング**である．

　いま図8.4のように第3の準位3を考えて $\hbar\omega = E_3 - E_1$ の放射を当てると，その光子の吸収で N_1 が減って N_3 が増える．一方，準位3から自然放出で準位2に下がる．もし A_{32} が A_{21} に比べて大きいなら，準位2から準位1には自然放出で下がりにくいから，準位2にある原子は準位1にあるものよりも多くなる可能性がある．そうした準位ごとの分布が熱平衡の場合と逆転した状態を作れる．（こうした状態は温度が負であるとも言われる．）

　こうした反転状態にある原子群に図8.5のように $\hbar\omega_0 = E_1 - E_2$ の弱い放射を入れると誘導放出が起こり，その光子がまた誘導放出を起こし，というように瞬く間に強い ω_0 の光子群に変わる．これは"弱い"放射が"強い"放射に増幅されたとも言えるし，ポンピングで注入したエネルギーを ω_0 の多数の光子に変換したとも言える．このようなメカニズムによって**レーザー**ができている．

8.11 ミクロのサイズ　―SI 単位系・ナノテクノロジー―

　ここでマクロとミクロの対象のサイズを整理しておく．そのために，まず物理量を表す単位である国際標準単位系，すなわち SI 単位系について見ておく．SI 単位系では m（メートル），kg（キログラム），s（秒）が基本単位であり，それらが複合した単位が「組み立て単位」である．例えば，力は m kg s^{-2} という組み立て単位であり，「ニュートン」とよばれる．基本単位の大きさは何れも，人間生活での計量の際に便利な単位として採用されてきたものである．それらは当然マクロのサイズであり，ミクロの現象の量とは桁が違っている．

　そこで SI 単系では，10 の倍数を表す接頭詞を用いてこの大きな差を扱うようになっている．小さい数を表す接頭詞としては，ミリ（m, 10^{-3}），マイクロ（μ, 10^{-6}），ナノ（n, 10^{-9}），ピコ（p, 10^{-12}），フェムト（f, 10^{-15}），アト（a, 10^{-18}）などがあり，大きな数を表す接頭詞には，キロ（k, 10^{3}），メガ（M, 10^{6}），ギガ（G, 10^{9}），テラ（T, 10^{12}），ペタ（P, 10^{15}）などがある．これらは 10 の 3 桁ごとの区切りであるが，10 の区切りではセンチ（c, 10^{-2}），デシ（d, 10^{-1}），デカ（da, 10^{1}），ヘクト（h, 10^{2}）がある．

　アヴォガドロ数や X 線の干渉から推定されているように原子のサイズは約 10^{-7} [mm] = 0.1 [nm] であり，このサイズは原子が数個結び付いた分子でも同程度である．日常的に微小なものと言えば，虫眼鏡で見られるホコリやダニは 1 mm，雲の水滴は数 μm，雨粒は 0.1 〜 1 mm である．また，生物の最小単位といえる細胞は 10 μm のサイズである．

　顕微鏡で拡大しても肉眼では"見えない"限界がある．それは可視光の波長より微細なものは肉眼では識別不可能だからである．可視光の波長は 380 〜 780 nm である．原子は可視光の波長より数千分の 1 小さいが，細胞は波長の数十倍ある．つまり，原子は見えないが，細胞は見えることがわかる．X 線とよばれる放射の波長は 10 nm 〜 10 pm にわたるが，これを用い

ると分子構造や原子配列の様子を調べることができる．また，原子核は数 fm のサイズであり，陽子や中性子も 1 fm 程度である．これらの構造を調べるには X 線よりも波長の短いガンマ線が必要になる．

原子と情報量

IC チップや磁気記憶装置などの急速な進歩が情報技術の展開を支えた．ハードディスクは磁化の 2 方向の何れかをデジタル信号として記憶する装置であり，ある小さな区画ごとに 1 つの信号（ビット）をプリントしている．1 区画の大きさを $10\,\mathrm{nm}^2$ にできれば，$1\,\mathrm{cm}^2$ 当たり $[10^{-2}/(10\times 10^{-9})]^2 = [10^6]^2 = 10^{12}$ 個の区画が作れる．情報学では 8 ビットを 1 バイトとよぶ．$10^{12}/8 = 125\times 10^9$ だから，このハードディスクは約 125 ギガバイトの記憶容量となる．

人体を構成する細胞の数を概算してみよう．人体は水にちょうど浮くぐらいであるから，比重は水と同程度で $\rho \sim 10^3\,\mathrm{kg/m}^3$ だから，細胞 1 個の重さは $\rho\times(10\,[\mu m])^3 = 10^{-12}\,[\mathrm{kg}]$ となる．したがって，例えば体重 60 kg の人体には $60/10^{-12} = 60\times 10^{12}$，すなわち約 60 兆個の細胞があることがわかる．

さらに，これらの細胞の中の核には遺伝を司る DNA という高分子があり，DNA は螺旋階段状をした狭い幅の長い分子である．幅には 10 個ぐらいの原子が並ぶだけだから，幅は 1 nm のサイズだが長さは数 m もある．したがって「階段」の数は約 10^{10} であり，4 つの文字（4 つの塩基）を 10^{10} 個並べる種類の数は $4^{10^{10}}$ となる．DNA の情報は蛋白質を合成する情報であるが，蛋白質はアミノ酸（約 20 種類）が数百個 1 次元的に連なったものであり，配列の数は $(20)^{300}$ にもなる．生物のバラエティーの多さを思い起こさせる．

このように，情報技術やライフサイエンスはナノサイズでの制御・操作を可能にする**ナノテクノロジー**と密接に関係している．

■ 章末問題

問題1 熱伝導率 K, 厚さ L の壁を通して熱が逃げているが，内部の暖房で外界との温度差 ΔT は一定に保たれている．暖房のエネルギー消費量は $K\Delta T/L$ に比例することを示せ．

問題2 次の密度分布関数
$$n(x,t) = \frac{n_0}{\sqrt{4\pi Dt}} e^{-x^2/4Dt} \quad \text{は} \quad \int_{-\infty}^{\infty} n(x,t)\,dx = n_0$$
を満たし，拡散方程式 (8.20) を満たすことを示せ．

問題3 60日間に，放射線の強度が 0.010 Ci から 0.003 に弱まった．半減期を求めよ．(1 [Ci] (キュリー) $= 3.7 \times 10^{10}$ [Bq] (ベクレル)(1崩壊/sec))

問題4 空気中の"チリ(エーロゾル)"があると遠方の山が白くかすんで見えなくなる．半径 $1\,\mu$m のチリで 10 km 先の山が見えなくなったとする．このとき，チリの数密度 n は最低いくらか？

問題5 黒体放射で冷却している物体を考える．温度が T_1 から $T_2 = T_1/2$ まで冷却する時間は T_2 が $T_3 = T_2/2$ まで冷却する時間の 1/8 であることを示せ．

問題6 地球の軌道上で太陽光を垂直に受けるとして，1秒間に $1\,\text{m}^2$ の面積を通過する光子の数を概算せよ．地球の軌道上での太陽光のエネルギー流束は $s_0 = 1367\,[\text{W/m}^2]$ である．

問題7 ボーア半径で陽子の周りを円運動する電子の速度と地球の公転速度のうち，どちらが大きいか．

問題8 フェルミ運動量 p_F が相対論的になる，すなわち $p_F = m_e c$ となる際の物質密度 (kg/m^3) はいくらか．物質は水素原子の気体とする．

問題9 常温 (300 K) での水素原子の平均のド・ブロイ波長はいくらか？ 平均のド・ブロイ波長がボーア半径程度になる温度はいくらか？

問題10 可視光の波長（例えば緑色で 500 nm）は原子の大きさ（ボーア半径）の何倍か？ また，可視光の光子のエネルギーは何 eV か？ さらに，波長が原子の大きさになる光子のエネルギー eV はいくらか？

章末問題解答

第 1 章

問題 1 $\tan\beta = \dfrac{H}{W}$ として $\tan\phi = \dfrac{1+\sin\beta}{\cos\beta}$.

問題 2 抗力 $R = 15000 - 4.190\sin(\omega t + \delta)$ で，最大は $19.19\,\mathrm{t}$（トン），最小は $10.81\,\mathrm{t}$.

問題 3 張力は $\left[(\sin\alpha_1 + \sin\alpha_2)g + \dot{v}(t)\right]\dfrac{m_1 m_2}{m_1 + m_2}$.

問題 4 底辺と高さが変わらない平行四辺形なので，面積は不変.

問題 5 質点は楕円軌道.

問題 6 有効断面積は $\sigma = \pi n(n-2)^{(2-n)/n}\left(\dfrac{A}{mv_\infty}\right)^{2/n}$.

問題 7 r, θ を極座標として，P は $r = \dfrac{\text{定数}}{1 - e\cos\theta}$, $e = \dfrac{m_1}{m_2}$ の曲線上.

問題 8 $l^2 = 2Rv_0 t$, 角運動量は $J = M\sqrt{2Rv_0^3 t}$.

問題 9 $X_\mathrm{A} = X_\mathrm{C} = \dfrac{2Mg + W_1 + W_2}{2\tan\theta}$, $Y_\mathrm{A} = \dfrac{W_1}{2}$, $Y_\mathrm{C} = Mg + \dfrac{W_1}{2} + W_2$.

問題 10 J_1, J_2, J_3 を 3 軸にする座標空間で，$J =$ 一定面（球面）と $T =$ 一定面（楕円）の交差する条件.

第 2 章

問題 1 伸びは $\dfrac{W}{E + 2E_1\cos^3\alpha}$.

問題 2 $Y < \dfrac{ST^2}{2mg} - T$

問題 3 伝播速度は $\sqrt{\dfrac{3600 \times 9.8}{7.8 \times 10^6 \times \pi \times (0.4 \times 10^{-3})^2}} = 95\,[\mathrm{m/s}]$.

問題 4 3870 N

問題 5 運動解 $x = A\sin\left(\sqrt{\dfrac{\kappa}{mt}} + \delta\right)$ を用いて定積分をせよ.

問題 6 $F(x - vt) = 1 - \cos\left[\dfrac{4\pi(x-vt)}{\lambda}\right]$, $\cos\left[\dfrac{4\pi(x-vt)}{\lambda}\right] + \cos\left[\dfrac{4\pi(x+vt)}{\lambda}\right]$
$= 2\cos\dfrac{4\pi x}{\lambda}\cos\dfrac{4\pi vt}{\lambda}$

問題 7 $\xi_1 + \xi_2 = Ae^{i(\kappa_x x - \omega t)}\cos k_y y$

問題 8 線形微分方程式を変数分離法で解く.

問題 9 $h_2(t) = \dfrac{A_1 h_0}{A_1 + A_2}(1 - e^{-Fpg/A})$, $\dfrac{1}{A} \equiv \dfrac{1}{A_1} + \dfrac{1}{A_2}$

問題 10 $60\,[\mathrm{dB}] = 20 \times \log_{10}\dfrac{\delta P_{60}}{2} \times 10^{-5}$ より $\delta P_{60} = 2 \times 10^{-2}$. $\delta P_{90} = 2 \times 10^{-0.5}$
$= 0.632\cdots\cdots$.

第 3 章

問題 1 球の内側は $E = -\dfrac{r\rho}{3\varepsilon_0}$, 外側は $E = -\dfrac{R^3\rho}{3\varepsilon_0 r^2}$. 円筒の内側では $E = -\dfrac{r\rho}{2\varepsilon_0}$, 外側で $E = -\dfrac{R^2\rho}{2\varepsilon_0 r}$.

問題 2 約 40 MeV, 大きくなる.

問題 3 $Q_1 = \dfrac{Q}{1 + R_1/R_2}$, $Q_2 = \dfrac{Q}{1 + R_2/R_1}$

問題 4 電荷は $\dfrac{Q^2 l}{2\varepsilon_0 S}$.

問題 5 電場は $\phi = \dfrac{1}{4\pi\varepsilon_0}\dfrac{Q}{\sqrt{(x-l)^2+y^2+z^2}} - \dfrac{1}{4\pi\varepsilon_0}\dfrac{Q}{\sqrt{(x+l)^2+y^2+z^2}}.$

問題 6 相互作用のエネルギーは $-\boldsymbol{E}\cdot\boldsymbol{p}.$

問題 7 相互作用のエネルギーは $W = -\dfrac{1}{4\pi\varepsilon_0}\dfrac{1}{r^3}\left[\boldsymbol{p}_1\cdot\boldsymbol{p}_2 - \dfrac{3(\boldsymbol{x}\cdot\boldsymbol{p}_1)(\boldsymbol{x}\cdot\boldsymbol{p}_2)}{r^2}\right].$

問題 8 電荷分布は $\rho = q\delta_{\mathrm{D}}(r) - \dfrac{q}{4\pi}\dfrac{1}{\lambda^2 r}e^{-r/\lambda}.$

問題 9 内部で $\phi = \dfrac{-3E_0}{\kappa+2}r\cos\theta$, 外部で $\phi = \dfrac{(\kappa-1)E_0 a^3}{\kappa+2}\dfrac{\cos\theta}{r^2} - E_0 r\cos\theta.$

問題 10 ガウスの法則から ϕ に極大点がないことを示す．

第 4 章

問題 1 コイルの長さ L の部分の電流を取り囲む経路でアンペールの法則を積分する．

問題 2 （1） $\dfrac{mv}{qB} > L$，（2）磁場は仕事をしないから，（3） $\cos\theta = \dfrac{qBL}{mv}$，（4）速度，質量，電荷の大きさなどが異なる粒子を分離することができる．

問題 3 略

問題 4 磁気双極子モーメントの大きさは $\dfrac{4\pi}{3}\sigma a^4 \omega.$

問題 5 $z \leq a$ で $\dfrac{2\mu_0}{3}\sigma\omega a$, $z > a$ で $\dfrac{2\mu_0}{3}\sigma\omega\dfrac{a^4}{z^3}.$

問題 6 $m_z = m_{z0}$, $m_x = m_{xy0}\sin(\omega_0 t + \phi_0)$, $m_y = m_{xy0}\cos(\omega_0 t + \phi_0)$. ただし，$m_{z0}$, m_{xy0}, ϕ_0 は最初に $\boldsymbol{m}$ が向いていた方向で決まる定数，$\omega_0 \equiv -\gamma B.$

問題 7 略

問題 8 $\nabla\cdot\boldsymbol{B} = 0$ を用いる．

問題 9 ローレンツ力の式と $\boldsymbol{x}$ の外積をとり，変形して角運動量の時間発展の式にする．

問題 10　磁場は $\bm{B} = B_0 \left[-\dfrac{3za^3}{2r^4} \bm{e}_r + \left(1 + \dfrac{a^3}{2r^3}\right) \bm{e}_z \right]$.

第 5 章

問題 1　（1）　$B\pi a^2 \omega \sin \omega t$, （2）　$\dfrac{\pi^2 a^4 B^2 \omega^2}{R} \sin^2 \omega t$, （3）　$RI^2 = \dfrac{\pi^2 a^4 B^2 \omega^2}{R} \sin^2 \omega t$

問題 2　$\bm{E} = \dfrac{1}{en_e} \bm{j} \times \bm{B} + \dfrac{k}{e^2 n_e} \bm{j}$

問題 3　相互インダクタンスは $L_{21} I_1 = \pi a_1^2 \mu_0 n_1 n_2 l I_1$.

問題 4　$Q(t) = \dfrac{RCV_0}{R_1} (1 - e^{-t/RC})$

問題 5　インピーダンスは $Z(\omega) = \dfrac{1}{i\omega C + \dfrac{1}{Li\omega}}$, 消費電力は 0.

問題 6　（1）　$F(\omega) = (-i\omega RC + 1) G(\omega)$, （2）　$|H| = \dfrac{1}{\sqrt{1 + \omega^2 R^2 C^2}}$, 図は略

（3）　低周波数をカットするフィルターとしてはたらく.

問題 7　消費電力は $\dfrac{\pi}{2\pi} V_0^2 \dfrac{N_2^2}{N_1^2} = \dfrac{V_0^2}{2} \dfrac{N_2^2}{N_1^2}$.

問題 8　略

問題 9　電圧は $V \simeq E_0 k^2 \sin \theta \sin \omega t$.

問題 10　条件は電荷が保存することになる.

第 6 章

問題 1　「完全な剛体のはさみ」を考えたことが誤りである.

問題 2　車の速さは $0.87c$.

問題 3　ロケット：$2\sqrt{3}\,\mathrm{yr}$, 地球：$4\,\mathrm{yr}$

問題 4 世界間隔の不変性を使う．

問題 5 $(\Lambda^{-1})^\alpha_\mu \Lambda^\nu_\beta \delta^\beta_\alpha = (\Lambda^{-1})^\alpha_\mu \Lambda^\nu_\alpha = \delta^\nu_\mu$

問題 6 太陽の寿命は $1.1 \times 10^{10}\mathrm{yr}$.

問題 7 フラックスは $\dfrac{L}{4\pi R^2} \dfrac{(1+\beta)^2}{1-\beta}$.

問題 8 衝突後の光子のエネルギーは $\dfrac{mc^2}{2}\left[\gamma(1+\beta) - \dfrac{1}{\gamma(1-\beta) + 2\varepsilon/mc^2}\right]$.

問題 9 電子のエネルギーは $E\gamma(1+\beta^2)$.

問題 10 $F_{\mu\nu}F^{\mu\nu} = \dfrac{E^2}{c^2} + B^2$

第 7 章

問題 1 $dP/dz = -\rho g$ と状態方程式を使う．

問題 2 エントロピーは $S = c_V \ln \dfrac{373}{273} = 0.312 \cdots \,[\mathrm{cal/g}]$.

問題 3 $T = 2457\,[\mathrm{C}]$

問題 4 $kT = 2mgR_\mathrm{E}$, 空気は窒素分子として，求める温度は $T = 4235.8\cdots\,[\mathrm{K}]$.

問題 5 高温側は $T_1 = 147\,[\mathrm{C}]$, 低温例は $T_2 = 87\,[\mathrm{C}]$.

問題 6 $1 - \left(\dfrac{V_\mathrm{A}}{V_\mathrm{B}}\right)^{-k/c_V} = 1 - \left(\dfrac{V_\mathrm{B}}{V_\mathrm{A}}\right)^{2/3}$

問題 7 入射は断面積，放出は全表面積に比例するから，エネルギーのバランスは $\pi R_\mathrm{E}^2 s_0(1-a) = 4\pi R_\mathrm{E}^2 \sigma T^4$.

問題 8 イオン化度は $x_p \approx 10^{-4.9}$.

問題 9 $C\left(\dfrac{dT}{dt}\right) = -K(T - T_0)$ を使う．5.27 PM.

問題 10 (1) S の公式で $n_1 = U/E$, $n_0 = N - (U/N)$ とおく．(2) $T < 0$ の条件は $U > \dfrac{EN}{2}$.

第 8 章

問題 1 熱の流量 $F_{T0} = -K\dfrac{dT}{dx} =$ 一定 を使う.

問題 2 代入して示す.

問題 3 半減期は 34.5 日.

問題 4 $n > \dfrac{10^8}{\pi}\,[\mathrm{m}^{-3}]$

問題 5 熱容量 $U = AT$ が $A\dot{T} = -BT^4$ で減少することを使う.

問題 6 光子の数は $3.5 \times 10^{21}/\mathrm{s}\cdot\mathrm{m}^2$.

問題 7 電子 "速度" が約 73 倍大きい.

問題 8 密度は $\rho \approx 2 \times 10^6\,[\mathrm{g/cm^3}]$.

問題 9 $T = 300\,[\mathrm{K}]$ でのド・ブロイ波長は $\lambda_T = \dfrac{h}{\sqrt{m_p kT}} = 3 \times 10^{-10}\,[\mathrm{m}]$.

ボーア半径になるのは $T = 9612\,[\mathrm{K}]$.

問題 10 約 9400 倍, 500 nm で 2.4 eV, 波長 a_B の光子 2.3×10^4 eV.

索　引

ア

アイソトープ（同位元素）292
アインシュタイン　246
　——の A と B　308
　——の質量・エネルギーの関係　229
　——の和の規約　223
　——方程式　246
アンペールの法則　147

イ

一般化座標　21
一般相対性理論　246
移動度　302
インピーダンス　179

ウ

渦度　85
うなり　70

エ

L 殻　300
SI 単位系　97, 311
エルゴード仮定　280
遠隔相互作用　98
遠心力　13
エンタルピー　266
円座標　18
エントロピー　261
　シャノンの——　278
円偏光　186

オ

オイラーの式　45
オイラー-ラグランジュ方程式　7
応力　53
オームの法則　175
音波　84

カ

外積　3
回折　75
ガウスの定理（発散定理）94
ガウスの法則　107, 108
　——の微分形　109
化学ポテンシャル　260
殻構造　299
拡散　263, 290
　——係数　290
　——方程式　291
角速度　13
ガリレオ（ガリレイ）変換　14
ガリレオ-ポアンカレの相対性原理　15
カルノー・エンジン　265
カルマン渦列　85
カロリー　260
換算質量　10
干渉　70
慣性系　12
慣性座標系　12
慣性能率テンソル　43
慣性力　13
完全流体　82

キ

気体定数　250
基底状態　298
基底ベクトル　3
起電力　169
ギブス自由エネルギー　266
逆エンジン　266
強磁性体　161
鏡像法　135
共変テンソル　224
共変ベクトル　223
共鳴　69
キルヒホッフの法則　176
近接相互作用　98

ク

クォーク　293
屈折率　188
クラウジウス-クラペイロンの式　284

索　引

グラビトン　293
グランド分配関数　271
グルーオン　293
クーロンゲージ　153
クーロンポテンシャル
　　100
クーロン力　97
群　212
　——速度　73

ケ

K 殻　300
k 空間　295
ゲージ自由度　152
ゲージ変換　196
ケプラーの法則　38
原子　291
　——核　93, 291
　——番号　291

コ

光円錐　215
光行差　234
光子　293
格子振動　306
光速　184
拘束運動　16
光速度不変の原理　205
剛体　17, 42
黒体放射　294
固有時間　217
固有長さ　219
コリオリ力　13
混合テンソル　224

サ

サイクロトロン振動数
　　145
座標変換　2

シ

磁化率　163
時間の遅れ　218
磁気双極子モーメント
　　156
時空図　204
試験電荷　99
自己インダクタンス
　　171
事象（イベント）　204
質点　4
質量数　292
磁場　139
弱ボゾン　293
シャノンのエントロピー
　　278
シャルルの法則　250
周期表　299
集団座標　20
終端速度　83
重力波　246
主軸座標　45
出発渦　87
シュテファン-ボルツマ
　　ン定数　296
ジュール熱　175
循環　85
　——座標　27
状態和　270

常磁性体　161
磁力　138
真空の誘電率　97
真電荷密度　113

ス

スカラー　2, 222
　——ポテンシャル
　　100
スターリングの近似式
　　268
ストークスの定理　149
ストークスの法則　83, 85
スネルの法則　192
スピン（自転）　300
ずれ　60
　——弾性率　61

セ

静止質量エネルギー
　　229
静磁場　141
正準形式（ハミルトン
　　形式）　28
静水圧平衡　78
静電場　100
静電誘導　111
世界間隔　215
　——の不変性　216
世界線　204
赤方偏移　233
絶対的同時性　203
　——の破綻　207

ソ

相互インダクタンス　172
相対性原理　222
　　ガリレオ-ポアンカレの——　15
相転移　284
相流　29
素電荷　93
ソレノイド　141

タ

体積弾性率　61
楕円偏光　186
多重極展開　102
縦弾性係数　54
縦波　63
ダランベールの原理　23
ダランベールのパラドックス　83
単振動　67
断熱過程　264
断熱消磁冷却法　287

チ

力のモーメント　11
中性子　93, 291
直線偏光　186

ツ

強い力　293

テ

定在波　71
ディラックのデルタ関数　122
デカルト座標系　2
デュロン-プティの法則　275
電位　100
電荷　93
　　——の保存則　93
　　——密度　93
　　素——　93
電気四重極モーメント　105
電気双極子モーメント　104
電気抵抗　171
電気容量　115
電子　93
　　——ニュートリノ　293
電磁気　92
電磁テンソル　241
電磁波　183
電磁誘導　168
電束密度　113
テンソル　224
　　慣性能率——　43
　　共変——　224
　　混合——　224
電場　98
天文単位　37
電流　96
　　——密度　94
　　変位——　183

ト

等圧過程　261
等圧比熱　263
等価原理　246
透磁率　163
等積過程　261
等積比熱　263
導体　111
動摩擦係数　40
閉じた殻　300
ドリューデの式　302

ナ

内積　3
内部エネルギー　253
ナヴィエ-ストークス方程式　82
ナノテクノロジー　312

ニ

ニュートリノ　293
　　電子——　293
ニュートンの反発係数　41

ネ

ネーターの定理　47
熱効率　265
熱伝導率　291
熱力学の第1法則　260
熱力学の第2法則　260
粘性　82
　　——係数　291
　　——力　82

ノ

ノード　71

ハ

配位空間　21
パイ中間子　293
パウリの排他律　300
波数ベクトル　184
波束　73
波動の状態数　295
ハミルトンの正準運動
　　方程式　29
バリオン　293
バルマー系列　299
パワー・スペクトル　72
半減期　292
反磁性体　161
バンド構造　307

ヒ

非圧縮性の流体　80
ビオ–サバールの法則
　　139
光のドップラー効果
　　233
ひずみ　53
　　——テンソル　59
　　——のエネルギー
　　　　55
ヒッグス粒子　293
ピトー管　81
比熱比　264
比誘電率　113
標準理論　293

フ

ファラッド　115
ファラデーの法則　170
フェルミ運動量　304
フェルミエネルギー
　　304
フェルミ球　304
フェルミ–ディラック
　　統計　304
フェルミ面　304
フェルミ粒子　304
フォノン（音量子）　306
複振り子　47
不変双曲線　217
ブラウン運動　257
プラズマ　192
　　——振動数　194
ブラッグ散乱　255
プランク定数　295
フーリエ積分　71
フーリエ変換　72
分極　112
　　——ベクトル　112
分散関係　194
噴出速度　81
分配関数　270
　　グランド——　271

ヘ

平均自由行程　289
平均衝突時間　289
並進（ブースト）変換
　　14
平面波　184

索　引

ベクトル　2, 223
　　——ポテンシャル
　　　　152
基底——　3
共変——　223
波数——　184
分極——　112
ポインティング——
　　189
4元電流——　242
ルンゲ–レンツの
　　——　38
ベルヌーイの定理　80
ヘルムホルツ自由エネル
　　ギー　266
変位電流　183
偏光　185
　　円——　186
　　楕円——　186
　　直線——　186
変数　21
　　——分離　126

ホ

ポアソンの法則　264
ポアソン方程式　121
ボーア半径　298
ボイルの法則　250
ポインティングベクトル
　　189
放射性元素　292
飽和蒸気圧　285
ボーズ–アインシュタイ
　　ン凝縮　281
ポテンシャルエネルギー

323

索 引

ホ
ボルツマン定数　253
ボルツマンの公式　267
ホロノミックな拘束条件　22
ポンピング　310

マ
マクスウェルの関係式　267
マクスウェルの速度分布　272
マクスウェル方程式　183
摩擦係数　39

ミ
ミクロカノニカル集団　269
ミクロカノニカル分布　269
未定乗数　22
ミューオン　293

メ
メゾン　293
面積速度　32

モ
モアレ模様　70
モル　254

ユ
有効ポテンシャル関数　34
誘電体　112
誘電率　113
　真空の――　97
　比――　113
輸送現象　289
揺らぎの大きさ　271

ヨ
陽子　93, 291
揚力　86
4元運動量　227
4元速度　227
4元電流ベクトル　242
4元力　230
横ドップラー効果　235
横波　62
弱い力　293

ラ
ライマン系列　299
ラグランジュ関数　7
ラプラシアン　121
ラプラス方程式　121
ラーモア運動　144
ラーモア半径　145
ランダム・ウォークの関係　258
ランダム・ウォークの理論　258
乱流　85

リ
リウヴィルの定理　30
力学変数　21
力積　40
離心率　35
立体角　108
流体　78
　完全――　82
　非圧縮性の――　80

ル
ルジャンドル変換　28
ルンゲ-レンツのベクトル　38

レ
励起状態　298
レイノルズ数　85
レーザー　310
レプトン　293
レンズの法則　171

ロ
ローレンツ因子　210
ローレンツゲージ　196
ローレンツ収縮　218
ローレンツ変換　212
ローレンツ力　143

著者略歴

佐藤文隆(さとうふみたか)

1938年 山形県出身．京都大学理学部物理学科卒．同大学院博士課程中退．京都大学教授を経て，現在，甲南大学特別客員教授．理学博士．
　主な著書：「運動と力学」，「対称性と保存則」，「光の風景の物理」，「宇宙物理」，「一般相対性理論」（小玉英雄と共著）（以上，岩波書店），「アインシュタインの反乱と量子コンピュータ」（京都大学学術出版会），など．

須佐 元(すさはじめ)

1970年 和歌山県出身．京都大学理学部物理学系卒．同大学院理学研究科物理学・宇宙物理学専攻博士課程修了．筑波大学助手，立教大学専任講師，同助教授を経て，現在，甲南大学理工学部物理学科准教授．博士（理学）．

一般物理学　一歩先に進みたい人へ

2010年8月25日　第1版1刷発行

検印省略	著作者	佐藤文隆　須佐　元
定価はカバーに表示してあります．	発行者	吉野和浩
	発行所	東京都千代田区四番町8番地 電　話　03-3262-9166（代） 郵便番号　102-0081 株式会社　裳華房
	印刷所	三報社印刷株式会社
	製本所	株式会社　青木製本所

社団法人 自然科学書協会会員

JCOPY 〈(社)出版者著作権管理機構 委託出版物〉
本書の無断複写は著作権法上での例外を除き禁じられています．複写される場合は，そのつど事前に，(社)出版者著作権管理機構（電話03-3513-6969, FAX03-3513-6979, e-mail: info@jcopy.or.jp）の許諾を得てください．

ISBN 978-4-7853-2827-6

Ⓒ 佐藤文隆・須佐　元, 2010　　Printed in Japan

裳華房テキストシリーズ－物理学

物性物理学	永田一清 著	定価 3780 円
電子伝導の物理	田沼静一 著	定価 2835 円
非線形光学入門	服部利明 著	定価 3990 円
ソフトマターのための 熱力学	田中文彦 著	定価 3675 円
非平衡系の物理学	太田隆夫 著	定価 3570 円

物 理 学 選 書

1. エレクトロニクスの基礎（新版）	霜田光一・桜井捷海 共著	定価 4935 円
3. 電磁気学	高橋秀俊 著	定価 6195 円
4. 強磁性体の物理（上）-物質の磁性-	近角聰信 著	定価 5565 円
14. 流体力学（前編）	今井 功 著	定価 7140 円
18. 強磁性体の物理（下）-磁気特性と応用-	近角聰信 著	定価 6930 円
22. ホログラフィー	辻内順平 著	定価 6300 円
23. 重い電子系の物理	上田和夫・大貫惇睦 共著	定価 5460 円

物性科学入門シリーズ

物質構造と誘電体入門	高重正明 著	定価 3675 円
液晶・高分子入門	竹添秀男・渡辺順次 共著	定価 3675 円
超伝導入門	青木秀夫 著	定価 3465 円

物 性 科 学 選 書

電気伝導性酸化物（改訂版）	津田・那須・藤森・白鳥 共著	定価 7875 円
強誘電体と構造相転移	中村輝太郎 編著	定価 6300 円
化合物磁性 -局在スピン系	安達健五 著	定価 5880 円
化合物磁性 -遍歴電子系	安達健五 著	定価 6825 円
物性科学入門	近角聰信 著	定価 5355 円
低次元導体（改訂改題）	鹿児島誠一 編著	定価 5670 円
遍歴電子系の核磁気共鳴	朝山邦輔 著	定価 3990 円

裳華房ホームページ　http://www.shokabo.co.jp/　　2010 年 8 月現在